DAS GROSSE NATURLEXIKON

VÖGEL

DAS GROSSE NATURLEXIKON

VÖGEL

Text von Jiří Felix
Illustrationen von Květoslav Hísek

DÖRFLER

INHALT

Text: Dr. F. Felix
Illustrationen: K. Hísek
Ins Deutsche übertragen von V. Kraus, H. Krausová, P. Zieschang
Bearbeitung: Franz Friese
Layout: Franz Wölzenmüller

Alle Rechte an der deutschen Ausgabe: „Edition DÖRFLER“
im NEBEL VERLAG GmbH, Eggolsheim
3/13/17/52-03
ISBN 3-89555-877-X

Einleitung

Wer Augen und Ohren offenhält, wird bald feststellen, daß fast ständig Vögel um uns herum sind. Diese gefiederten Gesellen haben es nämlich mit Erfolg verstanden, sich fast jeder Umgebung anzupassen. Viele Arten leben in der Nähe des Menschen, wir finden sie in Gärten und Parkanlagen, in Obstplantagen und auf Feldern, ja sogar direkt an unseren Häusern; Rauch- und Mehlschwalben zum Beispiel bauen ihre Nester gewöhnlich unterm Dachgesims, obwohl sie ursprünglich an Felswänden und Klippen gebrütet haben dürften. Die Lebensräume der Vögel umfassen Wälder und Felder, Steppen, trockene Wüsten und die Tiefebene bis hoch hinauf ins Gebirge. Viele Vogelarten bevölkern offene Heidemoorlandschaften, Bach- und Flußufer oder Küstenstriche und sind selbst weit draußen auf dem Meer anzutreffen.

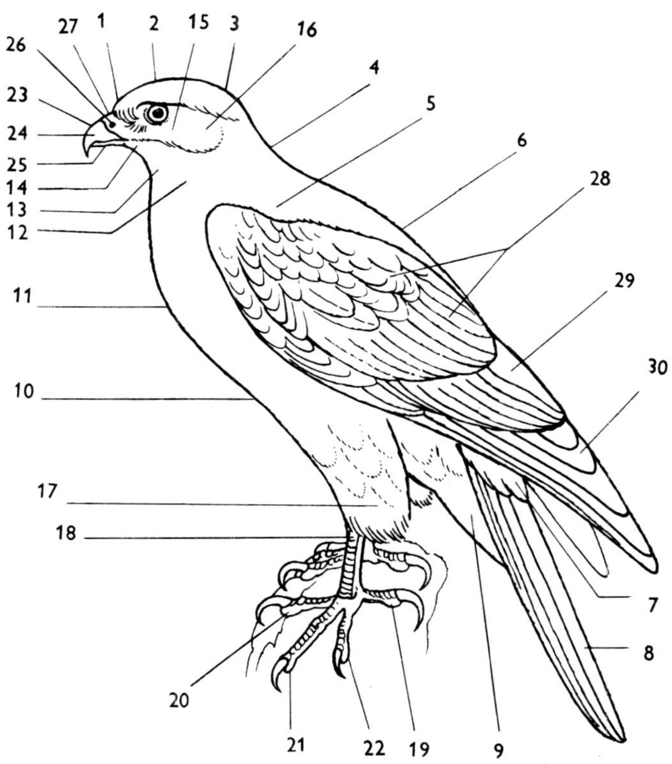

1) Die Vogeltopographie
1 Stirn, 2 Scheitel, 3 Hinterkopf, 4 Nacken, 5 Schulter, 6 Rücken, 7 Oberschwanzdecken, 8 Schwanzfedern, 9 Unterschwanzdecken, 10 Bauch, 11 Brust, 12 Hals, 13 Kehle, 14 Kinn, 15 Wange, 16 Ohrgegend, 17 Flanke (Weiche), 18 Lauf, 19 Erste oder Hinterzehe, 20 Zweite oder Innenzehe, 21 Dritte oder Mittelzehe, 22 Vierte oder Außenzehe, 23 First, 24 Oberschnabel, 25 Unterschnabel, 26 Nasenloch, 27 Wachshaut, 28 Oberflügeldecken, 29 Armschwingen, 30 Handschwingen

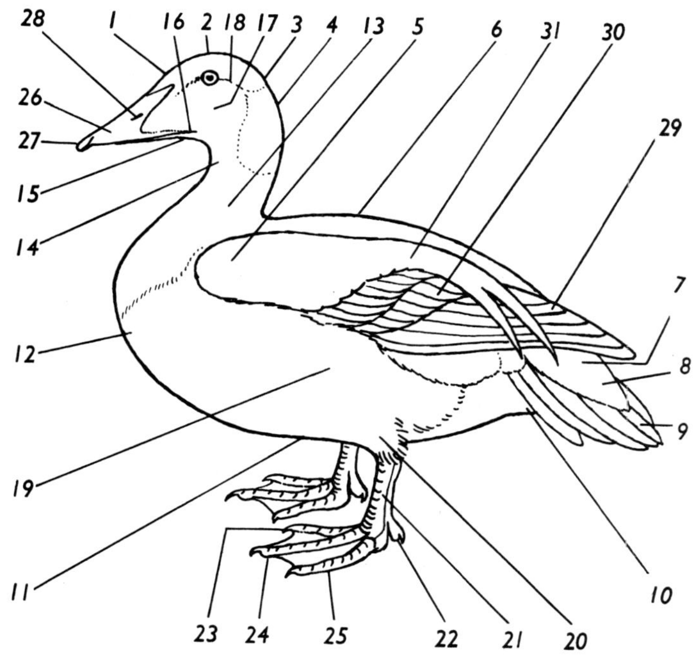

2) *Topographie der Eiderente*
1 Stirn, 2 Scheitel, 3 Hinterkopf, 4 Nacken, 5 Schulter, 6 Rücken, 7 Bürzel, 8 Oberschwanzdecken, 9 Schwanz (Steuerfedern), 10 Unterschwanzdecken, 11 Bauch, 12 Brust, 13 Hals, 14 Kehle, 15 Kinn, 16 Schnabelwinkel, 17 Wange, 18 Ohrgegend, 19 Flanke (Weiche), 20 Schienbein, 21 Lauf, (Mittelfußknochen, Metatarsus), 22 Erste oder Hinterzehe, 23 Zweite oder Innenzehe, 24 Dritte oder Mittelzehe, 25 Vierte oder Außenzehe, 26 Schnabel, 27 Nagel, 28 Nasenloch, 29 Handschwingen, 30 Armschwingen, 31 Schulterfedern

Diese im Vergleich zu anderen Wirbeltieren große Vielfalt ihres Habitats wird durch eine einzigartige Besonderheit ihrer Körperbeschaffenheit – ein Gefieder – ermöglicht, das den meisten Vogelarten ausgezeichnete Flugeigenschaften verleiht. Die Federn wachsen jedoch nicht einfach planlos und willkürlich, sondern an bestimmten Körperregionen, den sogenannten Federfluren. Bei einigen Spezies, wie den Tauben, bedecken Federn die ganze Körperoberfläche. Die bloßen Stellen zwischen den Fluren heißen Federraine, sind aber wegen der Befiederung ringsum gar nicht zu sehen. Die Federn, die den größten Teil des Vogelkörpers umhüllen und ihm seine Stromlinienform geben, nennen wir Konturfedern, und zu ihnen gehören die Schwung- oder Flugfedern, die Schwanzfedern usw. Unter den Konturfedern liegen gewöhnlich feine Flaumfedern (Dunen). Andere Arten sind die Zwischenfedern, die Faden- oder Haarfedern, die Puderdunen und die borstenförmigen Tastfedern. Letztere beispielsweise finden wir am

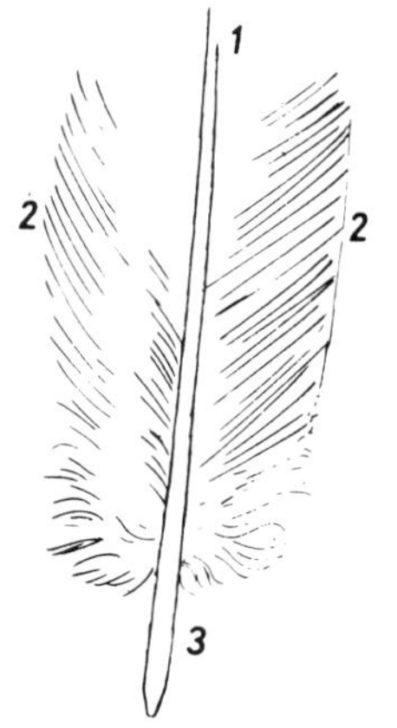

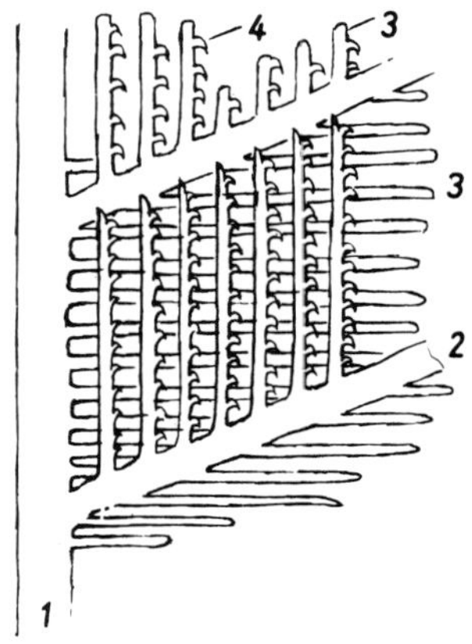

3) Konturfeder
1 Federschaft (Federachse, -kiel), 2 Federfahne, 3 Federspule

4) Anordnung der Häkchen einer Vogelfeder
1 Federschaft (Federachse, -kiel), 2 Federäste, 3 Federstrahlen, 4 Häkchen

Schnabel des Europäischen Ziegenmelkers, und sie fungieren dort als wirksames „Netz“, um seine Insektenbeute im Fluge zu fangen.

Das Gefieder erfüllt verschiedene wichtige Aufgaben: Es verleiht dem Körper eine glatte, aerodynamische Form, Schützt die Haut vor Schäden und dient als Stützfläche; mit den Schwanzfedern wird beim Fliegen gesteuert. Das Federkleid kann schutzfarben sein und dem Vogel bei der Tarnung helfen – oder aber, zur bevußten Schaustellung und Prachtentfaltung, exotisch geformt und gefärbt. Außerdem isolieren die Ferden gut und tragen dazu bei, die Körpertemperatur zwischen 38 und 44 °C zu halten; sie sind sehr widerstandsfähig, dabei aber gleichzeitig “leicht wie eine Feder”. Und aufgrund ihres Gefieders können die meisten Vögel hervorragend fliegen und bevölkern so – von einem Pol zum andern – praktisch jeden Winkel unserer Erde.

Um ihr Gefieder in einem Tipptopp-Zustand zu halten, ersetzen die Vögel regelmäßig ihr Kleid: die alten, vielfach abgenutzten oder beschädigten Federn werden abgestoßen, und es wachsen ihnen neue. Dieser Prozeß – das Mausern – findet bei vielen Arten zweimal im Jahr statt, bei anderen nur einmal. Die meisten Spezies verlieren aber die Kontur-, d.h. die Schwung- und Schwanzfedern, nicht alle gleichzeitig, so daß sie auch während der Mauser weiter fliegen können. Die Entenvögel werfen jedoch alle Schwungfedern auf einmal ab, so daß sie sich in dieser Zeit im Schilf und in anderer Vegetation verstecken müssen, um Räubern zu entgehen.

Bei einigen Vogelarten sind die zwei Gefieder, die ihnen jedes Jahr wachsen, unterschiedlich gefärbt; besonders die Männchen bekommen in der Brutzeit ein prächtiges sogenanntes Hochzeitskleid und ein weniger auffallendes Gewand für die Nachnistzeit. Auch das Federkleid von Männchen und Weibchen unterscheidet sich bei einigen Spezies farblich erheblich voneinander. Dieser Geschlechts- oder Sexualdimorphismus läßt sich zum Beispiel bei Amseln (Schwarzdros-

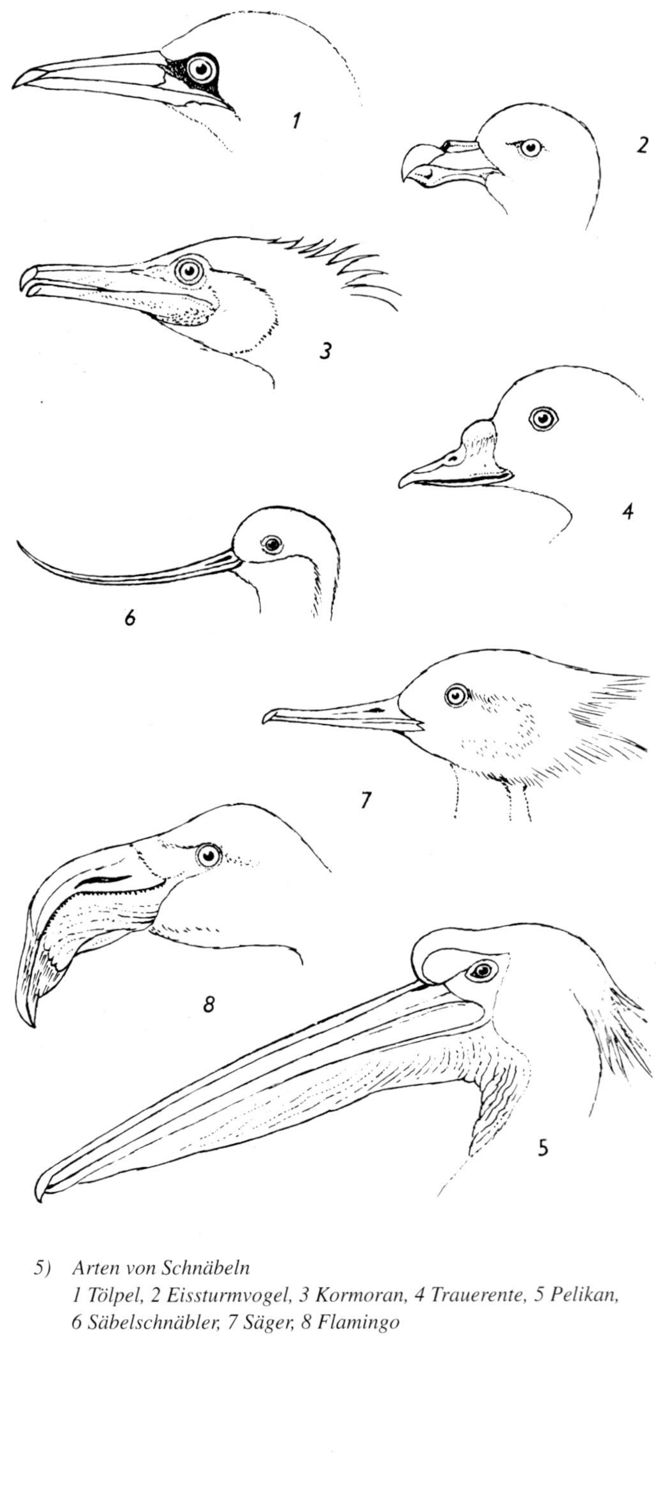

5) Arten von Schnäbeln
1 Tölpel, 2 Eissturmvogel, 3 Kormoran, 4 Trauerente, 5 Pelikan, 6 Säbelschnäbler, 7 Säger, 8 Flamingo

seln) beobachten (das Weibchen ist unscheinbar braun gefärbt), bei Entenvögeln und den meisten Fasanenarten; bei anderen, wie Singdrosseln, Dohlen, Weißstörchen und anderen, sind beide gleichfarben und schwer zu unterscheiden.

Bei den meisten Vogelarten haben sich die Vordergliedmaßen zu flugfähigen Schwingen (Flügeln) umgewandelt. Einige Spezies, wie Strauße und Kiwis, besitzen nur rudimentäre Flügel und können nicht fliegen; sie bewegen sich auf der Erde fort und werden daher bisweilen Laufvögel genannt. Die Flügel von Pinguinen und anderen haben sich zu Ruderwerkzeugen fürs Wasser entwickelt, so auch beim heute ausgestorbenen Riesenalk.

Die Formen der Füße und Schnäbel variieren je nach der Lebensweise der Vögel und der Art ihrer Nahrung. Ein Vogelschnabel ist gewöhnlich von einer harten äußeren Hornscheide bedeckt.

Das Vogelskelett muß sehr stabil sein, zum Fliegen aber auch leicht. Daher enthalten die meisten Knochen Luftsäcke. Besonders kräftig sind die langen Röhrenknochen, und die in den Knochen enthaltene Luft verringert merklich das Gewicht des ganzen Skeletts.

Eine einfache Klassifikation gruppiert die Vögel nach ihrer Bewegung oder Nichtbewegung zwischen Futter- und Nistplätzen:

1. Standvögel verlassen ihre Brutgebiete nicht und bleiben selbst während der Wintermonate in deren Nähe.

2. Zugvögel verlassen jeden Herbst ihre Nistplätze, fliegen zum Überwintern in wärmere Gegenden und kehren in Frühling wieder zurück.

3. Teilzieher oder Strichvögel können nach der Brutzeit in alle Richtungen umherschweifen, oftmals Hunderte Kilometer von ihren Nistgebieten entfernt.

Zwischen diesen drei Typen gibt es verschiedene Übergangsstadien, und einige Vögel verhalten sich gar nicht nach dieser Klassifikation. So sind mehrere Arten, die in Nordeuropa brüten, Zugvögel, dagegen Vertreter der gleichen Spezies, die Gebiete in West- oder Mitteleuropa bevölkern, das ganze Jahr über standorttreu. Bei anderen Arten können beispielsweise Jungvögel oder Weibchen ziehen, während ihre männlichen Pendants an

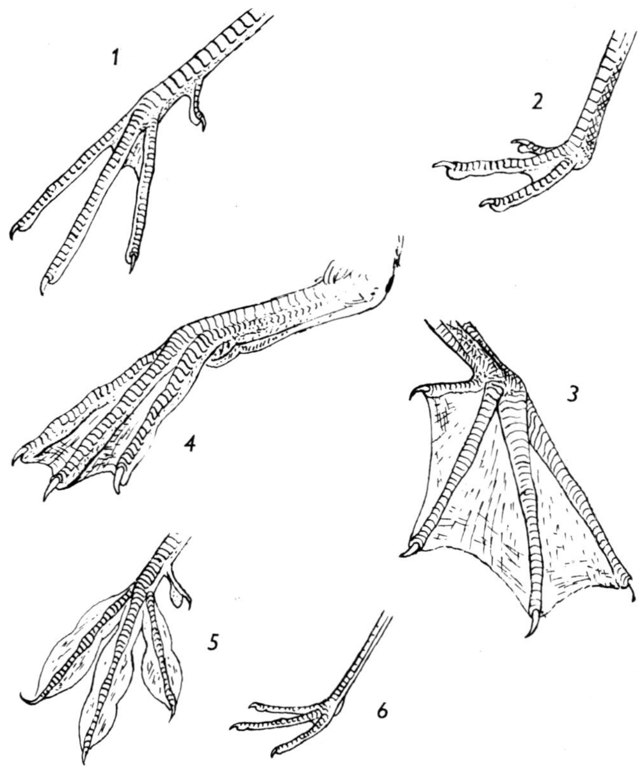

6) *Arten von Füßen*
1 Dunkler Wasserläufer, 2 Austernfischer, 3 Kormoran, 4 Trottellumme, 5 Odinshühnchen, 6 Seeregenpfeifer

Ort und Stelle bleiben. Und selbst bei einigen Spezies, die typische Zugvögel sind, kann es einzelne Exemplare geben, die den Winter in ihren Nistgebieten zubringen. Oder Vögel, die das Jahr über gewöhnlich standorttreu sind, brechen plötzlich in großen Schwärmen nach Süden oder Südwesten auf – Invasionsvögel könnten wir sie nennen.

Weiterhin gibt es Arten, die normalerweise im hohen Norden brüten, aber nach Europa kommen, um hier die kälteren Monate zu überdauern, sogenannte Wintergäste.

Die europäischen Vögel ziehen in drei Hauptrichtungen: Wer Nistplätze in Nord- und Nordwesteuropa bevölkert, fliegt gewöhnlich durch Westeuropa und die Iberische Halbinsel; einige aus Nord- und Mitteleuropa wandern zum Überwintern südwärts durch Italien und Sizilien nach Nordwestafrika, und Vögel, die in Nordosteuropa brüten, überqueren den Balkan und Kleinasien. Das sind normalerweise die Routen zu den Winterquartieren in Afrika. Gelegentlich wählen jedoch Vertreter derselben Arten, die gewöhnlich so fliegen, andere Richtungen: manche der zum Beispiel

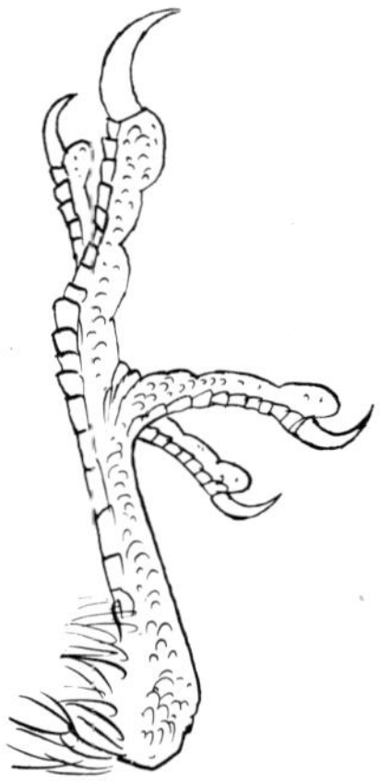

7) Ein Grauspecht klettert auf einen Baum

8) Der Fuß eines Schwarzspechts

gemeinhin in Mitteleuropa nistenden ziehen südwestwärts zum Überwintern in Südwesteuropa, und einige Spezies verbringen die kalten Monate sogar in Westeuropa, während viele europäische Zugvögelarten weit nach Süden wandern – bis ins tropische, ja selbst südliche Afrika.

Natürlich sind die Zugziele nicht nonstop zu bewältigen. Die meisten Vögel fliegen gewöhnlich 60-100 km pro Tag, bevor sie rasten, Nahrung zu sich nehmen und dann weiterziehen. Sind die Wetterbedingungen besonders widrig, bleiben sie auch mehrere Tage an einem Rastplatz. Rekordflieger, wie etwa Watvögel, legen täglich ohne Pause mehr als 600 km zurück. Interessant ist, daß Vögel aus ihrem wachsenden Verlangen, endlich das Brutgeschäft zu beginnen, den Rückflug aus den Winterquartieren zu den Nistplätzen bis zu einem Drittel schneller schaffen können als den Hinflug.

Bevor das Nisten losgeht, besetzen die Vögel gewöhnlich ein bestimmtes Brutrevier, dessen Grenzen vom Männchen verteidigt und im allgemeinen von den anderen Artgenossen ringsum respektiert werden. Die Singvogelmännchen verteidigen ihr Territorium durch einen Gesang, der für jede Art ganz charakteristisch ist, Spechte trommeln lieber mit dem Schnabel an Bäume, statt zu singen, Raubvögel stoßen schrille Schreie aus, und Eulen heulen und stöhnen.

Die Vögel pflanzen sich durch Eier fort. Das Ei ist die größte aller tierischen Zellen. Die Form und Färbung der Vogeleier variiert von Spezies zu Spezies; Vögel beispielsweise, die in Baumhöhlungen nisten, wo sie von außen nicht zu sehen sind, legen oft weiße Eier.

In der Brutzeit kommt es zur Paarbildung. Bei einigen Arten bleiben die Partner ein Leben lang zusammen, während andere sich kurz nach der Paarung wieder trennen. Hühnervögel, wie Fasane, Rauhfuß- und Rebhühner, sind oft polygam, d.h. das Männchen kopuliert mit mehr als einem Weibchen; Wassertreter, Kuckucke und andere wiederum können polyandrisch sein – ihr Weibchen paart sich mit mehreren Männchen. Bevor die Partner aber zusammenfinden und sich fortpflanzen, findet die Brautwerbung statt, bei der das Männchen gewöhnlich versucht, ein Weibchen durch auffällige Verhaltensweise, Gesänge oder Rufe oder eine bestmögliche Zurschaustellung seines Gefieders zu gewinnen. Einige Arten zeigen ihre Balz- vorführungen am Boden oder auf Baumzweigen, andere im Wasser oder gar im Fliegen.

Die meisten Vögel erweisen sich als sehr fürsorgliche Eltern und bauen, damit Eier und Brut sicher und warm bleiben, gewöhnlich Nester, die bei jeder Spezies aus einem bestimmten Material sind und eine typische Form und Größe aufweisen. Manche Arten nisten in Baumhöhlungen, auf Klippen oder an Abhängen, andere am Erdboden und viele natürlich in Bäumen, Büschen und Hecken. Einige Vögel, etwa die Kuckucke, sind Brutschmarotzer, d.h. das Weibchen legt seine Eier in die Nester anderer Vögel, wobei es oft eins der dortigen Eier entfernt, um Platz für das eigene zu schaffen; dann haben die Pflegeeltern – ob sie wollen oder nicht – das Ei auszubrüten und das fremde Junge großzuziehen.

Die Eier werden durch die Körperwärme eines Elternteils, gewöhnlich des Weibchens, bebrütet; bei einigen Spezies teilen sich beide

9) Ziehende Schwalben im Formationsflug

10) Birkhähne beim „Zweikampf"

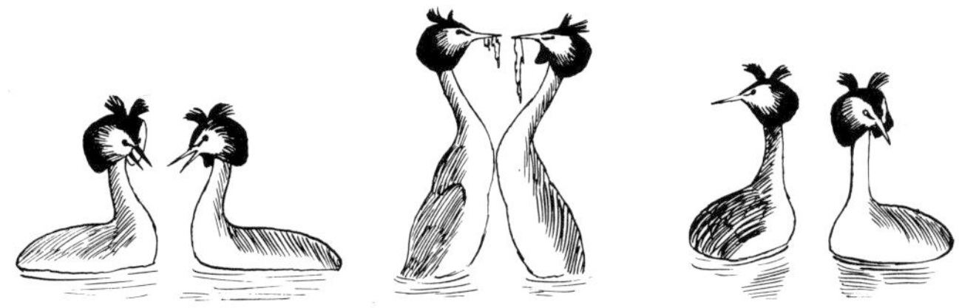

12) Verschiedene Etappen des Balzrituals von Haubentauchern

Partner die Elternpflichten einschließlich des Brütens, und bei einigen wenigen kümmert sich nur das Männchen um das Gelege und die Jungen. Manche Vogelarten, wie das australische Buschhuhn (*Alectura lathami*), verstecken ihre Eier in hohen Haufen aus Sand, Laub und verrottender Vegetation, die eigens dafür zusammengescharrt werden, daß die Gärungswärme selber die Inkubation vornimmt. Die Vögel lassen sich in zwei Gruppen einteilen, je nachdem, ob der Nachwuchs von den Eltern gefüttert und versorgt wird (sog. Nesthocker), oder ob die Jungen nach dem Schlüpfen sich selbst überlassen bleiben (Nestflüchter).

Die Nahrung der Vögel unterscheidet sich von Art zu Art beträchtlich. Einige ernähren sich hauptsächlich von diversen Samen und Körnern, andere – die Insektenfresser – von Insekten und manche – die Fleischfresser – von anderen Vögeln oder Kriechtieren, Lurchen oder Säugetieren; einige sind reine Früchtefresser, andere wiederum, die Allesfresser, können fast alles verzehren. Wieder andere Vogelarten haben sich auf eine einzige Kost oder sehr wenige Speisen spezialisiert.

Die Sinnesorgane der Vögel haben sich anders entwickelt als unsere eigenen. Da beispielsweise ihre Geschmacksknospen tief im weichen Gaumen und in der Schleimhaut unter der Zunge liegen, besitzen die Vögel nur eine geringe Geschmackswahrnehmung, und im Gegensatz zu den meisten Säugetieren kauen sie ihre Nahrung nicht, so daß sie ja kaum was schmecken müssen. Bei den meisten Vogelarten außer Geiern und einigen anderen Aasfressern ist auch der Geruchssinn sehr schwach entwickelt. Und es gibt von einer Art zur andern Unterschiede im Tastsinn: diese Sinnesorgane befinden sich gewöhnlich im Schnabel und auf der Zunge, in einigen Fällen auch an den Beinen; bei Vögeln, die ihre Nahrung mit dem Schnabel im Schlamm und Schlick suchen, sitzt ein Tastorgan an der Schnabelspitze.

11) Weißstorch-Begrüßung während der Balz

Am weitaus wichtigsten für die Vögel ist der Gesichtssinn, und daher sind ihre Augen mit wenigen Ausnahmen hochentwickelt. Die meisten verfügen über eine viel bessere Sehschärfe als fast alle anderen Tiere. Das Vogelauge ist relativ groß und kann fokussiert werden, nicht nur durch Ziliarmuskeln, die die Linsen wie bei den Säugern zusammenpressen oder entspannen, sondern auch durch Abflachen oder Wölben des Augapfels selbst. Die Vogelaugen lassen sich auch unabhängig voneinander bewegen und sitzen gewöhnlich beiderseits am Kopf; nur einige Spezies, wie die Eulen, haben die Augen nach vorn gerichtet.

Auch das Gehör ist wichtig für die Vögel, wenngleich die innere Struktur des Ohres weniger entwickelt ist als bei den Säugetieren und nur ein einziges Gehörknöchelchen im Mittelohr aufweist. Einige Spezies, wie die Eulen, haben ein besonders scharfes Gehör und nutzen es geschickt, um ihre Beute beim Jagen im Dunkeln zu orten. Das Vogelohr besitzt keine äußere Struktur, und die Ohröffnung ist gewöhnlich von Federn bedeckt.

242 Vogelarten werden in unserem Buch abgebildet und beschrieben. Wo merkliche Unterschiede in der Färbung zwischen Männchen und Weibchen bestehen, zeigen wir beide und kennzeichnen das Männchen durch das Symbol, ♂ das Weibchen durch ♀.

Auch die Größe und Form der Eier sind angegeben. Die Vögel werden nach dem üblichen wissenschaftlichen System klassifiziert und die entsprechende Familie jeder Spezies am Kopf der Seite genannt.

Bildteil

Die Bildtafeln bringen Zeichnungen der einzelnen Vogelarten. Wenn sich das Männchen (♂) vom Weibchen (♀) in der Färbung unterscheidet (Geschlechtsdimorphismus), sind beide abgebildet. Die Vögel sind nach dem zoologischen System geordnet.

Die Angaben unter der Linie informieren über die grundlegenden biologischen Daten und über alles, was im Leben dieser Vögel von Interesse ist (z. B. die Durchschnittsgröße der Vogelart in Zentimetern, gemessen von der Schnabelspitze bis zum Schwanzende, die Färbung, ihren nach den Lauten der menschlichen Sprache ausgedrückten Ruf). Neben dem typischen Ei findet der Leser die Maße der Eier in Millimetern angegeben: die erste Zahl ist die kleinste Länge des Eies, die zweite die größte Länge, die dritte drückt die kleinste Breite, und die vierte die größte Breite des Eies aus.

Hier sind ebenfalls die Flugsilhouette oder Trittspur des Vogels abgebildet; seine Zugehörigkeit zu den Strich-, Stand- oder Zugvögeln wird angeführt, und in manchen Fällen wird die Größe des Vogels mit einer allgemein bekannten Art verglichen.

Der Biotop, in dem wir dem Vogel am häufigsten begegnen können, ist am oberen Rand der Seite im Kolumnentitel bezeichnet.

Prachttaucher

Gavia arctica

Dieser Seetaucher ist ein Vogel nordischer Regionen. In Deutschland brütet er nur in nordöstlichen Gebieten, etwa bis nach Pommern. Weiter westlich können wir ihn nur als Durchzügler oder Wintergast beobachten. Nach neueren Forschungen geht der Herbstzug in südlicher bzw. südöstlicher Richtung, wobei einige Exemplare schon an der Ostsee, zum Beispiel westlich von Fehmarn, überwintern. Das Gros zieht zum Schwarzen, Kaspischen und zum Mittelmeer.

Während der Nistzeit hält er sich auf Seen auf, die meistens in Küstennähe liegen. Er legt sein Nest am Ufer oder auf Inseln an, die von tieferem Wasser umgeben sind. Es ist nur eine flache Vertiefung im Gras, nicht weiter ausgepolstert und meistens so gelegen, daß die Vögel direkt vom Nest ins Wasser gleiten können. Das Weibchen legt im April oder Mai zwei Eier, selten nur eins. Beide Partner brüten 28 bis 32 Tage. Die Jungen folgen den Eltern sofort nach dem Schlüpfen aufs Wasser und werden von ihnen noch zwei Monate geführt. Danach bilden die Vögel kleine Gruppen. Sie verlassen die nördlichsten Nistplätze schon Mitte August, wobei die Jungen oft noch nicht fliegen können. Diese schwimmen dann die Flüsse abwärts zum Meer und hier die Küste entlang. Der Hauptzug zu den Winterplätzen findet im November statt, und von Anfang März bis Ende April kehren die Vögel zu den Nistplätzen zurück. Die Nahrung der Prachttaucher besteht vor allem aus Fischen, aber auch aus Schalen- und Weichtieren und gelegentlich aus Fröschen, Würmern oder Wasserinsekten. Bei der Nahrungssuche tauchen die Vögel bis in Tiefen von 45 m.

Ruf:
tief „waua" pfeifend
„kukowi-ik" im Flug
gänseartig „ga-ga-ga"

Länge:
58 bis 69 cm

Männchen und Weibchen
gleichfarbig, im Winter
unauffällig gefärbt

Eiergröße:
75,7 bis 95,7 × 45,5 bis
56,0 mm

Zugvogel

Sterntaucher

Gavia stellata

Im Oktober oder November kann man in der südöstlichen Nordsee oder in der Ostsee bei Fehmarn mitunter Hunderte oder gar Tausende von Sterntauchern beobachten, die sich dort als Durchzügler oder Überwinterer aufhalten. Die Brutgebiete des Sterntauchers liegen jedoch weiter nördlich auf Island, den Hebriden, den Orkney- und Shetlandinseln, in Irland, Nordschottland, Skandinavien und in ganz Nordasien, aber auch auf Grönland und im arktischen Nordamerika. Er nistet an den Rändern kleinerer, aber tiefer Tümpel, Lagunen und Seen. Das Nest baut er aus verschiedenen Torf- und Moosarten und Grashalmen. Es befindet sich immer in Wassernähe. Manchmal ist es direkt auf dem Wasser angelegt. Das Elternpaar kehrt oft an den gleichen Ort zurück. Das Weibchen legt gewöhnlich von Mai bis Juni zwei Eier, die von beiden Partnern abwechselnd bebrütet werden. Die Brutdauer beträgt meistens 28 Tage, kann sich aber auch bis zu ungefähr 36 Tagen verlängern. Die Vögel beginnen sofort nach der Ablage des ersten Eies zu brüten. Wenn das Gelege vernichtet wird, legt das Weibchen erneut Eier. Der Sterntaucher ist ein Zug-, in den südlicheren Zonen seines Verbreitungsgebiets teilweise auch ein Strichvogel. Die europäischen Populationen überwintern an der europäischen Küste des Atlantiks bis nach Südspanien, aber auch an der Nord- und Ostsee und am Mittel- und Schwarzen Meer. Während des Zuges erscheint der Sterntaucher auch an Binnengewässern, wo er jedoch nur einige Tage verweilt. Seine Hauptnahrung bilden vor allem Seefische wie Heringe, Sprotten und Dorsche. Er ernährt sich aber auch von Lurchen, Schalentieren, Weichtieren, Wasserinsekten und Würmern.

Zugvogel
Strichvogel

Eiergröße:
62,5 bis 82,0 × 41,0 bis 51,0 mm

Länge:
53 bis 61 cm

Männchen und Weibchen gleichfarbig, im Winter unauffällig gekleidet

Ruf:
wiederholend quakend „kwak" auch „grä-grä-grä" während der Balz „ok-ok-ärr"

Haubentaucher

Podiceps cristatus

Im achtzehnten Jahrhundert war er bei uns fast ausgestorben. Schuld daran war die Damenmode: Muffen aus seinem perlgrauen Bauchgefieder waren beliebt und erzielten gute Preise, so daß man den schönen Vogel bedenkenlos abschoß. Längst zählt der Haubentaucher wieder zu den Charaktervögeln unserer Seen. Er bevorzugt Gewässer mit weiten Schilfbeständen und kommt in fast ganz Europa vor, bis nach Schottland und an die schwedische Ostseeküste hinauf. Im Norden und Osten ist er teilweise Zugvogel, sonst Strich- und Standvogel.

Sein Lebensbereich ist das Wasser. Ihm ist er als vorzüglicher Schwimmer und Taucher angepaßt. Doch ist er ein schwerfälliger Flieger und unbeholfener Läufer, der sich auf dem Lande unsicher fühlt.

Die Haubentaucher beziehen ihr Nistrevier meist im März oder April. Dann können wir ihr interessantes Balzverhalten auf dem Wasser beobachten.

Das bis zu 80 cm hohe Nest bauen sie im Schilfgürtel aus verschiedenen Wasserpflanzen.

Das Weibchen legt 3 bis 6 Eier, die anfangs grünlich weiß sind, aber nach und nach lehmgelb werden. Beide Eltern brüten abwechselnd 25 bis 27 Tage, das Weibchen jedoch häufiger. Obwohl die Jungen schon kurz nach dem Schlüpfen schwimmen und tauchen können, kriechen sie den Altvögeln oft unter die Flügel auf den Rücken und „reiten" dann sowohl über als beim Tauchen auch unter Wasser.

Die Eltern füttern die Jungen mit kleinen Insekten und Weichtieren. Die erwachsenen Vögel ernähren sich hauptsächlich von Kleinfischen und Insektenlarven.

Ruf:
tiefes „Gröck gröck" oder „Gäg gäg" besonders während der Balz

Länge:
48 cm

Im Winterkleid fehlen die „Hörnchen"

Eiergröße:
46,5 bis 62,7 × 33,0 bis 39,7 mm

Groß wie eine Ente

Zugvogel
Strichvogel
Standvogel

Schwarzhalstaucher

Podiceps nigricollis

Seine „Visitenkarte“ sind der schwarze Hals und Kopf, von dem sich die rotgoldenen Ohrenbüschel wirkungsvoll abheben. Er zählt bei uns zu den selteneren Taucherarten. Ursprünglich war er ein Bewohner Südosteuropas, in den letzten achtzig Jahren hat er sich jedoch über Mittel- und Osteuropa, über Südspanien, Italien, England, Holland und Ostfrankreich verbreitet. Die osteuropäischen Populationen sind Zugvögel, die im Mittelmeergebiet und in Westeuropa überwintern. Der Schwarzhalstaucher bevorzugt als Aufenthaltsort seichtere, jedoch ausgedehnte Teiche und Seen mit üppigem Pflanzenwuchs, der ihnen Verstecke bietet. Er ist ein geselliger Vogel, der, wo er häufiger vorkommt, zur Nistzeit in Schwärmen lebt und Kolonien bildet.

Die Vögel kehren im März bis April in Paaren in die Nistreviere zurück, und gleich nach ihrem Eintreffen beginnt die Balz. Das Weibchen baut auf der Wasseroberfläche ein Nest aus verrotteten Wasserpflanzen, die ihm das Männchen herbeischafft. Das Weibchen legt im April bis Juni 3 bis 4, manchmal bis 6 Eier, die beide Partner abwechselnd 19 bis 23 Tage bebrüten. Die Eltern tragen ihre Jungen auf dem Rücken und betreuen sie sorgfältig einige Wochen lang.

Die Nahrung des Schwarzhalstauchers besteht aus Insekten und deren Larven, kleinen Weich- und Krustentieren, Kaulquappen und kleinen Fischen. Seine Beute jagt er unter Wasser, meistens bis zu zwei Metern unter der Oberfläche.

Eiergröße:
39,0 bis 48,5 × 27,1 bis 34,0 mm

Länge:
30 cm

Männchen und Weibchen sind gleich gefärbt

Ruf:
Pfeiftöne wie „huit“ auch zartes „Bi-ip“

Groß wie eine Turteltaube

Zugvogel
Standvogel

Zwergtaucher

Podiceps ruficollis

Der Zwergtaucher ist der kleinste unserer Taucher nur knapp halb so groß wie der bekannte Haubentaucher (13). Doch nicht nur wegen seiner Kleinheit sehen wir ihn seltener, sondern auch, weil er nicht so häufig ist und sich oft verbirgt.

Er bewohnt ganz Europa mit Ausnahme des Nordens. In Skandinavien lebt er nur im Süden. Die osteuropäischen Exemplare sind Zugvögel und überwintern in Mittel- und Südosteuropa. Die Populationen West- und Südeuropas sind Standvögel, die jedoch im Winter eisfreie Gewässer aufsuchen. Der Zwergtaucher ist ein Bewohner von Seen und Teichen, kommt aber auch auf langsamfließenden Gewässern mit starker Ufervegetation vor, meidet aber freie Gewässer.

Die Zwergtaucher kehren zu ihrem Nistrevier paarweise zurück und bleiben auch den Winter über zusammen. Während der Balz legt das Männchen den Kopf nach hinten auf den Rücken, sträubt die Federn, pickt ins Wasser und schleudert mit den Beinen Wasserspritzer hoch.

Zwergtaucher nisten zum ersten Mal im April, ein zweites Mal im Juni bis Juli. Das Nest aus Wasserpflanzen schwimmt auf der Wasseroberfläche, versteckt in dichtem Röhricht.

Das Weibchen legt meistens 4 bis 6 Eier, die beide Eltern abwechselnd 20 bis 21 Tage bebrüten. Nach dem Schlüpfen werden die Jungen sehr sorgfältig 8 bis 10 Wochen von den Altvögeln betreut.

Die Zwergtaucher ernähren sich vor allem von Insekten und deren Larven, von kleinen Weichtieren, Würmern, Krustentieren, auch von kleinen Kaulquappen und Fischen. Ihre Beute fangen sie meistens unter Wasser.

Ruf:
trillerndes „Bibibi"

Länge:
27 cm

Das Ruhekleid ist an der Oberseite heller

Eiergröße:
32,8 bis 43,0 × 23,0 bis 28,3 mm

Groß wie eine Turteltaube

Zugvogel
Standvogel

Eisssturmvogel

Fulmarus glacialis

Seit 1969 brütet er wieder auf Helgoland, wenn auch nur in 2 bis 3 Paaren. Während der Wanderungen ist er jedoch regelmäßig an der Nordseeküste und vereinzelt auch an der Ostseeküste Schleswig-Holsteins zu beobachten. Seine Heimat sind Island, Irland, Großbritannien, die Bretagne, die Westküste Norwegens und auch Grönland, Nowaja Semlja und die Inseln des Nördlichen Eismeers bis zu den Bären-Inseln. Er hält sich hier aber nur während der Nistzeit auf und bewohnt sonst die Weiten der Meere. Er ist ein Zug- und Strichvogel. An den Nistplätzen stellt er sich schon während des Winters, von Dezember bis April ein, hält sich aber in dieser Zeit an der Küste auf. Erst im Mai oder Anfang Juni legt er sein Ei auf felsigen Inseln im Meer oder selten an flachen Uferpartien. Er nistet in Kolonien, die mehrere Hundert oder Tausend Einzelvögel beherbergen. Die „Nester" sind 1 bis 5 m voneinander entfernt. Das „Nest" selbst besteht höchstens aus einer flachen Mulde auf einem Felsvorsprung. Das Weibchen legt ein einziges Ei. Nur selten findet man zwei Eier im Nest. Beide Partner brüten abwechselnd gewöhnlich 52 Tage lang und füttern das Junge dann nur einmal täglich. Die ersten 14 Tage hält sich ein Altvogel aber ständig bei ihm auf, um es zu wärmen. Nach 48 bis 57 Tagen verläßt das Junge das Nest und kann schon fliegen. Es ist aber erst nach sieben Jahren fortpflanzungsfähig. Die Nahrung des Eissturmvogels besteht aus pelagischen Weichtieren, Schalentieren und auch Fischen, die er meistens an der Wasseroberfläche sammelt. Er taucht nur ausnahmsweise und dann höchstens bis zu 1 m tief.

Groß wie eine Krähe

Zugvogel
Strichvogel

Eiergröße:
67,0 bis 81,5 × 43,2 bis 54,8 mm

Länge:
47 cm

Männchen und Weibchen gleichfarbig

Ruf:
grunzend „äg-äg-äg-orr"

Baßtölpel

Sula bassana

Diesen großen, weißen Meeresvogel mit den schwarzen Handschwingen an den schmalen Flügeln können wir zur Zeit des Herbstzuges an unserer Nordseeküste beobachten, beispielsweise auf Sylt und Amrum.

Die europäischen Nistplätze des Baßtölpels liegen jedoch an den Küsten Irlands, Englands, Schottlands, der Bretagne, Norwegens, Islands, der Färöer und anderer kleiner Inseln dieses Gebiets. Er ist ein ausgesprochener Seevogel, der fast sein ganzes Leben auf dem offenen Meer zubringt. Von März bis Anfang April stellt er sich an seinen Nistplätzen ein, wo er auf Felsbänken von Klippen und auch auf offenen Kuppen umfangreiche Kolonien gründet. Die Nester sind aus Tang, Gräsern und Holzstückchen gebaut. Das Weibchen legt ein einziges, sehr dickschaliges Ei, das von beiden Partnern abwechselnd bebrütet wird. Das Junge schlüpft nach 39 bis 46 Tagen und benötigt hierzu manchmal mehr als einen Tag. Es ist anfangs nackt, dann locker mit Dunen bedeckt und erhält nach 7 Tagen ein dichtes Dunenkleid. Beide Eltern füttern das Junge. Es steckt dabei, um die Nahrung aufzunehmen, seinen Schnabel bis in den Schlund der Alten. Nach 11 Wochen ist es so weit herausgefüttert, daß es 1 kg mehr als die Altvögel wiegt. Nach 75 Tagen verläßt es noch flugunfähig das Nest. Es schwimmt nur, wobei es manchmal bis zu 70 km zurücklegt, bevor es anfängt zu fliegen. Der junge Baßtölpel muß sich nach dem Verlassen der Kolonie die Nahrung allein suchen. Er jagt auch nachts, vor allem Heringe, Makrelen und Sardinen und kann ausgezeichnet tauchen.

Ruf:
gewöhnlich bellend „ärrah"

Länge:
91,5 cm

Gewicht:
3 bis 3,5 kg

Männchen und Weibchen gleichfarbig, der Jungvogel ist getupft

Eiergröße:
62,0 bis 87,5 × 41,0 bis 54,0 mm

Zugvogel

Kormoran

Phalacrocorax carbo

Die meisten von uns kennen ihn aus Naturfilmen und Fernsehsendungen, wo er etwa vorgestellt wird, wie ihn chinesische Fischer dazu benutzen, ihnen Fische zu fangen und ins Boot zu bringen. In Deutschland war er einst häufig. Als „schädlicher" Fischfänger wurde er jedoch weitgehend ausgerottet. Die Holländer haben einige Kormoran-Kolonien unter Schutz gestellt.

Die Heimat des Kormorans ist Asien, Europa, Afrika, Australien und Nordamerika. In Europa kommt er an den Küsten vor, lebt aber auch im Binnenland an Flüssen und stehenden Gewässern. Er ist ein Strich- und Zugvogel, der sich auch während des Zuges gern in Küstennähe aufhält. Er nistet auf felsigen Inseln in Kolonien, legt sein Nest aber auch auf Bäumen an. Die Kolonien beherbergen im allgemeinen bis zu einige Tausend Paare. Im Binnenland siedelt er gern in den Kolonien der Fischreiher. Das Nest ist aus Ästen und Zweigen gebaut und mit verschiedenartigen Pflanzenteilen, Blättern, Gras, Tang und anderen biegsamen Stoffen ausgepolstert. Der Kormoran baut oft ein neues Nest, benutzt aber die alte Unterlage. Beide Partner beteiligen sich am Bau. Sie brechen die benötigten Äste mit ihren kräftigen Schnäbeln ab. Das Weibchen legt in der Zeit von April bis Juni gewöhnlich drei bis fünf Eier, die von beiden Partnern abwechselnd 23 bis 29 Tage lang ausgebrütet werden. Die Jungen öffnen erst nach drei Tagen die Augen. Sie entnehmen ihre Nahrung aus dem Schlund der Eltern. 35 bis 56 Tage verbleiben sie im Nest, schließen sich dann zu Scharen zusammen und ziehen mit den Alten umher. Die Kormorane jagen vor allem Fische und Krabben.

Eiergröße:
56,2 bis 70,8 × 33,8 bis 44,4 mm

Länge:
91,5 cm

Männchen und Weibchen gleichfarbig

Ruf:
rauh „krah" „kra-a"

Zugvogel
Strichvogel

Krähenscharbe

Phalacrocorax aristotelis

Sie ähnelt in ihrem Habitus dem Kormoran (18), ist aber kleiner und hat nicht dessen weißen Kehlfleck.

Die Krähenscharbe ist an der Westküste des Gebietes von Murmansk, an den Küsten Norwegens, Islands, der Britischen Inseln und Irlands, an der Küste Westeuropas bis zu den Mittelmeerinseln und auch an der Küste Südeuropas verbreitet. Sie ist stellenweise ein Stand- und stellenweise ein Strichvogel und bewohnt vornehmlich felsige, steilwandige Küsten. Im Winter hält sie sich auch am Ufer der Nord- und Ostsee auf und verliert sich nur ausnahmsweise ins Binnenland. Die Nistkolonien der Krähenscharben sind lockerer als die der Kormorane. Das Nest wird aus Tang, Gräsern, Blättern und kleinen Ästchen auf Felsvorsprüngen gebaut. Das Weibchen legt gewöhnlich von Anfang April bis Ende Juni zwei bis fünf Eier. Beim Brüten wechseln sich beide Partner 30 bis 32 Tage lang ab. Die Jungen betteln schon eine halbe Stunde nach dem Schlüpfen um Futter. Beide Eltern füttern gewöhnlich drei- bis viermal täglich. Die Jungen stecken den Kopf in den Kehlsack der Eltern und entnehmen von dort die Nahrung. 47 bis 50 Tage verbleiben sie im Nest und gehen dann ins Wasser, oft noch flugunfähig. Nach etwa 55 bis 58 Tagen machen sie die ersten Flugversuche. Bei den Jungvögeln besteht eine hohe Sterblichkeit. Im ersten Lebensjahr kommen bis zu 80 % von ihnen um. Bei den erwachsenen Vögeln beträgt die Sterblichkeit 14 %. Die Krähenscharbe ernährt sich vor allem von Fischen, nach denen sie bis in Tiefen von 20 m taucht.

Ruf:
krächzende Töne wie „ark-ark-ark"

Länge:
76 cm

Männchen und Weibchen gleichfarbig, während der Nistzeit mit kurzer Federhaube

Eiergröße:
56,6 bis 74,6 × 34,9 bis 41,7 mm

Standvogel
Strichvogel

Rosapelikan

Pelecanus onocrotalus

In Europa kann man am Schwarzen Meer im Donaudelta noch die Nistplätze des Rosapelikans finden. Sein Biotop sind Meereslagunen, Flußdeltas und auch große Binnenseen. Er ist ein Strich- und Zugvogel. Außerhalb der Nistzeit gelangt er als Irrgast westlich bis nach Frankreich und nördlich bis nach Schweden und Finnland. Im Donaudelta trat er sehr zahlreich auf. Heute sind jedoch die meisten Kolonien verwüstet und die Vögel bilden nur noch Gemeinschaften von höchstens einigen Hundert Exemplaren. Seinen Nistplatz verläßt der Rosapelikan im September bis Oktober und überwintert vor allem in Ägypten und Vorderasien. Ende März bis Mai kehrt er in die Heimat zurück und baut an seichten Stellen im Schutz von schwer zugänglichem Schilfdickicht sein Nest aus Riedgras, Schilfrohr und Ästchen. Die Vögel sitzen schon einige Tage vor der Eiablage auf dem Nest. Das Weibchen legt gewöhnlich im April bis Juni ein oder zwei Eier. Beim Brüten wechseln sich beide Partner 29 bis 32 Tage ab. Die Jungen werden ebenfalls von beiden Eltern gefüttert. Sie schwimmen nach fünf Wochen in der Umgebung umher, sind nach 12 Wochen schon flügge und nach 14 bis 15 Wochen völlig selbständig. Die Rosapelikane jagen oft in Scharen, wobei sie einen Halbkreis bilden und die Fische ins seichte Wasser treiben, wo sie die Beute leichter fangen können. Sie tauchen nicht. Ihre Beute besteht aus verschiedenen Fischen bis zu einem Gewicht von 1,5 kg. Gelegentlich verschlingen sie auch ein verlorenes Entchen.

Erkennungsmerkmal im Gelände gegenüber dem Krauskopfpelikan: die Stirn ist leicht buckelartig ausgetrieben und die Füße sind fleischig.

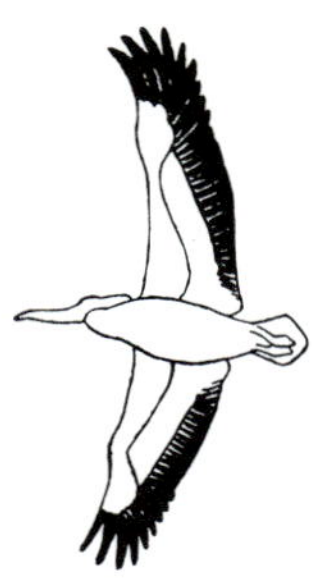

Zugvogel
Strichvogel

Eiergröße:
80,0 bis 104,0 × 52,0 bis 64,5 mm

Länge:
140 bis 178 cm

Männchen und Weibchen gleichfarbig, Jungvögel bräunlich

Ruf:
muhende Laute

Krauskopfpelikan

Pelecanus crispus

Mit einer Flügelspanne von über 3 m dürfte er der größte europäische Schwimmvogel sein. Von dem Rosapelikan (20) unterscheidet er sich am ehesten durch seinen „Krauskopf" und die grauen (und nicht fleischfarbigen) Füße, seine Stirn ist nicht buckelartig ausgebeult.

Der Krauskopfpelikan ist in den südöstlichen Teilen Europas verbreitet. Er nistet in Bulgarien, Rumänien, ehemaligen Jugoslawien und Griechenland. Zahlreich tritt er nur im Donaudelta auf. Die dortige Population gehört zu den Zugvögeln und fliegt über den Winter vor allem nach Nordafrika an den Nil. Die Vögel verlassen schon Ende August die Heimat und kehren im März zurück. Ungefähr eine Woche nach der Ankunft beginnen sie mit dem Nestbau. Das Männchen trägt das Material im Schnabel herbei, schwimmt damit zum Nest und übergibt es dem Weibchen. Das Nest wird nur an seichten Stellen, gewöhnlich auf niedergedrücktem Ried oder anderen Pflanzenresten, errichtet. Die Nester liegen in zahlreichen Kolonien oft sehr eng beieinander. Das Weibchen legt Ende März bis Mitte Mai gewöhnlich zwei Eier. Beide Partner sitzen abwechselnd auf dem Gelege und beginnen mit dem Brüten schon nach der Ablage des ersten Eies. Die Jungen schlüpfen ungefähr nach 30 bis 32 Tagen. Die Altvögel speien den Jungen in der ersten Zeit die Nahrung ins Nest. Älterer Nachwuchs entnimmt sie sich selbst aus den Kehlsäcken der Alten. Nach 12 Wochen sind die Jungen flügge und nach 14 bis 15 Wochen völlig selbständig. Die Nahrung des Krauskopfpelikans besteht vornehmlich aus Fischen, die er, Gruppen bildend, in Meeresbuchten und auch im offenen Meer jagt.

Ruf:
muhende Töne wie „wo-wo-wo",„ch-ch-ch"

Länge:
171 cm

Männchen und Weibchen gleichfarbig

Eiergröße:
82,5 bis 105,8 × 55,0 bis 64,0 mm

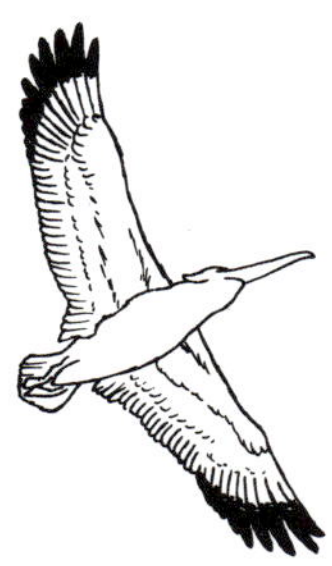

Zugvogel

Graureiher

Fischreiher · *Ardea cinerea*

Sein elegantes Flugbild mit dem zurückgebogenen Kopf hat ihn zum oft abgebildeten Symbol des „Wandervogels" werden lassen. Weil er Fische fängt, wurde er als „Schädling" rücksichtslos verfolgt, ohne zu bedenken, daß er durch die Erbeutung kranker und schwacher Fische eine natürliche Aufgabe erfüllt. Auch durch die Vertilgung von Ratten und Mäusen auf den Wiesen macht er sich nützlich.

Der Graureiher brütet da, wo er noch in entsprechender Anzahl vorkommt, in Kolonien. Sein Vorkommen erstreckt sich auf West-, Mittel- und Osteuropa; auch im Süden und an der Westküste Skandinaviens, vereinzelt auch in Spanien kommt er vor. Die westlichen Populationen sind Standvögel, aus den nördlichen und östlichen Gebieten ziehen die Graureiher von September bis Oktober in ihre Winterquartiere am Mittelmeer.

Sofern die Graureiher nicht überwintern, kehren sie im März zu ihren Niststätten zurück. Sie lieben Flüsse mit Baumbeständen an den Ufern, Teiche, Seen und Sümpfe, oft auch Wälder in der Nähe von Gewässern. Beide Partner bauen ihr Nest aus Holzstückchen, kleinen Zweigen und Schilfhalmen, in der Regel ziemlich hoch über dem Boden auf Laub- oder Nadelbäumen. Im April bis Mai, seltener Ende März, legt das Weibchen 4 bis 5 Eier, die beide Altvögel abwechselnd 25 bis 28 Tage bebrüten. Sie füttern die Jungen anfangs in den Schnabel, später würgen sie ihnen das Futter auf das Nest aus. Nach 8 bis 9 Wochen sind die Jungen flügge.

Der Graureiher fängt kleine Fische, Kaulquappen, Frösche, kleine Säugetiere und Vögel, Reptilien, Weichtiere und Insekten, ist also von seiner Speisekarte her kein so immenser „Fischräuber", daß jeder Angler in ihm einen Konkurrenten erblicken muß.

Groß wie ein Storch

Zugvogel
Strichvogel
Standvogel

Eiergröße:
52,4 bis 69,5 × 38,5 bis 49,7 mm

Länge:
91 cm

Männchen und Weibchen sind gleich gefärbt

Ruf:
scharf hervorgestoßenes „Gra" oder „Grak" bei Erregung „Gräik" am Nest Laute wie „chräih"

Purpurreiher

Ardea purpurea

Der Purpurreiher ist etwas kleiner als der Graureiher (22). Bei uns sehen wir ihn jedoch seltener, denn er nistet vor allem in Süd- und Mittelfrankreich, Spanien, Portugal, Italien, auf der ganzen Balkanhalbinsel, in Ungarn, seltener auch in Österreich, der ehemaligen Tschechoslowakei, der Schweiz und in Holland. Die europäischen Purpurreiher sind Zugvögel, ihre Winterquartiere liegen vorwiegend in West- oder Ost- afrika.

Im April kehren die Purpurreiher in Paaren zurück und lassen sich in kleinen Kolonien nieder. Das Nest bauen beide Partner gemeinsam, am häufigsten auf abgebrochenen Schilfhalmen oder Rohrkolben, etwa einen halben Meter über der Wasseroberfläche. Die Bauarbeiten werden noch während des Brütens fortgesetzt.

Das Weibchen legt 4 bis 6 Eier, die beide Partner abwechselnd durchschnittlich 26 Tage bebrüten. Die Altvögel bringen die Nahrung in ihrem Kehlsack, und die Jungen nehmen sie selbst aus dem Schnabel der Eltern. Später würgen die Eltern das Futter auf den Nestrand aus, von wo es die Jungen aufpicken. Das Nest verlassen die Jungen nach sechs Wochen.

Der Purpurreiher fängt kleine Fische, Frösche, Kaulquappen, Insekten, Weichtiere; zu seiner Nahrung gehören auch Eidechsen und kleine Säugetiere und gelegentlich ein Vogeljunges. Er watet oft in seichtem Wasser und wartet regungslos, bis Beute in seine Nähe kommt. Dann erfaßt er sie mit einem jähen Vorschnellen des Schnabels, oft wird das Opfer geradezu mit dem Schnabel harpuniert.

Ruf:
etwa wie „schrät“ oder auch „rrähb“

Länge:
79 cm

Männchen und Weibchen sind gleich gefärbt

Eiergröße:
50,0 bis 61,2 × 36,5 bis 44,7 mm

Zugvogel

Seidenreiher

Egretta garzetta

Der Seidenreiher ist gleichsam eine verkleinerte und verfeinerte Ausgabe unseres Graureihers. Dem aber macht er kaum Konkurrenz, denn nur während der Zugzeit werden einzelne von ihnen bis nach Norddeutschland hinauf verschlagen. Ansonsten ist er in Afrika und Asien beheimatet. In Europa nistet er in Spanien, Südportugal, Südfrankreich, Oberitalien und auf der Balkanhalbinsel. Er bewohnt Deltas, Lagunen und Moraste und kommt auch im Binnenland vor. Er ist ein Zugvogel und streicht zur Reisezeit nach Mittel- und Westeuropa. Die europäischen Exemplare überwintern im Süden Afrikas bis zum Kap hinunter, die asiatischen in Südasien. Der Seidenreiher verläßt die Heimat Ende August bis September, in südlicheren Gebieten auch erst im November oder Dezember und kehrt Mitte März bis Mai an die Nistplätze zurück. Er nistet in Kolonien und bildet oft mit anderen Reiherarten Gemeinschaften. Sein Nest baut er in Büschen oder auf Bäumen, manchmal auch in Wäldern. Das Nest wird bald nach der Ankunft von beiden Partnern aus Ästchen und Schilfrohr gebaut. Das Weibchen legt gewöhnlich im Mai oder Juni drei bis fünf Eier, die, schon nach dem Ablegen des ersten Eies beginnend, von beiden Partnern ausgebrütet werden. Die Brutzeit beträgt 21 bis 25 Tage. Beide Eltern füttern. Sie fliegen oft bis 20 km vom Nistplatz fort, um Nahrung zu suchen. Der Seidenreiher ernährt sich von kleinen Fischen, Lurchen, Würmern, Schalen- und Weichtieren und Insekten.

Nach Wiederansiedlung in Südfrankreich und Ungarn und entsprechender Bestandszunahme, läßt er sich auch in Mitteleuropa häufiger blicken.

Zugvogel

Eiergröße:
41,1 bis 55,0 × 30,0 bis 38,0 mm

Länge:
56 cm

Männchen und Weibchen gleichfarbig

Ruf:
krächzend „kärk"

Nachtreiher

Nycticorax nycticorax

Der Nachtreiher kommt nur an einigen wenigen Stellen in Mitteleuropa vor, so in Holland und im Rhonedelta in Südfrankreich. Häufiger bewohnt er Süd-, Südost- und Südwesteuropa. Die in Europa nistenden Exemplare ziehen im Herbst nach dem tropischen Afrika, von wo sie im April zu ihren Niststätten zurückkehren. Die Nachtreiher halten sich vor allem in Sumpfgebieten mit urwaldähnlicher Vegetation auf. Sie leben auch an Seen, Teichen und Flüssen, wenn diese von Baumbeständen und Buschwerk gesäumt sind. Oft lassen sie sich auch an Waldrändern in Wassernähe, manchmal sogar in Parkanlagen nieder.

Mit dem Nestbau beginnt das Männchen. Es versucht, ein Weibchen herbeizulocken, das dann selbst den Bau des Nestes fortsetzt, wobei das Männchen das Baumaterial herbeischafft. Das Weibchen legt 3 bis 5 Eier, die es schon vom ersten Ei an bebrütet, wobei es vom Männchen regelmäßig, meistens nach zwei bis vier Stunden, abgelöst wird. Nach 20 bis 23 Tagen schlüpfen die Jungen und werden von den Eltern gewissenhaft 21 bis 28 Tage lang im Nest gefüttert. Nach Verlassen des Nestes halten sich die Jungen auf Zweigen in der Nähe auf und machen im Alter von etwa 6 Wochen die ersten Flugversuche.

Die Nahrung der Nachtreiher besteht aus verschiedenen Kleinfischen, auch aus Insekten und Würmern. Sie jagen – daher ihr Name – meistens in der Dämmerung, abends oder im Morgengrauen. Tagsüber ruhen sie in dichten Zweigen. Solange die Jungen gefüttert werden müssen, gehen die Altvögel auch bei Tag auf Beutejagd.

Ruf:
quakendes weit hörbares „Quak"

Länge:
61 cm

Männchen und Weibchen sind gleich gefärbt

Eiergröße:
43,7 bis 56,5 × 31,0 bis 39,7 mm

Groß wie eine Ente

Zugvogel

Zwergrohrdommel

Zwergdommel · *Ixobrychus minutus*

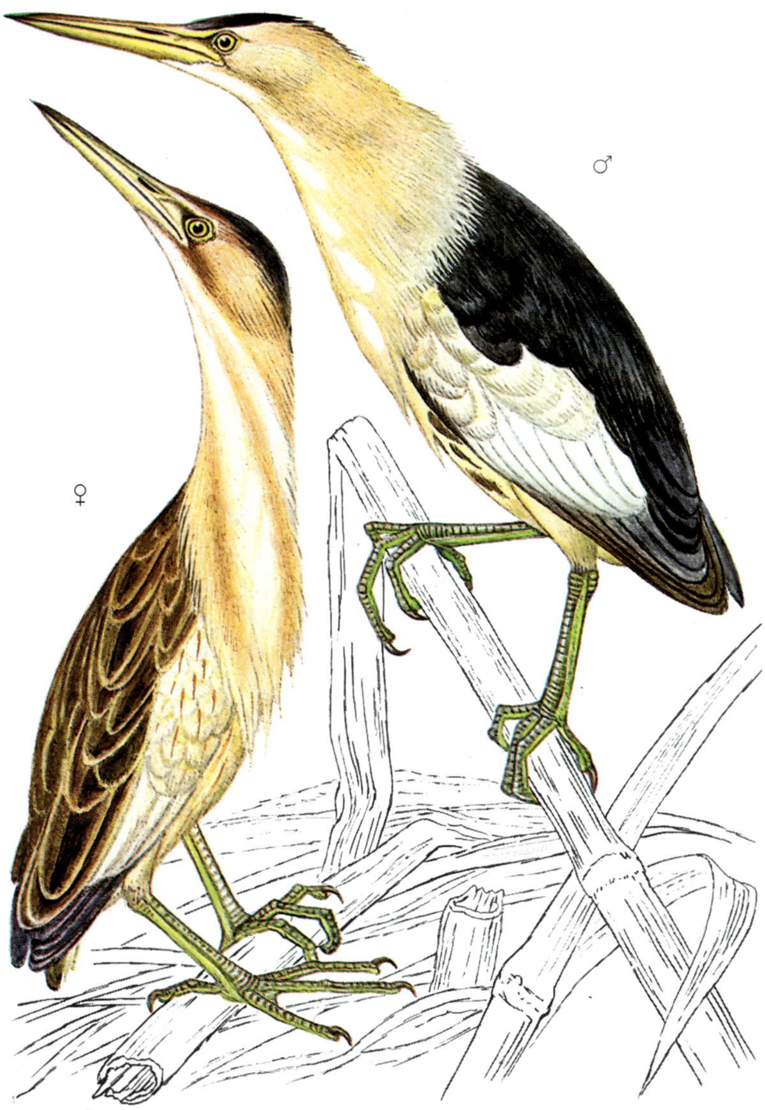

Die Zwergrohrdommel ist eine stille und heimliche Bewohnerin von Rohr- und Schilfbeständen. Erblikken wir sie dennoch einmal, so darf uns ihre „Größe“ nicht irritieren: sie wiegt weniger als eine Turteltaube (132), wirkt durch ihr lockeres Gefieder aber viel größer. Die Heimat der Zwergrohrdommel ist ganz Europa bis auf Skandinavien und die Britischen Inseln. Ende August bis Anfang September zieht sie in ihre entfernten Winterquartiere in Nordwest- und Ostafrika.

Die Zwergrohrdommeln kehren manchmal schon Ende März zu ihren Niststätten zurück, in der Regel im April oder Anfang Mai. Sie halten sich bei Seen, Teichen, in Flußdelten und auch an kleineren Tümpeln mit starkem Bewuchs auf. Die Niststätte bezieht zuerst das Männchen, und es beginnt mit dem Nestbau. Einige Tage später kehrt auch das Weibchen zurück und setzt den Bau des Nestes fort, wobei ihm das Männchen das Baumaterial herbeischafft. Das Weibchen legt in das sorgfältig verborgene und getarnte Nest 5 bis 6 Eier. Beim Brüten wird es regelmäßig vom Männchen abgelöst. Die Zwergrohrdommel sitzt oft in einer völlig starren Stellung mit hochgerecktem Hals und vertikal in die Höhe gehaltenem Schnabel auf dem Nest, wodurch sie im Röhricht gut getarnt ist. Die Jungen schlüpfen nach 16 bis 19 Tagen und bleiben 10 bis 12 Tage im Nest. Die Eltern bringen ihnen Futter, das sie in den ersten Tagen ins Nest auswürgen; später füttern sie in die Schnäbel der Jungen.

Die Zwergrohrdommel ernährt sich von Insekten, kleinen Fischen, auch Kaulquappen, Weich- und Krustentieren.

Eiergröße:
30,0 bis 39,0 × 23,3 bis 27,7 mm

Länge:
36 cm

Das Männchen hat einen schwarzen, das Weibchen einen braunen Rücken

Ruf:
kurzes „Wurr wurr“ am Nest auch Laute wie „jick“ „gäck“ oder „gät“

Zugvogel

Große Rohrdommel

Kuhreiher, Moorochse · *Botaurus stellaris*

Die Große Rohrdommel ist ein Meister der Tarnung. Gleicht sie sich schon durch ihre Färbung ihrem Lebensraum, den Rohrwäldern und Schilfdickichten an, so erstarrt sie im Augenblick der Gefahr mit emporgerecktem Schnabel zu einem „Pfahl". Auch fliegend läßt sie sich tagsüber kaum erblicken, da sie dämmerungsaktiv ist. Um so auffallender ist ihr kilometerweit klingender, dumpfer und auch meist nachts vernehmbarer Balzruf. In manchen Gegenden heißt es: „Der Moorochs brüllt!"

Die Große Rohrdommel kommt in ganz Europa vor, mit Ausnahme der nördlichen Gebiete. Die west- und südeuropäischen Exemplare sind meistens Standvögel, die Populationen der übrigen Gebiete überwintern oft in West- und Südwesteuropa, aber auch in Nordafrika, wohin sie im September bis Oktober ziehen.

Die Große Rohrdommel kehrt im März oder April zu ihren Niststätten zurück. Ihr flaches Nest, eine Anhäufung von Schilf- und Rohrhalmen, liegt meistens an einer seichten Stelle. Im April bis Mai legt das Weibchen 5 bis 6 Eier und brütet vom ersten Ei an. Das Brüten und auch das Füttern der nach 25 bis 27 Tagen schlüpfenden Jungen übernimmt ausschließlich das Weibchen. Nach 8 Wochen sind die Jungen bereits flügge und machen sich selbständig.

Sie ernähren sich vor allem von Insekten und ihren Larven, von Kaulquappen, Fröschen, kleinen Fischen, und gelegentlich fangen sie auch ein kleines Säugetier.

Ruf:
tiefes „Ü-puuh" seltener Laute wie „grag" oder „grog" im Flug ein „Hau-hau"

Länge:
76 cm

Männchen und Weibchen sind gleich gefärbt

Eiergröße:
47,5 bis 58,2 × 33,5 bis 41,0 mm

Fast so groß wie eine Gans

Zugvogel
Standvogel

Weißer Storch

Weißstorch · *Ciconia ciconia*

Der Weiße Storch, einst weitverbreiteter und vertrauter Dachbewohner in vielen Dörfern, ist heute zu einer ornithologischen Seltenheit geworden. Als „Klapperstorch“, der die kleinen Kinder bringt, war er oft der erste Vogel, den selbst Großstadtkinder durch Hörensagen kennenlernten. Er hält gute Nachbarschaft zu den Menschen. Sein Verbreitungsgebiet ist Mittel-, Nordwest- und Südosteuropa, er lebt auch in Spanien. In Skandinavien kommt er nur im südlichsten Teil vor. Er ist ein Zugvogel, der Anfang August bis September seine lange Reise, je nach der Population in südwestlicher oder südöstlicher Richtung, antritt und in seine Winterquartiere in Ost- und Südafrika zieht.

Im März oder Anfang April kehrt er wieder zurück. Er hängt sehr an seinem alten Nest, das er möglichst immer wieder aufsucht. Oft bieten ihm die Menschen in ländlichen Gegenden eine Baumöglichkeit, indem sie ein Wagenrad auf dem Dach ihres Hauses anbringen.

Im April bis Mai legt das Weibchen 4 bis 5 Eier, die beide Altvögel abwechselnd bebrüten; nachts brütet jedoch immer das Weibchen allein. Die Jungen schlüpfen meistens nach 30 bis 34 Tagen und sind im Alter von 54 bis 63 Tagen flügge. Die Nahrung für die Jungen würgen die Eltern auf das Nest aus. Die Weißen Störche sind ausschließlich Fleischfresser. Sie jagen in seichtem Wasser, auf Wiesen und Feldern. Ihre häufigste Beute sind kleine Nagetiere, Frösche, Eidechsen, kleine Fische, aber auch Insekten und andere Wirbellose.

Zugvogel

Eiergröße:
65,0 bis 81,5 × 46,0 bis 57,0 mm

Länge:
102 cm

Männchen und Weibchen sind gleich gefärbt

Ruf:
Schnabelklappern
Die Jungen geben miauende Laute von sich

Schwarzstorch

Ciconia nigra

Er ist nicht nur durch sein vorwiegend schwarzes Kleid das Gegenteil vom Weißen Storch. Er ist im Gegensatz zu seinem weißen Vetter kein Kulturfolger, der des Menschen Nähe bevorzugt, sondern ein scheuer und seltener Waldvogel. Wenige Vogelfreunde bekommen ihn deshalb zu Gesicht.

Der Schwarzstorch lebt in Nordost-, Ost- und Mitteleuropa, seltener auch in Spanien, in feuchten Laub- und Mischwäldern. Er bevorzugt das Tiefland, kommt aber auch im Gebirge in der Nähe von Teichen, kleinen Flüssen und Bächen vor. Die europäischen Exemplare ziehen in der Zeit von August bis September nach Ost- und Südafrika. Ende März oder Anfang April kehren sie zu ihren Niststätten zurück.

Ende April oder Anfang Mai bauen sie auf Bäumen, meistens auf Zweigen dicht am Stamm, ihre großen, flachen Nester. Das Nest besteht aus Zweigen und wird mit Moos und kleinen Zweigen ausgepolstert. Beide Eltern wechseln beim Bebrüten ihrer 3 bis 5 Eier ab. Die Jungen schlüpfen nach 30 bis 34 Tagen. Nach 54 bis 63 Tagen sind die Jungen flügge.

Der Schwarzstorch ernährt sich hauptsächlich von Fischen, die er in Bächen, kleinen Teichen und Flüssen fängt. Er frißt aber auch Amphibien, kleine Säugetiere, größere Insektenarten und andere Wirbellose. Seine Nahrung sucht er am liebsten auf Waldwiesen oder in der Nähe der Wälder.

Er gehört bei uns zu den immer seltener werdenden und daher vom Aussterben bedrohten Vögeln.

Ruf:
zischende Laute wie „füö"

Länge:
96 cm

Männchen und Weibchen sind gleich gefärbt
Die Jungvögel haben graugrüne Beine und Schnäbel

Eiergröße:
60,0 bis 74,3 × 44,0 bis 54,7 mm

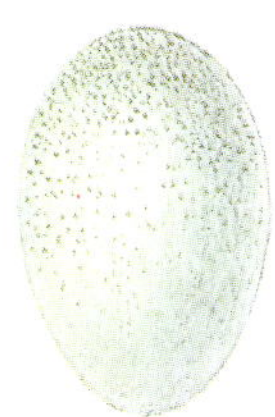

Fast so groß wie ein Weißstorch

Zugvogel

Löffler

Platalea leucorodia

Der Löffler ist kleiner als unser Weißer Storch (28), sein löffelförmiger Schnabel gab ihm den Namen. Bei uns kommt der Löffler nur an ganz wenigen Stellen vor, so in Holland, am Neusiedler See in Ungarn, in Südspanien und in Südosteuropa.

Sie lassen sich auf bewachsenen Seen, in Flußniederungen und in Mooren nieder. Sie nisten in Kolonien, oft gemeinsam mit anderen Vögeln.

Das Nest baut der Löffler auf niedergedrückten Schilf- und Rohrhalmen, manchmal auch im Gestrüpp aus Holzstückchen; manchmal auch auf Bäumen, dann vor allem auf Eichen. Das Nest bauen beide Altvögel gemeinsam und benutzen es oft auch mehrere Jahre lang. Das Weibchen legt Ende April, im Mai oder Juni 3 bis 5 gefleckte Eier. Während des 24 bis 25 Tage dauernden Brütens, bei dem sich beide Eltern abwechseln, verschwinden die Flecken auf den Eiern. Der Brutpflege widmen sich beide Partner. Beim Füttern nehmen die Jungen die Nahrung aus dem Schlund der Alten. Nach 6 bis 8 Wochen verlassen die Jungen das Nest und sind kurz darauf auch flügge.

Die Löffler ernähren sich von verschiedenen Wasserinsekten und deren Larven, von Froschlaich, kleinen Krustentieren und auch Fischen.

Es ist für den Vogelfreund reizvoll, bei Reisen in eines der genannten Gebiete, auf einen solchen Vogel zu achten, den man sonst bei uns kaum erblicken kann.

Eiergröße:
52,7 bis 74,6 × 36,8 bis 49,5 mm

Länge:
86 cm

Während der Nistzeit verlängerte Kopffedern

Ruf:
Tiefe heisere Laute und Schnabelklappern

Zugvogel

Flamingo

Phoenicopterus ruber roseus

In den zoologischen Gärten gehört er zu den optischen Attraktionen. Denn sein weißes und rosenrotes Gefieder ist von „lieblicher Zartheit". „Ihm sieht man nichts von seinem Schlammwühlergewerbe an", meint Richard Gerlach. Wir können ihn jedoch auch in der freien Natur beobachten, wenn wir in den Süden reisen.

Der Flamingo nistet im Rhonedelta, im Camarguegebiet und in Südspanien. Er zieht meistens nach Nordafrika und ins Mittelmeer, streicht aber oft auch im Nistgebiet umher. Vereinzelt fliegt er bis nach Großbritannien, Mitteleuropa oder Norwegen und Finnland. Er bewohnt Küstenlagunen, seichte Seen und in Afrika auch salzige Binnengewässer. Die Flamingos nisten in Kolonien, die oft recht umfangreich sind. Auf der Fläche von 1 m^2 liegen durchschnittlich etwa zwei Nester, die die Vögel direkt auf dem seichten Wasser oder in dessen unmittelbarer Nähe am Ufer bauen. Der Bau wird aus Schlamm oder Sand erstellt und mit kleinen Zweigen und Federn verstärkt. Das Weibchen legt meistens nur ein Ei, selten auch zwei und brütet gewöhnlich allein 30 bis 32 Tage. Die Jungen verbleiben nach dem Schlüpfen vier Tage und auch manchmal etwas länger in den Nestern. Dann schließen sie sich zu kleinen Scharen zusammen und waten im seichten Wasser umher. Die Eltern füttern die Jungen anfangs mit einem besonderen, flüssigen Brei in den Schnabel. Die aus dem Schlamm gefilterte Nahrung der Flamingos besteht vor allem aus kleinen Schalen- und Weichtieren, Würmern, Wasserinsekten und auch aus Pflanzensamen.

Ruf:
ähnlich dem Schnattern der Gänse, im Flug auch „kakak"

Länge:
127 cm

Männchen und Weibchen gleichfarbig
Der Jungvogel ist bräunlich

Eiergröße:
77,0 bis 103,5 × 47,7 bis 60,1 mm
weißes Ei

Strichvogel
Zugvogel

Höckerschwan

Cygnus olor

Wir kennen den Höckerschwan allgemein als zahmes Parkgeflügel, das sich gern füttern läßt und zuweilen sogar schwerfällig herangewatschelt kommt, um uns einen Bissen aus der Hand zu nehmen. Wie scheu und zurückhaltend der Höckerschwan als Wildvogel sein kann, hat uns der schwedische Vogelforscher Bengt Berg in seinem Buch über „Tookern — der See der wilden Schwäne" geschildert. Höckerschwan heißt er, weil das Männchen an der Wurzel seines rötlichen Schnabels einen deutlichen schwarzen Höcker hat.

Der Höckerschwan ist in England, Nordwest- und Mitteleuropa, Südschweden und in Südosteuropa im Gebiet um die Nordküste des Schwarzen Meeres und um den Kaspisee beheimatet. In dem größten Teil seines Verbreitungsgebiets ist er ein Standvogel, im Winter treibt er sich jedoch herum.

Er lebt in ständiger Partnerschaft mit einem Weibchen. Das ziemlich große Nest baut das Weibchen, das Männchen hilft beim Herbeischaffen des Baumaterials aus der Umgebung. Das Weibchen legt 4 bis 7 Eier, die es vorwiegend allein bebrütet. Das Männchen hält sich in der nächsten Umgebung des Nestes auf, bewacht die Familie und fällt jeden Eindringling in das Nistrevier erbittert an. Die Jungen schlüpfen durchschnittlich nach 35 Tagen und werden von beiden Eltern betreut. Sie sind grau gefärbt. Erst nach 4-5 Monaten sind sie flugfähig und nach 4 Jahren werden sie geschlechtsreif.

Der Höckerschwan ernährt sich vor allem von pflanzlicher Nahrung, zum Teil auch von kleinen Lebewesen.

Standvogel
Strichvogel

Eiergröße:
98,8 bis 122,0 × 68,0 bis 80,0 mm

Länge:
♂ 159 cm ♀ 155 cm

Männchen und Weibchen sind gleich gefärbt

Gewicht:
10 kg

Ruf:
verhaltenes Zischen

Singschwan

Cygnus cygnus

Seine lauten und wohlklingenden Rufe, die sich in der Luft mit den weithin hörbaren rhythmischen Flügelschlägen vermischen, können durchaus wie „fernes Glockengeläut" klingen.

Der Singschwan ist ein Bewohner Nordschottlands, Nordskandinaviens und Finnlands, des Nordens der baltischen Staaten und Islands. Seine Winterplätze liegen praktisch in ganz Europa. Regelmäßig sucht er im Winter aber die Küsten Großbritanniens, Irlands, Südskandinaviens, Deutschlands, Hollands und des Schwarzen und Kaspischen Meeres auf. Von unserem gewöhnlichen Höckerschwan unterscheidet er sich durch den weniger geschwungenen Hals und den gelben Schnabel mit einer schwarzen Spitze.

Zur Nistzeit bewohnt er Delten, große Flüsse und Seen der arktischen Tundra. Am liebsten hat er stehende Gewässer mit Schilfwuchs. Der Singschwan baut sein Nest auf Inseln oder im Sumpfland. Es ist gewöhnlich ein großer Haufen aus Schilfrohr und anderen Pflanzen. Das Weibchen polstert die Nistmulde oft mit Dunen aus und legt dann 3 bis 6 Eier. Das Weibchen brütet allein. Das Männchen hält sich in der Nähe auf und wacht. Die Jungen schlüpfen nach 35 bis 40 Tagen und werden nach dem Trocknen von den Eltern sofort aufs Wasser geführt. Das Dunenkleid der Jungen ist oben lichtgrau, unten weiß. Nach zwei Monaten sind sie schon ganz befiedert, können aber ihrer schmutzig grauen Farbe wegen gut von den Altvögeln unterschieden werden. Der Singschwan ernährt sich fast ausschließlich von Pflanzen: Gras, Wasserpflanzen, ihren Trieben und verschiedenen Samen. Nur die Jungen fressen auch Lebewesen, zum Beispiel verschiedene Wasserinsekten und deren Larven.

Ruf:
lauter trompetender Ton

Länge:
152 cm

Männchen und Weibchen gleichfarbig

Eiergröße:
104,5 bis 126,3 × 68,0 bis 77,4 mm

Zugvogel

Zwergschwan

Cygnus bewickii

Er ist das verkleinerte Abbild des Singschwans (33), doch ist sein Schnabel schwarz mit einem gelben Fleck am Schnabelgrund. Auch er tritt bei uns nur als Wintergast auf. Denn die Heimat des Zwergschwans sind die Tundren Europas und der nördlichen asiatischen Teile der ehemaligen Sowjetunion. Seine Winterplätze, die er regelmäßig aufsucht, liegen hauptsächlich an den nordwestlichen Küsten der Nordsee, in der Umgebung von England und Irland. An manchen Stellen tritt er dort in tausendköpfigen Scharen auf. In kleinerer Zahl überwintert er an der Ostseeküste und fliegt auch bis zum Schwarzen und Kaspischen Meer. Die Zwergschwäne verlassen ihre Heimat Anfang Oktober und kehren gewöhnlich erst im Mai zu den nördlichen Nistplätzen zurück. Diese liegen in sumpfigen Tundren in der Nähe der Küste. Die Vögel bevorzugen Gegenden mit seichten Seen und Flüssen. Sie bauen ihr Nest auf erhöhten Stellen in der Nähe von Wasser. Der Bau wird nur vom Weibchen ausgeführt. Es verwendet dazu Moos, Flechten und anderes Pflanzenmaterial aus der nächsten Umgebung und polstert dann die Nestmulde mit Dunenfedern aus. Gewöhnlich im Juni legt das Weibchen meist drei bis vier Eier, die es allein 34 bis 38 Tage bebrütet. Das Männchen hält sich während dieser Zeit in der Nähe auf und bewacht die Familie. Der Zwergschwan ernährt sich fast nur von verschiedenen Wasserpflanzen.

Eiergröße:
96,0 bis 114,0 × 64,3 bis 71,7 mm

Länge:
122 cm

Männchen und Weibchen gleichfarbig

Ruf:
tiefe trompetende musikalische Töne

Zugvogel

Saatgans

Anser fabalis

„As wise as a goose" – so weise wie eine Gans, sagt ein englisches Sprichwort. Aber es ist spöttisch gemeint. Wenn man hingegen eine Japanerin „Gans" tituliert, soll sie sich geehrt fühlen. Offenbar wissen die Japaner die Klugheit der bei uns so oft verkannten Gans gerechter einzuschätzen.

Zur Wildform unserer Hausgans, der Graugans (36), gesellt sich im Herbst auch die Saatgans, die aus ihren Brutgebieten in Nordschweden, Lappland, Finnland und Nordrußland kommt, um in großer Zahl bei uns zu überwintern. Sie ist etwa ebenso groß wie die Graugans, doch sind Kopf und Hals erheblich dunkler. Im April und Mai stellen sich die Saatgänse an ihren nördlichen Nistplätzen ein. Sie bevorzugen die Ufer von Seen oder Flüssen, suchen aber auch Sumpfland und felsige Böschungen von Bergflüssen auf. Bald nach der Ankunft beginnen sie das Nest zu bauen, das das Weibchen in einer flachen Grube unter Buschwerk oder niedrigen Bäumen anlegt und mit Pflanzenmaterial und Dunen auspolstert. Das Weibchen legt gewöhnlich im Juni drei bis sieben Eier und brütet allein 27 bis 30 Tage. Das Männchen bewacht in dieser Zeit das Nest. Wenn Gefahr droht, ducken sich beide Vögel an den Boden und strecken die Hälse aus. Die Saatgänse verlassen im September oder Oktober ihre nördliche Heimat, um den Winter bei uns oder weiter südlich zu verbringen. Ihre Nahrung besteht aus Gras, Trieben, Kräutern und auch Beeren.

Ruf:
Töne wie „ang-ank" auch „kajah" oder „kaiaiak"

Länge:
71 bis 89 cm

Männchen und Weibchen gleichfarbig

Eiergröße:
74,0 bis 91,0 × 42,0 bis 59,0 mm

Zugvogel

Graugans

Anser anser

Die Bezeichnung „dumme Gans" ist unzutreffend. Die Gans zählt nämlich zu den klügsten Vögeln. Spätestens seit den Untersuchungen des Verhaltensforschers Konrad Lorenz wissen wir um den hohen „Intelligenz-Quotienten" dieses Vogels.

Die Graugans ist die Stammutter unserer Hausgans. Ihre Heimat sind Schottland, Island, die Küsten Skandinaviens und ein Teil Mittel- und Südosteuropas. In Schottland ist sie Standvogel, die Populationen aus Nord- und Mitteleuropa überwintern im Mittelmeergebiet. Die ziehenden Exemplare verlassen ihre Niststätten im September und Oktober und kehren in der Regel im März dorthin zurück. Sie bevorzugen größere stehende Gewässer, Seen und Teiche mit alten Schilf- und Rohrbeständen.

Die Graugänse leben in dauernder Gemeinschaft mit einem Partner. Gleich nach ihrer Rückkehr beziehen und verteidigen sie meistens dasselbe Nistrevier. Das Nest baut das Weibchen allein aus Pflanzen der nächsten Umgebung. Der Nestrand wird dicht mit Daunenfedern ausgepolstert. Das Weibchen legt meistens 4 bis 9 Eier, die es allein 27 bis 30 Tage bebrütet. Während der Brutzeit hält sich das Männchen in der Nähe des Nestes auf und verfolgt wachsam das Geschehen in der Umgebung. Um die geschlüpften Jungen kümmern sich beide Partner. Im Alter von 57 Tagen sind die Jungen flugfähig, sie halten sich jedoch auch weiterhin bei ihren Eltern auf. Die Familien schließen sich dann zu großen Schwärmen zusammen.

Die Nahrung der Graugans besteht vor allem aus grünen Pflanzenteilen und verschiedenen Samen.

Eiergröße:
74,0 bis 99,0 × 51,4 bis 62,0 mm

Länge:
♂ 82,5 cm ♀ 70,5 cm

Männchen und Weibchen sind gleich gefärbt

Ruf:
das bekannte „Gagagag"

Zugvogel
Standvogel

Kanadagans

Branta canadensis

An dem schwarzen Kopf und Hals mit dem daraus hervorleuchtenden Kinnfleck können wir die Kanadagans leicht von den anderen Gänsearten unterscheiden. Ihre ursprüngliche Heimat ist Nordamerika. Vom 17. Jahrhundert an wurde sie aber in England und auch in Schweden halbwild gezüchtet. Aus diesen halbwilden Züchtungen sind die europäischen Populationen entstanden. Die englischen Arten sind seßhaft, während die Exemplare, die in Südschweden nisten, zum Überwintern an die Küste nach Deutschland und Holland, manchmal auch in andere europäische Länder, fliegen. Hierbei kann es sich aber auch um Vögel handeln, die aus zoologischen Gärten entflogen sind. Die Kanadagänse halten sich im Winter vorwiegend an der Küste auf. Ihre Nistplätze liegen in meeresnahen Sumpfgebieten, aber auch im Binnenland, auf Wiesen am Wasser und manchmal in lichten Wäldern mit Seen und Teichen. Sie bauen ihre Nester auf kleinen Inseln oder auch direkt im Moor. Die Nestmulde wird mit trockenem Laub, Grashalmen und anderem Pflanzenmaterial gepolstert. Nach Beendigung der Eiablage kommen noch Dunenfedern hinzu. Das Weibchen legt Anfang April vier bis sechs Eier und brütet 28 bis 29 Tage allein. Das Männchen hält sich in der Nähe auf und bewacht das Nest sehr aufmerksam. Nach der Aufzucht der Jungen schließen sich die einzelnen Familien zu Scharen zusammen und ziehen in der Gegend umher. Sie fressen Gras, Triebe, Beeren und Samen, gelegentlich auch Insekten, deren Larven und Weichtiere.

Ruf:
wie „ä-houk"

Länge:
♂ 99 cm
♀ 93,5 cm

Männchen und Weibchen gleichfarbig

Eiergröße:
79,0 bis 99,0 × 53,5 bis 64,5 mm

Strichvogel
Zugvogel

Weißwangengans

Nonnengans · *Branta leucopsis*

Ihre weißen Wangen verraten sie, wenn sie im Winter gelegentlich an unseren Küsten auftaucht. Ins Binnenland verirrt sich diese Gänseart selten.

Das Verbreitungsgebiet der Weißwangengans ist der nördliche Atlantische Ozean von der Ostküste Grönlands über Spitzbergen und den Süden der Insel Nowaja Semlja. Die Winterplätze liegen vor allem an den Küsten Irlands, Englands und Nordfrankreichs. Als Irrgäste erscheinen vereinzelt kleine Scharen am Mittelmeer, bei den Azoren und der Ostküste Nordamerikas. Der Zug beginnt Ende August oder Anfang September. Die auf Spitzbergen beheimateten Vögel ziehen von den Winterplätzen über das offene Meer und entlang der skandinavischen Küste. Die grönländischen Populationen ziehen über Island und die Exemplare von Nowaja Semlja über die Ostsee. Die Nistplätze liegen sowohl an der Küste als auch an Flüssen. Die Weißwangengans nistet in Kolonien. Sie kehrt in der zweiten Maihälfte in die Heimat zurück und legt ihre Nester an felsigen Steilufern bis zu 300 m über dem Boden an und läßt sich zuweilen in den Kolonien von Dreizehenmöwen oder anderen Seevogelarten nieder. Das Weibchen legt meistens in der zweiten Junihälfte vier bis sechs, selten auch sieben Eier, die es dann 24 bis 26 Tage allein ausbrütet. Die Jungen springen, sobald sie trocken sind, vom Felsen ins Wasser. Die Hauptnahrung der Weißwangengans besteht während der Nistzeit aus Uferpflanzen, Trieben u. ä., während des Winters aus Gras, Wasserpflanzen und Meerestang.

Eiergröße:
68,0 bis 82,7 × 46,0 bis 54,0 mm

Länge:
58 bis 69 cm

Männchen und Weibchen gleichfarbig

Ruf:
gewöhnlich wie „gnak" schnell wiederholt

Zugvogel

Ringelgans

Branta bernicla

In manchen Wintern fallen sie an unseren schleswig-holsteinischen Küsten zu Tausenden ein. Auch an der holländischen Küste, in England und Irland sind sie mitunter zahlreich vertreten. Während der Brutzeit bewohnt die Ringelgans vor allem die Tundren an den Nordküsten von Asien und Amerika und des europäischen Rußlands. Die Ringelgans kehrt in der ersten Junihälfte in die Heimat zurück und beginnt sofort nach der Ankunft mit dem Bau des Nestes, einer flachen Grube, die reichlich mit verschiedenem Pflanzenmaterial und Dunen ausgepolstert ist. Die Vögel bilden an trockenen, erhöhten Stellen kleine Nistkolonien. Das Weibchen legt im Juni drei bis sechs Eier, die es allein 24 bis 26 Tage bebrütet. Es ist interessant, daß sich die Männchen bald von der Familie entfernen und selbständige Scharen bilden. Mitte Juli beginnt bei den Altvögeln die völlige, sommerliche Mauser. Zwischen dem 10. und 15. August endet der Wechsel der Schwingen. In der ersten Augusthälfte sind auch die Jungen schon flugfähig, jedoch noch nicht völlig neu befiedert. Im Winter lebt die Ringelgans von Meerespflanzen, im Sommer von Gras, Flechten und Moos, aber auch von Schalen- und Weichtieren, Wasserinsekten und deren Larven und anderen wirbellosen Tieren. Die Ringelgans wird gegenwärtig immer seltener. Bis 1930 überwinterten zum Beispiel allein in Holland bis zu 10 000 dieser Vögel, von 1953 an sind es kaum noch 1000 Exemplare. Die gleiche Situation herrscht auch an den übrigen Winterplätzen.

Ruf:
kehlige Laute wie „rronk" oder „rott"

Länge:
56 bis 61 cm

Männchen und Weibchen gleichfarbig

Eiergröße:
63,5 bis 78,5 × 41,0 bis 51,0 mm

Zugvogel

Brandgans

Brandente · *Tadorna tadorna*

Mit ihrem farbenfrohen Federkleid fällt die Brandgans weithin auf. Das Männchen hat im Frühjahr einen roten Schnabelhöcker, der dem Weibchen fehlt. Ihre Heimat sind die Küsten Irlands, Englands, Skandinaviens, Dänemarks, Deutschlands, Hollands, Frankreichs und des Schwarzen Meeres. Außerdem ist sie bis nach Mittelchina und Afghanistan verbreitet. Sie lebt in Asien auch an Salzseen. Die Winterplätze der europäischen Brandgans liegen an der südlichen Nordsee bis nach West- und Südeuropa. Während des Zuges taucht sie auch unregelmäßig an Teichen und großen Flüssen des Binnenlandes auf. In den südlicheren Verbreitungsgebieten ist sie seßhaft. Die Brandgans bevorzugt sandiges und sumpfiges Küstengelände oder Inseln und hält sich oft in der Nähe der Kolonien von Möwen und Seeschwalben auf. Sie legt ihr Nest am liebsten in verlassenen Erdhöhlen, zum Beispiel in Fuchslöchern, an, läßt sich aber auch in Steinhaufen oder hohlen, umgestürzten Bäumen nieder. Die Nestmulde ist nur spärlich mit Laub oder Holzstückchen oder meist nur mit Dunen ohne weitere Polsterung ausgelegt. Das Weibchen legt von Mai bis Juni sieben bis zwölf, selten bis zu zwanzig Eier, die es allein 27 bis 29 Tage bebrütet. Das Männchen hält sich in dieser Zeit in der Nähe des Nestes auf und beobachtet die Umgebung. Wenn die Jungen ausgeschlüpft und trocken sind, werden sie von beiden Eltern aufs Wasser geführt. Die Brandgans ernährt sich von Meeresweichtieren, Schalentieren, Würmern, Wasserinsekten und deren Larven, teilweise von Pflanzen und frißt gelegentlich auch Fischlaich und Kaulquappen.

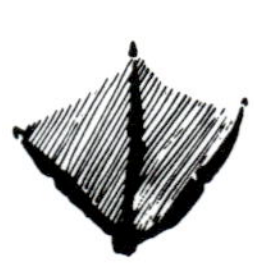

Zugvogel
Standvogel

Eiergröße:
61,1 bis 71,0 × 42,0 bis 51,0 mm

Länge:
61 cm

das Weibchen ist nicht so markant gefärbt, das Männchen hat in der Balzzeit an der Schnabelwurzel einen roten Höcker

Ruf:
schnell „ak-ak-ak" auch „rarre"

Pfeifente

Anas penelope

♀

Die pfeifenden Laute, die der Erpel während der Balz ausstößt, haben der Pfeifente zu ihrem Namen verholfen. Der Erpel ist gut an dem rostbraunen Kopf mit dem gelblichen Scheitel zu erkennen. Wenn sie an uns vorüberstreichen, fällt uns ihr schneller, leichter und geräuschloser Flug auf.

Die Pfeifente bewohnt Nord- und Nordosteuropa, nistet aber auch in Schottland und an der Ostseeküste. Die Populationen Schottlands, Islands und der Südwestküste Skandinaviens sind Stand- oder Strichvögel, die übrigen ziehen in südwestlicher Richtung und überwintern schon an der Nordseeküste oder südlich der Ostseeküste. Viele dieser Vögel ziehen jedoch bis zu den Küsten Westeuropas oder ins Mittelmeergebiet, manche sogar bis nach Afrika zu den Seen in Nigeria. Ihre Niststätten verlassen sie von Ende August bis September und kehren im März oder Anfang April wieder zurück.

Bei der Balz schwimmen die Erpel um die Weibchen herum, plustern die Kopffedern auf, strecken die Flügel hoch und heben von Zeit zu Zeit den Kopf jäh in die Höhe. Die Pfeifente lebt auf stehenden Binnengewässern aller Art, wenn sie stark bewachsene Ufer haben und in Sumpfgelände.

Das Nest baut das Weibchen aus trockenen Pflanzenteilen direkt auf dem Boden und polstert es mit grauen Daunenfedern aus. Es liegt in der Regel in der Nähe des Wassers und ist gut im hohen Pflanzenwuchs verborgen. 22 bis 23 Tage lang bebrütet das Weibchen allein sein Gelege von 7 bis 10 Eiern. Sobald die geschlüpften Jungen trocken sind, führt sie die Mutter ins Wasser.

Die Pfeifenten ernähren sich vor allem von grünen Pflanzenteilen und Insekten.

♂

Ruf:
♂ Pfeiftöne wie „wiw wiwiw wibwiü" ♀ Laute wie „terr" oder „trr"

Länge:
♂ 49 cm ♀ 44 cm

Geschlechtsdimorphismus

Eiergröße:
49,2 bis 59,9 × 34,7 bis 42,1 mm

Strichvogel
Standvogel
Zugvogel

Schnatterente

Mittelente · *Anas strepera*

Bei dieser Entenart hat nicht einmal der Erpel ein Prachtkleid. Beide Geschlechter sind anspruchslos braun gefärbt, oft jedoch an dem weißen Spiegel (= Fleck auf den Flügeln) erkenntlich. Die Schnatterente ist stark in Osteuropa und im Ostteil Mitteleuropas verbreitet, sie bewohnt aber auch Nordwesteuropa. Die westeuropäischen Populationen sind Standvögel, alle übrigen Zugvögel. Sie überwintern vor allem in Südwesteuropa, ihre Winterquartiere liegen auch in Afrika bis hin nach Äthiopien. Der Zug beginnt im August bis September.

Ende März oder im April kehren die Schnatterenten zu ihren Niststätten zurück. Sie bevorzugen Binnengewässer mit einer starken Ufervegetation. Während der Balz halten sich in der Nähe eines Weibchens mehrere Männchen auf, die mit vorgestrecktem Hals umherschwimmen und mit den Köpfen nicken. Im weiteren Verlauf der Balz halten sie den Schnabel waagerecht und lassen ihre Stimme ertönen.

Das Nest ist meistens gut in einem Grasbüschel oder Gebüsch verborgen und mit trockenen Pflanzenteilen ausgepolstert.

Das Gelege von 7 bis 12 Eiern bebrütet das Weibchen 26 bis 27 Tage in den Monaten Mai oder Juni. Sobald die Jungen trocken sind, führt sie ihre Mutter ins Wasser. Im Alter von 7 Wochen sind die jungen Schnatterenten flugfähig und halten sich in der näheren Umgebung des Nestes auf.

Die Schnatterenten ernähren sich von Pflanzenteilen und Samen, nur gelegentlich fressen sie auch Weichtiere und Wasserinsekten. Die Jungen bevorzugen tierische Nahrung.

Wegen ihrer mittleren Größe wird sie von den Jägern auch „Mittelente" genannt.

Eiergröße:
50,3 bis 59,9 × 34,5 bis 43,5 mm

Länge:
♂ 51 cm ♀ 48 cm

Geschlechtsdimorphismus

Ruf:
Quaklaute wie „gagag gag gagag" ♂ gibt auch pfeifende Töne von sich
♀ Laute wie „räckräckräck"

Zugvogel
Standvogel

Krickente

Anas crecca

Die Krickente ist die kleinste europäische Ente. Den Erpel erkennen wir im Gelände am sichersten an dem braunen Kopf mit dem grünen Feld. Er und auch das anspruchslos gefärbte Weibchen tragen einen grünen Spiegel (= Binde auf den Flügeln). Sie ist in ganz Europa verbreitet, nistet jedoch nicht in Spanien, Portugal, Italien und auf dem Balkan, wo sie dagegen im Winter in größerer Zahl auftritt. Manche dieser Vögel ziehen im Winter auch nach Afrika bis zum Sudan.

Die Krickenten kehren im März oder Anfang April in ihre Nistgebiete zurück. Sie bevorzugen Binnengewässer mit üppiger Vegetation.

Das Weibchen baut das Nest auf dem Boden in hohem Gras und polstert es mit trockenem Pflanzenmaterial aus. Der Nestrand ist mit Daunenfedern belegt. Von der zweiten Aprilhälfte an bebrütet das Weibchen sein Gelege von 8 bis 10 Eiern allein 22 bis 25 Tage lang. Das Männchen hält sich während dieser Zeit in der Nähe des Nestes auf dem Wasser auf. Die geschlüpften Jungen sind sehr klein, aber äußerst rege. Sie können tauchen und suchen selbst ihr Futter. Im Alter von einem Monat beginnen die ersten Flugversuche.

Die Krickenten ernähren sich von pflanzlicher und auch von tierischer Nahrung, die im Frühjahr und Sommer überwiegt, während im Herbst Samen und Pflanzenteile die Hauptnahrung bilden. Nach dem Flüggewerden der Jungen schließen sich die Krickenten zu größeren Schwärmen zusammen.

Ruf:
♂ glockenhelles „Krilük" oder „Krück" ♀ rasches „Gägägägä"

Länge:
♂ 36 cm ♀ 34 cm

Geschlechtsdimorphismus

Eiergröße:
41,0 bis 50,0 × 30,0 bis 35,5 mm

Groß wie eine Taube

Zugvogel

Knäkente

Anas querquedula

Hier ist der Erpel an dem weißen, bogenförmigen Streifen über dem Auge zu erkennen.

Die Knäkente ist ein Bewohner West-, Mittel-, Ost- und Nordosteuropas. In England kommt sie nur im südöstlichen Teil des Landes vor, in Skandinavien an der Ostküste. Sie überwintert vor allem im tropischen Afrika. Stellenweise ist sie sehr stark verbreitet, doch bildet sie nicht so große Schwärme wie ihre Verwandte, die Krickente (43). Sie lebt in Sumpf- und Moorgebieten und auf Seen und Teichen mit dichter Ufervegetation.

Die Knäkente sucht ihre Niststätten Ende März oder im April auf. Die Balz verläuft in der Regel bei mehreren Paaren gleichzeitig. Die Vögel schwimmen in Kreisen umher, die Männchen mit aufgeplustertem Gefieder dicht hinter den Weibchen. Sie halten dabei den Kopf niedrig, mit dem Schnabel im Wasser. Oft nicken sie mit dem Kopf und biegen ihn manchmal nach hinten ab. Schließlich erheben sich die Männchen und fliegen in kleineren Gruppen dicht über der Wasseroberfläche.

Ende April, im Mai oder Juni baut das Weibchen in einer flachen Bodenmulde sein verstecktes Nest, wo es dann seine 8 bis 11 Eier allein bebrütet. Die Jungen schlüpfen nach 21 bis 25 Tagen und werden von der Mutter betreut. Im Juli schließen sich die Knäkenten zu kleineren Schwärmen zusammen.

Die Nahrung dieser kleinen Enten besteht aus Samen, grünen Pflanzenteilen, aber auch aus Insekten und deren Larven, aus kleinen Fischen und Kaulquappen. Die Knäkenten gehören zu den besten und schnellsten Fliegern und erreichen eine Geschwindigkeit von mehr als 100 km in der Stunde. Sie fliegen leise und ohne Flügelgeräusch.

Eiergröße:
39,3 bis 50,1 × 29,7 bis 35,5 mm

Länge:
♂ 40 cm
♀ 36 cm

Geschlechtsdimorphismus

Gewicht:
etwa 0,35 kg

Ruf:
♂ etwa „klerrrb"
♀ „knäk"

Groß wie eine Taube

Zugvogel

Stockente

Anas platyrhynchos

Die Stockente ist unsere größte, häufigste und daher bekannteste Ente – sie wird deshalb weithin als „die Wildente" überhaupt bezeichnet. Halbzahm begegnen wir ihr auf Parkteichen, und im Winter bevölkert sie die Gewässer in den Städten. Die Stockente nistet in ganz Europa, wo sie ein Stand- oder auch Strichvogel ist; die Populationen aus dem hohen Norden sind Zugvögel, die in Mittel- und Westeuropa oder im Mittelmeergebiet überwintern.

Zu ihren Niststätten kehren die Stockenten Ende Februar bis Anfang März in Paaren zurück. Sie bewohnen stehende Gewässer und manchmal auch Flüsse. Im Frühjahr balzen die Vögel, die Partner schwimmen umeinander herum, das Männchen neigt den Schnabel und plustert das Gefieder auf, macht zuckende Bewegungen mit dem Schwanz, nickt mit dem Kopf und taucht den Schnabel ins Wasser.

Den Nestbau besorgt das Weibchen allein. Das Nest liegt in der Regel auf dem Boden, manchmal ziemlich weit vom Wasser entfernt, in manchen Fällen auch auf Bäumen. Es ist mit Laub, Halmen und kleinen Zweigen ausgepolstert und dicht mit Daunenfedern bedeckt.

Das Weibchen legt meistens 9 bis 13 Eier, die es allein 22 bis 26 Tage bebrütet. Sobald die geschlüpften Jungen trocken sind, führt sie die Mutter aufs Wasser.

Auf Nahrungssuche fliegen die Enten vor allem nach Eintritt der Dämmerung. Sie ernähren sich von verschiedenen Samen, Trieben, Gras; sie sammeln ihr Futter auch von der Wasseroberfläche und jagen Insekten und Würmer.

Die Stockente ist die Stammform unserer Hausente. Sie gehört auch zu den häufigsten und begehrtesten Jagdvögeln.

Ruf:
♂ pfeifendes „Fihb" oder „Räb räb"
♀ „Quakquakquakquak"

Länge:
♂ 57 cm ♀ 49 cm

Auffallender Geschlechtsdimorphismus
Das Ruhekleid des Männchens ähnelt dem des Weibchens

Eiergröße:
50,0 bis 65,0 × 37,0 bis 45,8 mm

Standvogel
Strichvogel

Spießente

Anas acuta

Vor allem der Erpel ist schon von weitem an dem langen Schwanzspieß zu erkennen. Beide Geschlechter fallen sowohl auf dem Wasser wie zu Lande durch ihren langen Hals auf. Die Spießente ist ziemlich scheu und auch schweigsam. Sie ist vor allem ein Bewohner Nord- und Nordosteuropas, sie lebt auch in den östlichen und nördlichen Teilen Mitteleuropas, in Nordwesteuropa und in England. In England und Nordwesteuropa ist sie zum Teil Standvogel, aus den übrigen Teilen ihrer europäischen Heimat zieht sie in Winterquartiere, die in Westeuropa, im Mittelmeergebiet und in Afrika südlich bis zum Sudan liegen. Die größte Zahl dieser Enten überwintert im Stromgebiet des Nils. Ihre Nistreviere verlassen die Spießenten im August bis September, und Ende März bis April kehren sie wieder zurück. Sie bevorzugen große stehende Gewässer, vorwiegend Seen.

Die Spießenten kehren in Paaren zu ihren Niststätten zurück. Das in einer flachen Bodenmulde gelegene und mit trockenen Pflanzenteilen ausgepolsterte Nest baut nur das Weibchen, das auch allein 22 bis 23 Tage auf dem Gelege von 7 bis 11 Eiern brütet, während das Männchen in der Nähe des Nestes im Gras versteckt Wache hält, wobei es mit hochgerecktem Kopf die Umgebung beobachtet. Die Jungen bringt die Mutter gleich nach dem Schlüpfen aufs Wasser, wo die kleinen Enten mit Vorliebe tauchen.

Die Spießenten ernähren sich von verschiedenen Samen, Trieben, grünen Pflanzenteilen. Sie jagen aber auch Insekten und deren Larven, Spinnen, Weichtiere und Würmer. Sie fangen gelegentlich auch eine Kaulquappe.

Eiergröße:
44,1 bis 61,9 × 33,9 bis 43,0 mm

Länge:
♂ 70,5 cm ♀ 57,5 cm

Geschlechtsdimorphismus

Ruf:
♂ Laute wie „hrüf" oder „krlüe" ♀ ruft „rärrärrät"

Zugvogel
Standvogel

Löffelente

Anas clypeata

Ihren Namen verdankt die Löffelente dem löffelartig geformten Schnabel. Der Erpel erinnert mit seinem dunkelgrünen Kopf zunächst an die Stockente, doch verrät ihn sofort die auffällige kastanienbraune Flanke. Sie nistet in Ost-, Nordost-, Mittel- und Westeuropa, in Skandinavien lebt sie in Südschweden und Südfinnland und an der Ostküste Islands. In Westeuropa ist sie ein Stand- oder Strichvogel, aus den übrigen Gebieten zieht sie vor dem Wintereinbruch vor allem ins Mittelmeergebiet und nach Afrika bis nach Uganda und zur Goldküste. Sie verläßt ihre Nistreviere Ende August oder im September und kehrt Ende März oder im April wieder zurück. Sie lebt auf Binnenseen und -teichen in der Nachbarschaft größerer Wiesen.

Im Mai bis Juni baut das Weibchen versteckt im Gras oft auf einer weit vom Wasser entfernten Wiese, in einer flachen Bodenmulde ein spärlich mit trockenen Pflanzenteilen ausgepolstertes Nest. Das Weibchen bedeckt sein Gelege von 7 bis 12 Eiern mit grauen, hellgefleckten Daunenfedern und erbrütet es in 23 bis 25 Tagen. Die Mutter führt ihre Jungen im Wasser zu seichten Stellen, wo sie leicht ihre Nahrung finden können. Nach 6 Wochen sind die jungen Löffelenten flugfähig. Ihre Nahrung finden sie vor allem im Wasser an seichten Stellen, wo sie mit ihrem löffelartig verbreiterten Schnabel im Schlamm und im Wasser Krustentiere, Insektenlarven, Weichtiere und Würmer fangen. Im Herbst ernähren sie sich vorwiegend von Pflanzen.

Beim Flug erzeugen ihre Schwingen ein pfeifendes Geräusch, an dem man sie auch beim Vorüberstreichen erkennen kann.

Ruf:
♂ tiefes „Gog gog"
♀ klingt wie „woak" hört man nur selten

Länge:
♂ 51,5 cm ♀ 47,5 cm

Geschlechtsdimorphismus

Eiergröße:
47,1 bis 58,0 × 34,5 bis 40,0 mm

Zugvogel
Strichvogel
Standvogel

Kolbenente

Netta rufina

An ihrem dicken „Kolbenkopf“ und an dem roten Schnabel ist die Kolbenente auch auf größere Entfernung zu erkennen. Die Kolbenente bewohnt vor allem Südostspanien, Südostfrankreich, die Mittelmeerinseln, Holland und Belgien. Stellenweise lebt sie auch in Mitteleuropa, wo ihr Vorkommen in den letzten Jahren zunimmt. Auch ein Teil Südosteuropas gehört zu ihrem Verbreitungsgebiet. Im Mittelmeergebiet ist sie ein Standvogel, aus dem übrigen Europa zieht sie im Oktober bis Dezember nach Süden und überwintert in den Mittelmeerländern, häufig jedoch auch schon am Bodensee. Ende März oder im April kehrt sie zu ihren Niststätten bei tiefen, stehenden oder langsamfließenden Gewässern mit starkem Pflanzenbewuchs an den Ufern zurück.

Im Mai bis Juni baut das Weibchen auf kleinen Inseln direkt auf dem Boden, seltener im Röhricht auf geknicktem Schilf, sein Nest, das es mit trockenen Pflanzenteilen auspolstert. Das Weibchen füllt das Nest auch mit beigegrauen Daunenfedern aus. Auf dem Gelege von meistens 6 bis 10 Eiern brütet das Weibchen allein 26 bis 28 Tage. Es kommt aber auch vor, daß das Kolbenentenweibchen seine Eier in Nester anderer Enten, zum Beispiel der Tafelente, legt. Im Alter von 8 Wochen sind die Jungen flügge.

Die Kolbenenten ernähren sich von Wasserpflanzen und Samen, kleinen Krusten- und Weichtieren, Würmern und Insekten.

Beim Fluge erkennen wir sie an dem Rauschen der Flügelschläge sowie an dem Weiß der Schwingen.

Eiergröße:
51,7 bis 62,3 × 38,2 bis 45,1 mm

Länge:
♂ 57 cm ♀ 51 cm

Geschlechtsdimorphismus

Ruf:
das Männchen hat eine feine heisere Stimme
das Weibchen gibt quakende
oder knarrende Laute von sich

Groß wie eine Stockente

Zugvogel
Standvogel

Tafelente

Aythya ferina

Ihr wissenschaftlicher Name kennzeichnet sie: ferina kommt vom lateinischen ferus und bedeutet: als Wildbret geeignet. Sie ist nämlich nicht nur ein von Jägern, sondern auch von Feinschmeckern begehrter Tafelvogel. Die Tafelente hat ihre Heimat in ganz Ost-, Mittel- und Nordwesteuropa und in England. Die Populationen in Gebieten mit gemäßigtem Klima sind Stand- oder Strichvögel, die Exemplare aus Nord- und Osteuropa überwintern im Mittelmeergebiet und oft auch in Mitteleuropa. Ihre Heimat verlassen sie in der Zeit von September bis Mitte November.

Mitte März bis Anfang April kehren die Tafelenten zu ihren Niststätten zurück und suchen dort Binnenseen und Teiche mit dichter Ufervegetation auf. Das Weibchen baut das Nest in hohem Pflanzenwuchs direkt am Boden in Wassernähe. Der Nistkessel ist ziemlich tief und mit grünen Pflanzenteilen und dunklen Daunenfedern ausgepolstert. Das Weibchen legt 5 bis 11 Eier, die es allein in 23 bis 26 Tagen erbrütet. Das Männchen hält sich in den ersten Tagen des Brütens in der Nähe des Nestes auf, kümmert sich jedoch im weiteren Verlauf des Brutgeschäftes nicht mehr um das Weibchen. Wenn die Jungen geschlüpft sind, bringt sie die Mutter noch am selben Tag auf das Wasser. Im Alter von 7 bis 8 Wochen machen die jungen Enten ihre ersten Flugversuche.

Die Nahrung der Tafelenten besteht vorwiegend aus grünen Wasserpflanzenteilen und Samen. Die Jungen und zum Teil auch die Altvögel ernähren sich auch von Krusten- und Weichtieren, Insekten und ihren Larven. Bei der Nahrungssuche tauchen die Vögel 1,5 bis 2,5 m tief.

Ruf:
♂ pfeifendes „Bibi bibi" und „Wäck wäck"
♀ heiseres „Glrrr" oder „Gagagaag grä grä"

Länge:
♂ 46 cm ♀ 42 cm

Geschlechtsdimorphismus

Gewicht:
etwa 1 kg

Eiergröße:
55,8 bis 68,5 × 39,0 bis 46,9 mm

Standvogel
Strichvogel
Zugvogel

Moorente

Aythya nyroca

Bei der Moorente sind beide Geschlechter unauffällig befiedert. Selbst dem Erpel fehlen markante Merkmale. Deshalb wird sie wahrscheinlich oft übersehen.

Die Moorente ist in Süd- und Südosteuropa verbreitet, lebt aber auch in Südspanien und im nordöstlichen Deutschland. Im Mittelmeergebiet ist sie ein Standvogel, aus den übrigen Nistgebieten zieht sie in die Mittelmeerländer, um zu überwintern.

Die Moorenten treten nie in großen Schwärmen auf. Zu ihren Nistplätzen kehren sie Ende März oder im April in Paaren zurück. Sie suchen vor allem stehende Gewässer mit offenen Wasserflächen auf, die eine starke Ufervegetation haben. Die Paare halten sich auf dem Wasser im Röhricht auf. Das Weibchen baut sein Nest auf dem Boden versteckt in dichtem Schilf oder Riedgras in der Nähe des Wassers und polstert es mit grünen Pflanzenteilen aus. Die Daunenfedern, mit denen das Weibchen das Gelege zudeckt, sind graubraun und an der Spitze und im Mittelteil heller gefärbt. Das Weibchen legt im Mai oder Juni 6 bis 12 Eier und bebrütet sie allein 25 bis 28 Tage. Schon am zweiten Tag nach dem Schlüpfen schwimmen und tauchen die Jungen sehr flink und im Alter von acht Wochen können sie fliegen.

Die Nahrung der Moorenten besteht zum größeren Teil aus Pflanzen, die sie vor allem unter der Wasseroberfläche finden, sie jagen jedoch auch kleine Wirbellose.

Im Fluge läßt sie einen weißen Flügelstreif erkennen. Ihr Auge hebt sich aus dem dunklen Kopfgefieder deutlich heraus; daher wird sie gebietsweise auch „Weißaugenente“ genannt.

Eiergröße:
47,2 bis 62,8 × 33,7 bis 43,0 mm

Länge:
♂ 42 cm ♀ 40 cm

Geschlechtsdimorphismus

Ruf:
mehrmals wiederholte Laute wie „grrr grrr“

Standvogel
Zugvogel

Reiherente

Aythya fuligula

Die Reiherenten bevölkern im Winter zu Tausenden unsere Küsten und Binnenseen. An dem kleinen Federschopf kann man sie erkennen. Ursprünglich war sie ein Bewohner Nord- und Nordosteuropas, von dort hat sie sich auch nach West- und Mitteleuropa verbreitet. In diesem Gebiet gehört sie heute zu den am zahlreichsten vertretenen Entenarten. Die Populationen West- und Nordwesteuropas sind Standvögel, die Exemplare aus den übrigen Teilen Europas sind Zugvögel. Ihre Winterquartiere liegen an den Küsten Westeuropas, vor allem Englands, aber auch im Mittelmeergebiet.

Die Reiherenten kehren Mitte März bis April zu ihren Niststätten zurück. Sie bevorzugen Gewässer mit kleinen Inseln, wo das Weibchen im Mai bis Juli sein Nest baut, das es mit trockenen Pflanzenresten und Daunenfedern auspolstert. Das Weibchen bebrütet allein die 6 bis 12 Eier in der Regel 24 bis 26 Tage, und bereits zwölf Stunden nach dem Schlüpfen führt die Mutter ihre völlig schwarzen Jungen ins Wasser. Nach 7 Wochen sind die Jungen dann flugfähig.

Als Nahrung fangen die Reiherenten Krusten- und Weichtiere, Insekten und deren Larven, gelegentlich fressen sie auch Kaulquappen oder kleine Fische sowie Pflanzenteile und Samen. Bei der Nahrungssuche tauchen die Reiherenten meistens 2 bis 3 m tief, sie können aber auch in eine Tiefe von 14 m tauchen.

Beim Fluge ist sie durch ein lautes Rauschen vernehmbar, woran man sie auch bei ihrem nächtlichen Dahinstreichen erkennen kann.

Ruf:
heiseres „Arrr" oder zartes „Quiüüüü" oder „Göööö"

Länge:
♂ 42 cm ♀ 38 cm

Geschlechtsdimorphismus

Eiergröße:
53,0 bis 67,1 × 37,7 bis 47,2 mm

Zugvogel
Strichvogel

Bergente

Aythya marila

Die Heimat dieser Tauchente sind die nördlichsten Gebiete Europas, Nordasien, Kanada und Alaska. In Europa nistet sie im Norden Skandinaviens, Murmansks und auf Island, in Schottland und an der östlichen Ostsee. Außerhalb der Nistzeit hält sie sich fast ausschließlich auf dem Meer oder in Flußdelten auf. Sie ist ein Zugvogel und überwintert in bis zu tausendköpfigen Scharen an den Küsten Westeuropas, Großbritanniens, Südskandinaviens, Deutschlands, Dänemarks und Polens, aber auch in Gebieten Italiens, des Schwarzen und Kaspischen Meeres. Ende April kehrt sie in ihre Heimat auf die stehenden Gewässer der Tundren oder Moore zurück. Sie siedelt sich gern in der Nähe von Sturmmöwen oder Seeschwalben an. Das Nest befindet sich dicht am Wasser, liegt aber auf einer trockenen Unterlage und ist dick mit Dunen ausgepolstert. Die Bergente nistet gelegentlich auch in kolonieartigen Ansammlungen. Das Weibchen legt im Mai bis Juni sechs bis neun, selten auch bis zu zwölf Eier, die es 24 bis 28 Tage allein bebrütet. Die Jungen werden von der Mutter sofort, wenn sie trocken sind, aufs Wasser geführt. Sie ernähren sich anfangs von Insekten, die sie auf Pflanzen oder auf der Wasseroberfläche fangen. Die erwachsenen Vögel fressen vor allem Weichtiere, kleine Schalentiere, Würmer, Insekten und selten auch kleine Fische. Nur in geringem Maß ernähren sie sich von Samen und Wasserpflanzen.

Aus größerer Entfernung könnte man die Bergente mit der Reiherente verwechseln. Doch hat die Bergente einen helleren Rücken. Auch fehlt ihr der Federschopf der Reiherente.

Eiergröße:
54,5 bis 68,3 × 39,0 bis 48,0 mm

Länge:
48 cm

Geschlechtsdimorphismus

Ruf:
♂ pfeifend „wiik-wiik-wiu"
♀ tief „arrr" oder „kack"

Zugvogel

Eiderente

Somateria mollissima

♀

♂

Die Eiderente bewohnt in Europa die Küsten Islands, ganz Skandinaviens, Finnlands, des Gebiets von Murmansk, Schottlands, Irlands, Dänemarks, der friesischen Inseln und Hollands. Sie lebt ebenfalls in Teilen Nordasiens und im Norden Nordamerikas. In den nördlicheren Gebieten ist sie ein Zug-, sonst ein Strich- oder Standvogel. Während des Winters hält sie sich in zahlenmäßig großen Scharen an den Küsten Westeuropas und der Nord- und Ostsee auf. Nur junge Einzelexemplare verfliegen sich bis ins Innere Mitteleuropas. Die Eiderente nistet oft in Kolonien. Da sie fast überall geschützt ist, hat sie vor dem Menschen keine Scheu. Sie baut ihr Nest im Gestein, unter Holzstücken, unter Büschen und legt es mit kleinen Zweigen, Blättern, Tang oder auch nur mit kleinen Steinchen aus. Das Gelege umgibt sie dann mit einer großen Menge Dunen, die in der zweiten Junihälfte, wenn die Nester verlassen sind, von den Menschen eingesammelt werden. Junge Weibchen legen nur zwei oder drei Eier, ältere vier bis neun, die sie dann allein 25 bis 28 Tage lang bebrüten. Die Jungen verlassen fünf bis zehn Stunden nach dem Schlüpfen das Nest und ziehen mit der Mutter zum Wasser, das bis zu 1,5 km entfernt sein kann. Im Alter von 60 bis 75 Tagen sind sie schon flügge und nach 80 bis 90 Tagen völlig herangewachsen. Die Hauptnahrung der Eiderente sind Weichtiere, meistens eßbare Miesmuscheln und Herzmuscheln. Sie frißt aber auch Schalentiere, Würmer, Seesterne und Fische. Bei der Futtersuche tauchen die Eiderenten meistens bis in Tiefen von sechs Metern.

Eiderdaunen sind seit jeher ein Begriff für weiche Daunenfeder. Sie standen immer hoch im Preis.

Ruf:
Männchen klingend
„kuh-ruh-ä"
Weibchen quakend
„korr-r"

Länge:
58 cm

auffallender
Geschlechtsdimorphismus

Eiergröße:
68,0 bis 88,0 × 46,7 bis
56,5 mm

Zugvogel
Strichvogel
Standvogel

Schellente

Bucephala clangula

In dem Augenblick, da sie auffliegen, wird uns klar, woher ihr Name kommt: mit ihren Schwingen erzeugen sie ein „schellendes" Fluggeräusch. Die dunkelköpfigen Männchen erkennen wir leicht an dem hellen Fleck zwischen Auge und Schnabel.

Die Heimat der Schellente ist ganz Nordeuropa und auch die östliche Küste Deutschlands und Polens. Sie ist auch in Mitteleuropa, in Böhmen und der Schweiz lokal verbreitet. Im Winter trifft man sie auf Seen, Teichen und Flüssen und hier sogar in Städten in West-, Mittel-, Süd- und Südosteuropa an. Sie nistet meistens direkt am Wasser. Die Paarung findet schon an den Winterplätzen statt, während die Balz noch am Nistplatz fortgesetzt wird. Hierher kehren die Schellenten, sobald das Eis schmilzt, zurück. Das Weibchen sucht in Begleitung des Männchens eine Nisthöhle. Die Baumhöhle liegt meistens in einer Höhe von 2,5 bis 5 m über dem Boden und ist oft der verlassene Bau eines Schwarzspechts. Im April bis Mai legt das Weibchen sechs bis elf Eier direkt auf den nackten Boden. Die Nistmulde ist nur selten mit wenig Moos gepolstert, das Gelege wird aber mit Dunen umgeben und vom Weibchen 27 bis 32 Tage allein ausgebrütet. Nach dem Trockenwerden springen die Jungen aus dem Nest. Ihre Nahrung suchen die Schellenten vor allem im Wasser. Sie fressen Insekten und deren Larven, Würmer, Weich- und Schalentiere, auch kleine Fische und in kleinen Mengen auch Grünteile von Pflanzen und Samen. Sie tauchen etwa ein bis neun Meter tief.

Eiergröße:
52,0 bis 68,0 × 39,4 bis 47,0 mm

Länge:
46 cm

Geschlechtsdimorphismus

Ruf:
Männchen stößt Töne aus wie „qui-rrik" während der Balz röchelnd „rrrrr"
Weibchen gewöhnlich tief „grarr-grarr"

Zugvogel

Mittelsäger

Mergus serrator

Die Säger haben ihren Namen von ihren „gesägten“ Schnäbeln, die eine markante Zähnung an den Rändern aufweisen. Damit kann man den glitschrigsten Fisch festhalten. Der Mittelsäger steht größenmäßig zwischen den Gänsesägern und den Zwergsägern.

Die Heimat des Mittelsägers ist Europa, Island, Schottland, Nordwestengland, Irland, Skandinavien, Finnland und der Norden der baltischen Staaten. In Mitteleuropa nistet er regelmäßig an den Küsten Deutschlands, Polens und Dänemarks. Darüber hinaus lebt er auch in Asien, Nordamerika und Grönland. Außerhalb der Nistzeit hält er sich hauptsächlich auf dem Meer auf. Die Bewohner der südlicheren Bezirke sind Stand- oder Strichvögel, die der nördlichen Gebiete sind Zugvögel. Anfang Mai sucht sich das Weibchen eine geeignete Stelle, um das Nest anzulegen. Das Männchen begleitet seine Gefährtin dabei oder wartet auf sie auf dem Wasser in Ufernähe. Das Nest wird vom Weibchen allein in dichten Grasbüscheln oder anderer Vegetation, unter Gebüschen, auch zwischen Steinen oder Baumwurzeln und sogar in Erdlöchern, jedoch immer im Trockenen, gebaut. Das Nest ist mit grünen und trockenen Pflanzenteilen aus der Umgebung gepolstert. Das Weibchen legt Mitte Mai bis Juni, manchmal noch im Juli, in der Regel fünf bis zwölf Eier, die es allein in 28 bis 32 Tagen ausbrütet. Das Männchen hält sich in dieser Zeit in der Nähe auf dem Wasser auf. Die Jungen gehen sofort, wenn sie trocken sind, mit der Mutter aufs Wasser und sind im Alter von 59 Tagen flügge. Die Nahrung des Mittelsägers besteht aus kleinen Weich- und Schalentieren, sowie Fischen.

Auf dem Wasser erkennen wir ihn leicht an seinem Federschopf.

Ruf:
Männchen rauhe Töne wie „hnä-äng“ Weibchen meistens wie „rock-rock-rock“

Länge:
♂ 59,5 cm
♀ 52 cm

Geschlechtsdimorphismus

Eiergröße:
56,5 bis 70,7 × 40,3 bis 47,6 mm

Groß wie eine Stockente

Standvogel
Strichvogel
Zugvogel

Gänsesäger

Mergus merganser

Der Gänsesäger ist nicht etwa gänsegroß. Aber er ist etwas größer als unsere Stockente und daher auf dem Wasser nicht zu übersehen.

Der Gänsesäger bewohnt ein ausgedehntes Gebiet, das von Island und den Britischen Inseln weit nach Osten über Osteuropa und den nördlichen Teil Mittelasiens bis nach Nordchina und Sachalin reicht. Er nistet ebenfalls in Nordamerika und sehr selten in den Schweizer und Bayerischen Alpen. Der Gänsesäger ist ein Stand- oder Strichvogel, der jedoch aus den nördlichen Gebieten vor dem Wintereinbruch wegzieht und oft an Flüssen und Seen des Binnenlandes auftaucht. Er nistet vor allem an sauberen und genügend tiefen Binnengewässern, an deren Ufern alte Bäume wachsen. Im November oder Dezember beginnt die Balz und die Paarung. Im Frühjahr sucht das Weibchen eine Höhlung in alten Laubbäumen auf, baut das Nest aber auch in Löchern von Felswänden und Mauern. Das Weibchen legt die Eier in der Höhle nur auf den nackten Boden ab. In offenen Nestern ist die Mulde mit Grashalmen, Blättern und Moos ausgepolstert. Mitte März bis Mai setzt sich das Weibchen allein zum Brüten auf das vollzählige Gelege von sieben bis zwölf Eiern. Die Jungen schlüpfen nach etwa 32 Tagen, springen nach etwa 2 Tagen aus dem Nest und werden von der Mutter aufs Wasser geführt. Der Gänsesäger ist auf Fische spezialisiert. Sie bilden den überwiegenden Teil seiner Nahrung. Er frißt außerdem Schalentiere und andere kleine Wasserlebewesen. Er kann direkt aus dem Flug tauchen. Ihm fallen meistens Aale zum Opfer.

Eiergröße:
55,4 bis 74,5 × 37,0 bis 50,0 mm

Länge:
♂ 75,7 cm
♀ 57,5 cm

Geschlechtsdimorphismus

Ruf:
Männchen tiefe krächzende Laute
Weibchen Töne wie „karr"

Standvogel
Strichvogel

Gänsegeier

Gyps fulvus

Er ist etwas kleiner als der Monchsgeier (58) und bevorzugt trockene, offene, felsige Stellen der Berglehnen und Steilhänge. In Europa kommt er in Spanien, Südwestfrankreich, Norditalien, der Schweiz und Südosteuropa vor.

Bereits im Januar suchen die Gänsegeier ihre Niststätten auf und paaren sich am Boden. Im Februar oder März bauen sie auf einem unzugänglichen Felsvorsprung ihr Nest aus Holzstücken und Zweigen, die sie oft selbst mit ihrem mächtigen Schnabel von den Bäumen abbrechen. Den Nistkessel polstern sie mit Haaren und Fellresten aus.

Das Weibchen legt ein einziges, meistens weißes Ei, das in seltenen Fällen auch braun gefleckt ist. Beide Partner wechseln beim Brüten ab, das 48 bis 52 Tage dauert. Das Junge verläßt das Nest erst nach längerer Zeit, in der Regel nach etwa 80 Tagen. Die Eltern füttern es mit vorverdauter Nahrung aus dem Kropf. Die Hauptnahrung bilden Kadaver größerer Säugetiere, aus denen die Geier mit ihrem starken Schnabel zuerst die Innereien herausholen. Sie fressen aber auch das Fleisch und die Haut. Oft stopfen sie sich derart voll, daß sie nicht mehr imstande sind aufzufliegen; dann müssen sie stundenlang ruhen und verdauen. Wenn sie in diesem Zustand in Gefahr geraten, müssen sie die aufgenommene Nahrungsmenge auswürgen, erst dann können sie auffliegen und das Weite suchen.

„Wo das Aas ist, sammeln sich die Geier" – diese Redensart beruht auf richtiger Beobachtung. Dem scharfen Geierauge entgeht kein Tierkadaver in der Tiefe. Gierig und alles um sich vergessend wühlen sie sich dann in die Kadaver der toten Tiere – ein grauslicher Anblick.

Ruf:
zischende oder auch krächzende Laute

Länge:
100 cm

Flügelspannweite:
etwa 240 cm

Mänchen und Weibchen sind gleich gefärbt
Der auffallend lange Hals wird beim Flug gleichsam zwischen die Flügel eingezogen

Eiergröße:
82,0 bis 106,0 × 64,0 bis 75,0 mm

Strichvogel

Mönchsgeier

Aegypius monachus

Geier – das klingt so nach Ferne und Abenteuer, nach Karl May und Indianer. Aber schon als Spanienreisende können wir, wenn wir ein wenig Glück haben und die Augen offenhalten, diese Flugdrachen am Himmel wahrnehmen. So bewohnt der Mönchsgeier die Gebirgsgegenden Spaniens, Siziliens und Südosteuropas. Als seltener Gast kommt er auch in Deutschland, Frankreich, Dänemark, Polen, in der ehemaligen Tschechoslowakei und anderen europäischen Ländern vor, wo er jedoch nicht nistet.

Bereits Mitte Februar baut er auf Bäumen sein großes Nest aus Zweigen, die er oft selbst mit seinem mächtigen Schnabel von den Bäumen abbricht, und polstert es mit Tierfellresten und Haaren aus. Beide Eltern bebrüten ihr einziges Ei abwechselnd 55 Tage. Das geschlüpfte Junge hat einen großen Kopf, kann sofort nach dem Schlüpfen sehen, hat jedoch noch unterentwickelte Läufe mit Zehen, die noch nicht greifen können. Erst nach einem Monat beginnen seine Konturfedern zu wachsen, die erst nach einem weiteren Monat voll entwickelt sind. Die Eltern füttern das Junge mit vorverdauter Nahrung aus ihrem Kropf. Der junge Mönchsgeier bleibt sehr lange, volle 90 bis 105 Tage, im Nest, bevor er seine ersten Flugversuche wagt.

Die Nahrung des Mönchsgeiers besteht aus Kadavern größerer Säugetiere. Er verschluckt das Fleisch, die Haut und die Knochen. Die unverdauten Reste würgt er aus. Nur ausnahmsweise fällt er auch lebende Beute an (Kriechtiere, Amphibien) und in seltenen Fällen greift er, vom Hunger getrieben, auch ein verirrtes Lamm an.

Standvogel
Strichvogel

Eiergröße:
83,2 bis 107,0 × 56,0 bis 76,0 mm

Länge:
103 cm

Flügelspannweite:
265 bis 287 cm

Männchen und Weibchen sind gleich gefärbt

Gewicht:
7 bis 14 kg

Ruf:
ein heiseres Krächzen oder Zischen

Steinadler

Aquila chrysaetos

Der Steinadler ist einer unserer mächtigsten Greifvögel. Er bewohnt die felsigen Gebirge Schottlands, Skandinaviens, Spaniens, die Alpen und die Karpaten, aber ist überall selten. Die erwachsenen Steinadler sind meistens Standvögel, die Jungen kommen im Herbst oft bis in die Ebenen, manchmal sogar in die Nähe großer Städte.

Ende März oder im April bauen die Steinadler an unzugänglichen Felswänden, seltener auf Bäumen, ihr großes, aus Zweigen bestehendes Nest, das sie oft mehrere Jahre lang benutzen. In seinem Brutrevier, dem er treu bleibt, hat der Steinadler oft mehrere Nester, die er abwechselnd benutzt.

Das Weibchen legt in der Regel zwei Eier, die es 44 bis 45 Tage bebrütet. Das Männchen löst es hin und wieder beim Brüten ab. Den Jungen bringt das Männchen die Nahrung, übergibt sie jedoch dem Weibchen, das das Füttern besorgt. Wenn die jungen Adler größer sind, füttert sie das Männchen auch direkt. Nach 71 bis 81 Tagen breiten die jungen Adler ihre Schwingen zum ersten Flug aus, halten sich jedoch noch eine Zeitlang bei den Eltern auf. Wenn sie völlig selbständig geworden sind, verlassen sie das Brutrevier und entfernen sich oft sehr weit von ihm.

Der Steinadler jagt Murmeltiere, Hasen und kleine Raubtiere, gelegentlich auch eine junge Gemse, ein verirrtes Lamm oder Zicklein. Die jungen Vögel ernähren sich auch von Amphibien, Lurchen und größeren Insekten. Diesem wahrhaft königlichen Vogel zu begegnen ist ein Erlebnis, das uns leider jedoch nur selten zuteil wird.

Ruf:
ein pfeifendes „Hiiä" auch „Hjehje hje" „Jick jick" oder „Keckekeck"

Länge:
82 cm

Flügelspannweite:
um 220 cm

Das Weibchen ist größer als das Männchen, beide sind gleich gefärbt

Eiergröße:
70,1 bis 88,9 × 51,0 bis 66,0 mm

Standvogel
Strichvogel

Mäusebussard

Buteo buteo

Der Mäusebussard ist – neben dem Trumfalken (76) – der einzige unserer Greifvögel, der bei uns noch keinen Seltenheitswert hat. Häufig erblikken wir sein bekanntes Flugbild mit den breiten Schwingen und dem nach außen abgerundeten Stoß. Der Mäusebussard bewohnt Wälder aller Art, in der Ebene und in den Bergen, am liebsten läßt er sich an Stellen nieder, wo Wälder mit Wiesen und Feldern abwechseln. Er hält sich entweder das ganze Jahr über in seiner Heimat auf oder lebt nach dem Nisten in der weiten Umgebung. Viele im Norden Europas lebende Exemplare ziehen jedoch im Winter nach Südwesten.

Im April baut der Mäusebussard in seinem Brutrevier, das einen Durchmesser von drei bis vier Kilometer hat, auf einem hohen Baum aus Zweigen sein Nest, das er mit Laub, Moos und Haaren auspolstert. In England findet man das Nest manchmal auch auf Felsen.

Beide Partner bebrüten ihre 2 bis 4 Eier abwechselnd 28 bis 31 Tage, das Weibchen brütet jedoch häufiger. Anfangs übergibt das Männchen die Beute dem Weibchen, das die Jungen füttert. Später füttert das Männchen auch direkt. Nach 41 bis 49 Tagen verlassen die Jungen das Nest, die Altvögel füttern sie jedoch noch etwa weitere vier Wochen.

Manche Jäger halten den Mäusebussard zuweilen immer noch für einen „schädlichen Räuber". Dabei ist längst erwiesen, daß er sich – wie sein Name sagt – vor allem als Vertilger von Mäusen nützlich macht. Daneben sind Insekten und Regenwürmer, Frösche und Kröten, Blindschleichen und Ringelnattern begehrte Beutetiere.

Standvogel
Strichvogel

Eiergröße:
49,8 bis 63,8 × 39,1 bis 49,0 mm

Länge:
53 cm

Flügelspannweite:
117 bis137 cm

Färbung:
von hell bis dunkelbraun
Männchen und Weibchen sind gleich gefärbt

Ruf:
ein langgezogenes pfeifendes „Hiäh"

Sperber

Accipiter nisus

Der Sperber ist einer der bei uns immer seltener werdenden Greifvögel und in ganz Europa beheimatet. Er hält sich vor allem in kleinen Wäldern auf und bevorzugt dabei vor allem jüngere Fichtenwälder. Viele Sperber ziehen Ende August oder im September in südwestlicher Richtung. Im März oder April kehren sie dann in ihre Brutreviere zurück.

Den Nistplatz wählt das Männchen aus, das Weibchen trifft erst einige Tage später ein. Die Sperber bauen ihr Nest am liebsten auf Fichten aus trockenen Zweigen und polstern es mit Haaren aus. In der Nähe des Nestes wählt der Sperber einen Baum, auf dem er ausruht. Das Weibchen bebrütet seine 4 bis 6 Eier allein. Das Männchen bringt ihm jedoch die Nahrung, die aber nicht direkt am Nest, sondern in seiner Nähe übergeben wird. Mit dem Brüten beginnt das Weibchen bereits nach Ablage des ersten bis dritten Eies. Deshalb schlüpfen die Jungen auch nicht gleichzeitig, und die zuletzt geschlüpften fallen manchmal, besonders bei Nahrungsmangel, ihren größeren Geschwistern zum Opfer. Nach dem Schlüpfen der Jungen rupft das Männchen seine Beute, und erst dann bringt es sie dem Weibchen. Es handelt sich in der Regel um kleinere Vögel. Nach einer Woche geht auch das Weibchen auf Beutefang und zerteilt die Nahrung in „mundgerechte Bissen". Nach vierzehn Tagen, wenn die Jungen bereits ihre Nahrung selbst zerreißen können, bringt ihnen das Männchen die Beute auch direkt. Die Sperberbrut verläßt ihr Nest nach 26 bis 31 Tagen.

Zu einem „Jagdschädling", für den man ihn zuweilen hält, kann er schon infolge seiner geringen Größe nicht werden.

Ruf:
am Nest ein wiederholtes „Gigigig" bei Gefahr „kirk kirk" auch ein weiches „Güh"

Länge:
28 bis 38 cm
Das Weibchen ist größer

Flügelspannweite:
♂ etwa 60 cm
♀ bis 80 cm

Eiergröße:
34,2 bis 46,7 × 27,5 bis 36,0 mm

Groß wie eine Taube

Strichvogel

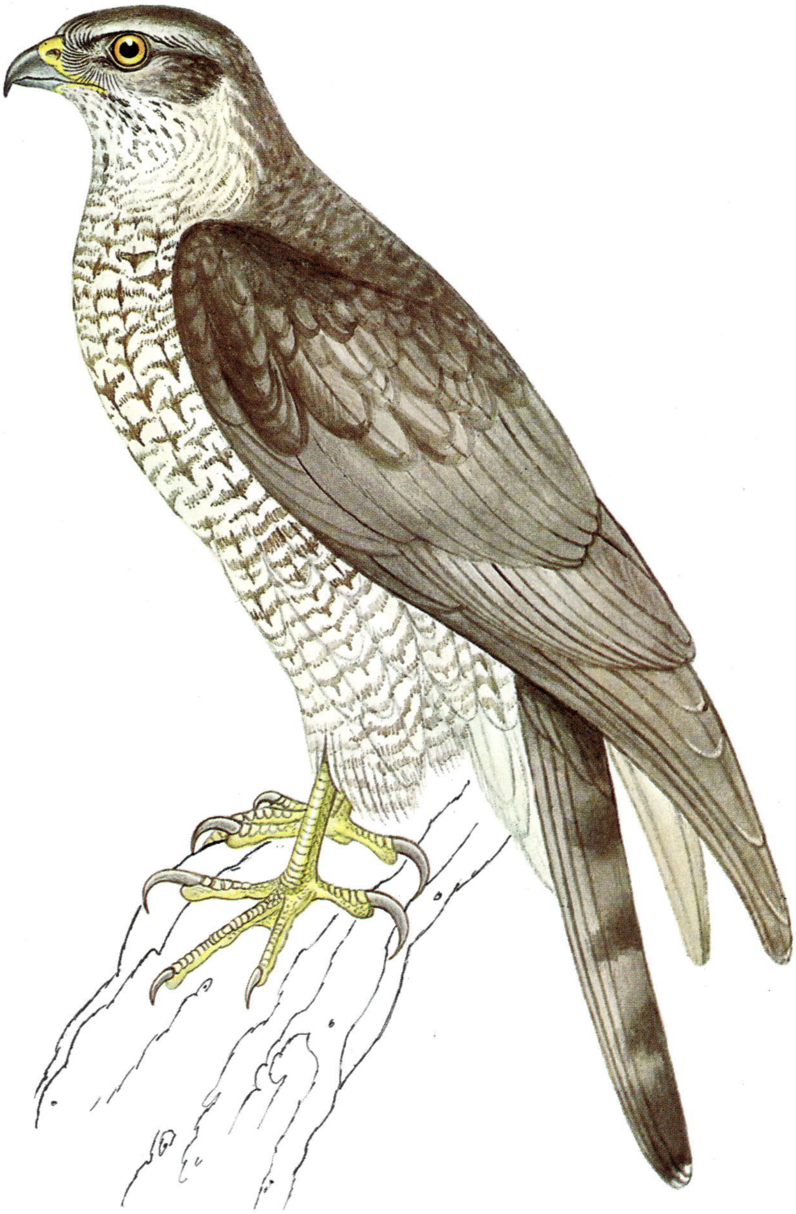

Habicht

Accipiter gentilis

Schon in der Bibel wird er erwähnt: „Flieget der Habicht durch deinen Verstand und breitet seine Flügel gegen Mittag?“ heißt es im Buch Hiob. Er ist den Menschen offenbar schon immer aufgefallen.

Der Habicht kommt in Wäldern in der Nähe von Feldern und Wiesen im Tiefland wie im Gebirge vor. Er bewohnt ganz Europa, nistet jedoch nicht in England, Irland und Island. Er lebt in seiner Heimat das ganze Jahr über. Einzelne Exemplare aus Nord- und Osteuropa fliegen jedoch im Winter nach Mitteleuropa.

Im April oder Mai baut der Habicht meist in den Kronen von Kiefern und Fichten aus Zweigen und Holzstückchen sein großes Nest.

Das Weibchen legt 3 bis 4 Eier, die es vorwiegend allein 35 bis 38 Tage bebrütet. Es wird nur gelegentlich vom Männchen abgelöst. Die ersten zehn Tage nach dem Schlüpfen verläßt die Mutter ihre Brut nicht. Das Männchen schafft die Nahrung herbei, übergibt sie dem Weibchen, das sie für die Jungen in Stücke zerreißt und selbst den Rest frißt. Später geht auch das Weibchen auf Beutejagd. Das Männchen ist nicht fähig, die Jungen selbst zu füttern, und wenn das Weibchen aus irgendeinem Grunde stirbt, gehen auch die Jungen zugrunde. Die Jungen verlassen das Nest im Alter von 41 bis 43 Tagen.

Die Beute des Habichts bilden vor allem verschiedene Vögel bis zur Größe eines Reihers.

Daß er als „Konkurrenz“ des Jägers zuweilen einen Junghasen oder ein Rebhuhn greift, sollte man ihm nicht verübeln, zumal es sich dabei vor allem um kranke und schwache Stücke handeln dürfte. Er ist so selten geworden, daß er jeden Schutz verdient.

Groß wie ein Bussard

Standvogel
Strichvogel

Eiergröße:
51,0 bis 65,0 × 40,6 bis 51,0 mm

Länge:
48 bis 58 cm
Das Weibchen ist größer als das Männchen

Flügelspannweite:
♂ 100 bis 105 cm
♀ 130 bis 140 cm

Den Jungen fehlen die gewellten Querstreifen

Ruf:
ein langes „Gigigig...“ die Jungen stoßen ein piepsiges „Jie...“ aus

Roter Milan

Rotmilan, Königsweih, Gabelweih · *Milvus milvus*

An seinem Flugbild ist er leicht zu erkennen: der tiefgegabelte „Schwalbenschwanz“ verrät ihn. Deshalb wird er auch „Gabelweih“ genannt; aber er ist mit den Weihen nicht verwandt. Er war einst häufig bei uns, wird aber immer seltener wie die meisten unserer Greifvögel.

Der Rote Milan ist in allen wärmeren Gebieten Europas verbreitet. Er bewohnt Spanien, Italien und Südosteuropa, Frankreich, Mitteleuropa und den Westteil Osteuropas. Man trifft ihn auch in Westengland und Südschweden an. In den südlichen Gebieten tritt er stellenweise zahlreicher auf, in den nördlicheren gehört er jedoch zu den Seltenheiten. In England und dem Mittelmeergebiet ist er ein Standvogel, aus den übrigen europäischen Nistrevieren zieht er Ende August oder im September in den Süden und überwintert in Südeuropa oder Nordafrika. Der Rote Milan kommt vor allem im Flachland in Wassernähe vor.

Im März oder Anfang April kehrt der Rote Milan in sein Nistrevier zurück. Das Nest baut er im April bis Mai auf den höchsten Bäumen der Gegend. Das Weibchen legt 2 bis 4 Eier, die es vorwiegend allein 28 bis 30 Tage bebrütet. Die Jungen verlassen das Nest nach 40 bis 54 Tagen.

Fliegende Beute vermag der Rote Milan nicht zu greifen. Er ernährt sich deshalb von dem, was sich am Boden bewegt oder im Wasser schwimmt: Mäuse, Frösche, Schlangen, Regenwürmer, Insekten. Fische holt er sich aus dem Wasser. Auch schmarotzt er und nimmt zuweilen dem Wanderfalken oder Habicht die Beute fort oder macht sich über Aas her.

Ruf:
trillerndes
„Hiäh-hihihihihiäh“

Länge:
62 cm

Männchen und Weibchen sind gleich gefärbt

Flügelspannweite:
145 bis 155 cm

Eiergröße:
51,5 bis 63,0 × 40,2 bis 49,0 mm

Größer als ein Bussard

Zugvogel
Standvogel

Schwarzer Milan

Schwarzmilan · *Milvus migrans*

Er ist eigentlich nicht so schwarz, daß er diesen Namen verdient, sondern mehr dunkel-rostbraun. Aber an seinem nur schwach gegabelten Schwanz können wir ihn vom Roten Milan (63) und anderen Greifvögeln unterscheiden.

Er bewohnt fast ganz Europa mit Ausnahme der Westküsten, Englands und Skandinaviens. In Mitteleuropa kommt er nur selten vor. Man kann ihn hier auf seinem Zug nach Afrika, wo er überwintert, beobachten. Seine Niststätten verläßt er im August bis September und kehrt im März dorthin wieder zurück.

Der Schwarze Milan hält sich in Laub-, Nadel- oder Mischwäldern im Tiefland, meistens in der Nähe stehender oder fließender Gewässer, auf. Sehr gern läßt er sich auch in Kolonien von Reihern, Kormoranen und anderen Fische fangenden Vögeln nieder, wo er ausreichend Fischreste findet.

Im Frühling kann man in großer Höhe die Hochzeitsflüge dieser Vögel beobachten. Das Nest liegt auf Bäumen und besteht aus nachlässig übereinandergehäuften Zweigen und Holzstöckchen. Das Weibchen legt 2 bis 3 Eier, die es 28 Tage bebrütet, dabei löst das Männchen es zeitweilig ab. Die Jungen verlassen das Nest nach 42 bis 45 Tagen.

Seine Ernährung entspricht etwa der des Roten Milans. Nur, daß er selten nach lebenden Fischen ins Wasser taucht.

Größer als ein Bussard

Zugvogel

Eiergröße:
46,0 bis 61,0 × 37,0 bis 46,5 mm

Länge:
57 cm

Männchen und Weibchen sind gleich gefärbt

Flügelspannweite:
114 bis 118 cm

Ruf:
trillerndes „Hühühhüüü...“

Seeadler

Haliaeetus albicilla

An Küste und Meer ist er „der mächtigste König im Luftrevier“. In der Tat ist er mit einer Flügelspannweite um 2,50 m unser größter Greifvogel. Er hat seit je die Menschen beeindruckt und ist zum Symbol für Stärke und Kühnheit geworden. Häufig wurde er zum Wappentier erhoben. Mythos, Volksglaube und Sage haben sich seiner bemächtigt. Immer wieder hat man ihn seit frühen Zeiten in der Kunst dargestellt.

Der Seeadler bewohnt die nördliche und östliche Küste Skandinaviens, Island, den östlichen Teil Mitteleuropas, Nordost- und Südosteuropa und auch Nord- und Mittelasien und Südwestgrönland. Im Herbst streicht er umher und fliegt regelmäßig nach Mitteleuropa. Er nistet an felsigen Küsten oder ausgedehnten, großen, stehenden oder fließenden Binnengewässern.

Bei uns ist der Seeadler vom Aussterben bedroht. An den Ostseeküsten von Pommern und Mecklenburg sollen sich die Bestände in den vergangenen Jahren erhalten haben. An der Westküste Schleswig-Holsteins kämpfen die letzten Paare ums Überleben.

In Mitteleuropa taucht er schon im Januar oder Februar an den Nistplätzen auf und beginnt sofort sein Nest zu errichten. Es ist ein mächtiger Bau auf hohen Bäumen oder Felsvorsprüngen, selten auf dem Boden, und besteht aus einem Haufen von Ästen und Reisig mit einer nur recht kleinen Mulde. Die Vögel benutzen mehrere Jahre lang das gleiche Nest, das sie jedesmal anbauen und reparieren und das oft einen Durchmesser von 2 m und eine Höhe von über 1,5 m erreicht. Die Hauptnahrung des Seeadlers besteht aus Fischen und Vögeln, vor allem Bläßhühnern. Er nimmt aber auch Aas an.

Ruf:
hell „kji kji kli“ auch tief „kra“

Länge:
69 bis 91 cm
Weibchen etwas größer

Flügelspannweite:
um 250 cm

Gewicht:
4 bis 7,5 kg

Eiergröße:
66,0 bis 84,8 × 53,0 bis 63,5 mm
Eier rein weiß

Strichvogel
Zugvogel

Wespenbussard

Pernis apivorus

Unserem Mäusebussard (60) ist er recht ähnlich und kann daher von einem ungeübten Beobachter leicht mit diesem verwechselt werden. An seinem etwas kleineren Kopf, den schmaleren Flügeln und dem längeren Schwanz ist er im Gelände nicht immer leicht von jenem zu unterscheiden.

Der Wespenbussard lebt in Wäldern aller Art, vor allem im Tiefland. Er kommt in ganz Europa vor, nistet jedoch nicht in England, Irland, Island und Nord- und Westskandinavien. Er ist ein Zugvogel, der bereits im August oder Anfang September in seine Winterquartiere im tropischen und südlichen Afrika fliegt. Im April oder Mai kehrt er in seine Heimat zurück, und kurz nach seiner Rückkehr kann man über dem Wald, den er als Niststätte ausgewählt hat, die Hochzeitsflüge beobachten. Beide Partner bauen auf hohen Bäumen ein großes Nest aus Zweigen. Den größeren Teil dieser Arbeit leistet das Weibchen. Auch nach dem Ausschlüpfen der Jungen tarnen die Altvögel ihr Nest mit grünen Zweigen.

Meistens legt das Weibchen 2 Eier, die beide Eltern abwechselnd 30 bis 35 Tage bebrüten. Es wurde schon beobachtet, daß das Männchen die Eier allein ausbrütete, wenn das Weibchen ums I eben gekommen war. Auch das Füttern besorgen beide Eltern, in den ersten Tagen ausschließlich mit Wespen und deren Brut: diese Vögel sind nämlich Spezialisten, die mit ihren kräftigen Füßen die Nester von Insekten ausgraben, daher auch ihr Name. Außerdem fressen sie auch, allerdings seltener, kleine Wirbeltiere, manchmal auch weiche Früchte. Nach 35 bis 45 Tagen sind die Jungen flügge.

Groß wie ein Mäusebussard

Zugvogel

Eiergröße:
44,9 bis 60,0 × 37,0 bis 44,4 mm

Länge:
55 cm

Flügelspannweite:
120 bis 126 cm

Männchen und Weibchen sind gleich gefärbt
Ihre Färbung ist variabel

Ruf:
dreisilbig wie „pü-ih-u" oder zweisilbig wie „pi-hä"

Rohrweihe

Rohrweih · *Circus aeruginosus*

Die Weihen, hat der Ornithologe Oskar Heinroth einmal gesagt, könnten ihren Namen bekommen haben, weil sie ihre Schwingen beim Fluge schräg aufwärts halten, wie ein „weihender Priester". Die Rohrweihe ähnelt in Größe und Farbe dem Mäusebussard (60). Doch erkennen wir sie sogleich an ihrem hellen Kopf, der schlankeren Gestalt und vor allem an dem langsamen, schaukelnden Flug, mit dem sie über ihr Revier streicht, das in der offenen Landschaft liegt, möglichst mit Gewässern und Schilfdickichten. Sie ist in fast ganz Europa verbreitet und kommt als Gast auch in Irland und Norwegen vor. Aus Mittel- und Osteuropa zieht sie im August oder Anfang September nach Afrika oder Vorderasien. Die Populationen aus dem Süden und Westen sind Standvögel, die sich im Winter in der Umgebung ihrer Nistplätze aufhalten.

Ende März bis Mitte April kehrt die Rohrweihe zu ihren Nistplätzen zurück. Im Mai oder Juni baut sie im Schilf aus Zweigen und Wasserpflanzen ihr Nest. Das Weibchen legt 3 bis 6 Eier, die es allein 30 bis 33, manchmal bis 37 Tage bebrütet. Während der Brutzeit bringt ihm das Männchen die Nahrung an das Nest. Nach dem Schlüpfen bringt das Männchen auch das Futter für die Jungen, das Füttern selbst erfolgt aber nur durch die Mutter. Sobald die Jungen größer geworden sind, geht auch das Weibchen auf Nahrungssuche. Im Alter von 40 bis 50 Tagen sind die Jungen flugfähig.

Der Rohrweihe fallen kleine Säugetiere und Vögel, gelegentlich auch Fische, Frösche, manchmal Vogeleier und Insekten zum Opfer.

Ruf:
♂ während der Balz ein glockenhelles „Kuiih"
♀ pfeifendes „Hiääh"

Länge:
52 cm

Das Weibchen hat einen ockergrauen Kopf

Flügelspannweite:
116 bis 126 cm

Eiergröße:
43 bis 56,0 × 34,5 bis 44,5 mm

Groß wie ein Bussard

Zugvogel
Strichvogel
Standvogel

♀

♂

Kornweihe

Kornweih · *Circus cyaneus*

Die blaugrauen Männchen ähneln aus der Ferne einer Möwe, aber wir unterscheiden sie schnell an ihrem typischen Weihenflug. Die Weibchen sind braun und größer als ihre männlichen Partner. Ihr Nest baut die Kornweihe zuweilen in Getreidefeldern – daher ihr Name.

Die Kornweihe bewohnt fast ganz Europa. Die Populationen Nord- und Osteuropas sind Zugvögel, die Ende August ihre Nistreviere verlassen und im Mittelmeergebiet und Nordafrika überwintern. In den übrigen Teilen Europas sind sie Standvögel, nur vereinzelte Exemplare ziehen ebenfalls nach dem Süden. Die Kornweihe liebt offene Landschaften mit ausgedehnten Wiesen, Torfmooren oder Sümpfen.

Zu ihren Niststätten kehrt sie im April zurück, und bald nach ihrer Rückkehr kann man hoch in der Luft die Hochzeitsspiele dieser Vögel beobachten. Beide Partner bauen im April oder im Mai auf dem bloßen Boden ihr kleines Nest aus Zweigen, Schilfhalmen und Gras.

Das Weibchen legt 3 bis 5, ausnahmsweise bis 8 Eier, die es allein 29 bis 30 Tage bebrütet. Das Männchen bringt ihm während der Brutzeit das Futter an das Nest und kümmert sich dann auch um die Nahrung für die Jungen. Es füttert nicht, sondern übergibt die Beute dem Weibchen, das sie zerteilt und damit die Jungen füttert. Im Alter von 35 bis 42 Tagen unternehmen die Jungen ihre ersten vorsichtigen Flugversuche.

Die Nahrung der Kornweihe besteht vor allem aus kleinen Säugetieren wie Feld- und Wühlmäusen, seltener fängt sie auch ein Kaninchen, einen schwachen oder kranken Hasen oder Vögel.

Eiergröße:
39,3 bis 52,1 × 31,0 bis 40,0 mm

Länge:
47 cm

Geschlechtsdimorphismus

Flügelspannweite:
103 bis 108 cm

Ruf:
♂ während des Hochzeitsfluges Laute wie „äh gri gägägägäg" oder nur „gegegeg"
♀ piependes „Giä giä giä giä"

Standvogel
Zugvogel

Wiesenweihe

Wiesenweih · *Circus pygargus*

Die Wiesenweihe ähnelt der Kornweihe so sehr, daß ihre Unterschiede in der freien Wildbahn kaum wahrzunehmen sind. Wahrscheinlich werden beide Arten deshalb bei der Feldbeobachtung zuweilen verwechselt.

Die zahlenmäßig nicht stark vertretene Wiesenweihe brütet in Deutschland selten und lebt vor allem in West-, Süd-, Mittel- und Osteuropa. Sie ist ein Zugvogel, der im August oder September bis ins tropische Afrika oder nach Südafrika zieht. Aus den entfernten Winterquartieren kehrt sie Ende April oder Anfang Mai in ihre Heimat zurück. Sie bewohnt sumpfige Wiesen, trockene Torfmoore oder größere Röhrichtstriche.

Das Nest aus kleinen Zweigen und Schilfhalmen bauen die Wiesenweihen auf dem Boden. Das Weibchen legt in Intervallen von 36 Stunden bis zu 3 Tagen in der Regel 4 bis 5 Eier, die es allein 28 bis 29 Tage bebrütet. Das Männchen bringt dem brütenden Weibchen die Nahrung, später geht es auch selbst für die Jungen auf Beutejagd. Die Beute wird vom Männchen teilweise gerupft, dem Weibchen übergeben, das dann erst die Jungen füttert. Erst nach etwa drei Wochen beginnt auch das Weibchen mit der Futterbeschaffung für die Jungen.

Die Nahrung der Wiesenweihe bilden kleine Säugetiere, auch Eidechsen und Vogeleier. Manchmal fängt sie auch kleinere Vögel und größere Insekten wie Heuschrecken und Maulwurfsgrillen. Ihre Beute fängt sie am Boden;die Beutejagd dauert oft bis zum Einbruch der Dämmerung. Sie übernachtet nicht auf Bäumen, sondern ruht – wie die anderen Weihen auch – auf dem Boden.

Ruf:
ähnlich wie der der Kornweihe beim Segelflug auch „kä kä"

Länge:
42,5 cm

Geschlechtsdimorphismus

Flügelspannweite:
109 cm

Eiergröße:
36,0 bis 47,2 × 29,5 bis 35,7 mm
Die Eier sind reinweiß, seltener gefleckt

Zugvogel

Fischadler

Pandion haliaetus

Diesen möwenhellen Adler bei der Fischjagd zu beobachten, gehört zu den reizvollsten Erlebnissen eines Vogelfreundes: Er stürzt aus der Luft herab, das Wasser spritzt auf, zuweilen verschwindet er darin, und dann streicht er mit dem erbeuteten Fisch in den Fängen davon. Fischreiche Gewässer oder die Meeresküste sind sein Lebensbereich.

Der Fischadler bewohnt Nord- und Osteuropa, kommt aber auch an der Südküste Spaniens vor. Er ist ein Zugvogel, der im August und September seine Heimat verläßt und im tropischen Afrika oder Südafrika überwintert.

Der Fischadler kehrt im April oder Anfang Mai zu seinen Niststätten zurück. Den Platz für das Nest wählt das Männchen, es liegt auf Bäumen oder in Felswänden, seltener auch auf dem Boden und ist aus starken, trockenen, entrindeten Zweigen gebaut. Im April oder Mai legt das Weibchen 2 bis 4 Eier, die es 35 bis 36 Tage bebrütet. Manchmal wird es dabei vom Männchen abgelöst, das sich auch um die Nahrung kümmert, die es auf dem Nestrand ablegt. Die Jungen verlassen das Nest nach 51 bis 70 Tagen. Sie werden auch dann noch etwa einen Monat von den Altvögeln gefüttert.

Der Fischadler jagt nicht im Dämmerlicht, sondern braucht klare Sicht, um die Fische unter dem Wasserspiegel erkennen zu können. Zuweilen überschätzt er seine Kraft und schlägt seine Fänge in Fische, die stärker sind als er und ihn dann mit sich in die Tiefe ziehen, wobei er ertrinkt.

Zugvogel

Eiergröße:
50,4 bis 69,0 × 40,2 bis 52,0 mm

Länge:
55 cm

Männchen und Weibchen sind gleich gefärbt

Flügelspannweite:
155 bis 170 cm

Ruf:
etwa:
„tjipp-tjipp-tjipp-tjüpp-tjöpp-tjöpp" am Nest auch „kjück kjück"

Baumfalke

Falco subbuteo

Der Baumfalke ist der kleine Vetter des Wanderfalken (72). An seinem „rostigen Hosen" läßt er sich erkennen. Mit seinem sichelförmigen Flugbild ähnelt er in der Luft einem großen Mauersegler (146). Auch er ist ein schneller Flieger. Er bewohnt lichte Wälder, Feldgehölze und Wäldränder. Er ist in fast ganz Europa beheimatet, kommt jedoch in Irland, Island und Nordskandinavien nicht vor. Er ist ein Zugvogel. Die jungen Vögel ziehen bereits Mitte August in ihre Winterquartiere in Ost- und Südafrika, während die Altvögel ihren Zug erst im September oder Oktober antreten. Ende April oder Anfang Mai kehren die Vögel in ihre Heimat zurück. Hier suchen sie auf hohen Bäumen verlassene Nester anderer Vögel, nehmen sie in Besitz und bessern sie nur aus.

Beide Partner bebrüten abwechselnd ihre 3 Eier 28 Tage. In den ersten Tagen nach dem Schlüpfen der Jungen jagt lediglich das Männchen und übergibt seine Beute dem in der Nähe des Nestes wartenden Weibchen. Später geht auch das Weibchen auf Nahrungssuche. Größere Beutestücke, zum Beispiel kleine Vögel, übergibt das Männchen dem Weibchen, das die Jungen füttert. Mit Insekten dagegen füttert das Männchen die Jungen selbst. Nach etwa 23 Tagen verlassen die Jungen das Nest, werden jedoch noch längere Zeit von den Eltern gefüttert. Im Gegensatz zum Wanderfalken kann der kleinere Baumfalke nur Vögel wie Lerchen und Schwalben erbeuten. Deshalb zählen fliegende Insekten wie Heuschrecken, Käfer und insbesondere Libellen mit zu seiner bevorzugten Nahrung.

Ruf:
ein kurzes „Gick gick" oder ein langes „Kickkick-kick..."

Länge:
33 cm

Flügelspannweite:
75 bis 79 cm

Das Männchen hat rostfarbene, das Weibchen cremefarbene „Höschen"

Eiergröße:
36,5 bis 46,5 × 29,6 bis 35,7 mm

Wanderfalke

Falco peregrinus

Der Wanderfalke ist einer unserer edelsten und leider seltensten Greifvögel. Er ist ein schneller Flieger, der sicher zustößt, wenn sein „Falkenauge" eine Beute erspäht hat. Er kommt in ganz Europa vor, seine Zahl nimmt aber in der Kulturlandschaft immer mehr ab.

Die felsige Landschaft ist sein Revier. Hoch oben in den Klippen errichtet er seinen Horst. Zuweilen hält er bei uns auch eine alte Burgruine oder einen Kirchturm für einen annehmbaren Fels. Die überall in den Städten zunehmenden Tauben sind ihm dann willkommene Beute. In Waldgebieten übernimmt er auch die verlassenen Nester anderer Greifvögel.

In das nur schütter ausgepolsterte Nest legt das Weibchen 3 bis 4 Eier, die es allein bebrütet. Das Männchen löst das Weibchen beim Brüten nur selten ab. Die in dichte Daunenfedern gekleideten Jungen schlüpfen nach 29 Tagen. In ihren ersten Lebenstagen bringt das Männchen die Nahrung an das Nest und übergibt sie dem Weibchen, das die Beute zerreißt und die Brut füttert. Das Männchen ist nämlich nicht fähig, die Beute für die Jungen zu zerkleinern. Erst wenn die Jungen bereits selbst die Beute zerreißen können, was von der dritten Lebenswoche an der Fall ist, bringt das Männchen den Jungen die Nahrung direkt. Nach 25 bis 40 Tagen können die jungen Wanderfalken ihr Nest verlassen. Der Wanderfalke ist heute einer der wenigen Greifvögel, die noch auf natürliche Weise die „Taubenplage" bekämpfen, wie auch andere Vogelbestände in Schach halten, die durch den Mangel an natürlichen Gegnern überhand nehmen.

Zugvogel
Strichvogel

Eiergröße:
46,0 bis 58,9 × 36,3 bis 44,9 mm

Länge:
43 cm

Flügelspannweite:
♂ 86 bis 106 cm
♀ 104 bis 114 cm

Ruf:
ein helles wiederholtes weit hörbares „Giggigiggi" am Nest auch Laute wie „grägrägrä"

Jagdfalk

Gerfalk · *Falco rusticolus*

Mit einer Spannweite, die ungefähr der unseres Bussards entspricht, ist er der größte europäische Falke. In freier Wildbahn können wir ihm freilich nur im hohen Norden begegnen. Er kommt in den Tundren und Gebirgen Nordskandinaviens und Islands vor, aber auch in Mittelasien, Nordamerika und auf Grönland. Er lebt gern an offenen felsigen Stellen, Meeresufern und auf Inseln, stellenweise auch an den Rändern von Nadelwäldern. Ein Teil der Jagdfalken sind Standvögel, andere ziehen nach dem Süden oder Südosten, aber nicht sehr weit von den Niststätten fort. Der Jagdfalk baut sein Nest auf Felsvorsprüngen und bevorzugt die Nähe der Kolonien von Meeresvögeln, die für ihn einen unerschöpflichen Nahrungsvorrat bilden. Er nistet aber auch auf Bäumen in Höhen über 5 m, und vereinzelt baut er auch an den Ufern von Flüssen sein Nest. Die Mulde ist mit trockenem Gras oder Weidenblättern, aber auch mit den Resten erbeuteter Vögel ausgepolstert. Das Weibchen legt Mitte April bis Anfang Mai 3 bis 4 Eier, die von beiden Partnern abwechselnd ausgebrütet werden. Die Jungen schlüpfen nach 28 Tagen und bleiben 47 Tage im Nest. Erst dann begeben sie sich das erste Mal in die Umgebung. Die Alten reißen ihre Beute 100 bis 150 m vom Nest entfernt. Der Jagdfalk fängt vor allem Seevögel, Rabenvögel und Schneehühner, seltener auch kleine Säugetiere.

Der Jagdfalk gehörte in Zeiten des Rittertums und der Falknerei zu den begehrtesten Beizvögeln. Ihn auf der Faust zu tragen gab ein besonderes Ansehen – er diente also nicht nur der Beizjagd, sondern auch dem Prestige der hohen Herren.

Ruf:
hohe fast bellende Töne und tiefere Rufe wie „wi-dju"

Länge:
51 bis 56 cm

Männchen und Weibchen gleichfarbig

Flügelspannweite:
um 130 cm

Eiergröße:
48,4 bis 64,5 × 36,5 bis 54,6 mm

Standvogel
Strichvogel

Merlin

Falco columbarius

Er ist unser kleinster Falke, den wir bei uns freilich nur als Wintergast oder Durchzügler kennen, denn er brütet vor allem in Nordeuropa, England, Irland und Island. Die europäischen Exemplare ziehen zum Großteil nach dem Süden und überwintern im Mittelmeergebiet und Nordafrika, manche jedoch auch bereits in Mitteleuropa, wo sie von Ende September bis Februar auftreten. In England sind sie in der Regel Standvögel. Im April oder Anfang Mai suchen sie wieder ihre Niststätten auf. Sie leben in Torfmooren, Tundren, an der Küste oder in offenen Wäldern, vor allem in Nadelholzbeständen, aber auch an öden, mit Gestrüpp bewachsenen Stellen. Sie bauen meistens kein Nest, sondern benutzen zum Nisten eine Bodenmulde oder einen Felsvorsprung, und nur gelegentlich beziehen sie verlassene Krähennester oder die Nester anderer Vögel.

Das Weibchen legt 3 bis 5 Eier, die es meist allein in 28 bis 32 Tagen ausbrütet. Das Männchen sitzt während dieser Zeit häufig an einer hochgelegenen Stelle in der Umgebung des Nestes und hilft nur manchmal beim Brüten. Im Alter von vier Wochen verlassen die Jungen das Nest.

Der Merlin fängt kleine Vögel, mit Vorliebe Goldhähnchen, im Winter in Mitteleuropa vor allem Sperlinge, Grünlinge, Finken und andere kleine Vögel. Er ist jedoch auch fähig, die schnellen Schwalben zu jagen, falls er sie bei seiner Ankunft in Mitteleuropa noch vorfindet. Er ernährt sich aber auch von Insekten, und in der Not fängt er auch Feldmäuse oder andere kleine Säugetiere. Er ist ein außerordentlich gewandter Flieger.

Groß wie eine Turteltaube

Zugvogel
Standvogel

Eiergröße:
35,0 bis 44,0 × 28,0 bis 33,8 mm

Länge:
28 cm

Flügelspannweite:
61 bis 64 cm

Das Männchen hat eine blaugraue, das Weibchen eine ins Rostfarbene spielende graue Oberseite

Ruf:
ähnelt dem des Turmfalken und klingt wie „kikikiki"

Rotfußfalke

Falco vespertinus

Bei uns läßt er sich kaum blicken. Wir müssen schon nach Ost- und Südosteuropa reisen oder mindestens das östliche Mitteleuropa aufsuchen, um diesen rotfüßigen Falken sehen zu können. Nur während seines Zuges kommt er als Gast auch nach England, Frankreich, Spanien und in die südlicheren Gebiete Mitteleuropas. Er ist in allen Fällen ein Zugvogel, der Ende August oder Anfang September seinen Zug in das tropische Afrika oder nach Südafrika antritt.

Die Rotfußfalken sind gesellige Vögel, die in der Regel in Kolonien nisten. Sie kehren im April oder Anfang Mai zu ihren Niststätten zurück, für die sie offenes Gelände mit vereinzelten Baumbeständen und auch Steppengebiete bevorzugen. Das Weibchen legt im Mai oder Juni, seltener auch im Juli, 4 bis 5 Eier, die es abwechselnd mit dem Männchen etwa 28 Tage bebrütet. Nach dem Schlüpfen der Jungen bringt das Männchen die Nahrung dem Weibchen, das die Jungen füttert. Die erwachsenen Jungen füttert das Männchen auch selbst. 28 bis 30 Tage bleiben die jungen Rotfußfalken im Nest. Sie werden aber auch danach noch einige Zeit von den Eltern gefüttert. Nach der Nistzeit halten sich die Familien in der Umgebung auf und schließen sich später für den Zug zu großen Schwärmen zusammen.

Die Rotfußfalken ernähren sich vorwiegend von Insekten. Sie gehen gern in Schwärmen auf Nahrungssuche und fangen über der Wasseroberfläche stehender oder fließender Gewässer Käfer und Schmetterlinge. Auch nach Sonnenuntergang fliegen sie auf Nahrungssuche.

Ruf:
ein der Stimme des Wendehalses ähnelndes „Gif gif gif"

Länge:
♂ 28 cm ♀ 30 cm

Geschlechtsdimorphismus

Flügelspannweite:
70 bis 72 cm

Eiergröße:
30,7 bis 42,0 × 26,3 bis 32,5 mm

Groß wie eine Turteltaube

Zugvogel

Turmfalke

Rüttelfalk · *Falco tinnunculus*

Er ist der einzige Greifvogel, den wir regelmäßig auch über unseren Städten sehen können. Oft umkreist er die Türme der Dome und Kirchen, in denen er zuweilen auch sein Nest hat – daher sein Name. Auf dem Lande freilich fragt man sich, wie er zu diesem Namen käme. Denn in manchen Gebieten horstet er nicht nur auf Felsvorsprüngen und in Baumlöchern, sondern auch in den Baumkronen.

Typisch für seine Jagdweise ist das „Rütteln", weshalb er auch „Rüttelfalk" genannt wird: mit schnellen Flügelschlägen verharrt er dabei „wie angenagelt" auf einer Stelle. So kann er aus dem Stand das Gelände unter sich mustern. Er merkt jede kleinste Bewegung auf dem Boden. Sobald eine unvorsichtige Wühlmaus ihre unterirdischen Gänge verläßt, stürzt sich der Turmfalke herab und schlägt seine scharfen Krallen in den Körper des Opfers ein. Er fängt außer Mäusen auch größere Nagetiere, ernährt sich aber auch von Heuschrecken und anderen Insekten. Er gehört deshalb zu den nützlichsten Vögeln. Zu den Eigenheiten des Turmfalken gehört es, daß er sein Nest nicht selbst baut, sondern es von Krähen und Eichhörnchen fertig übernimmt. Dort legt das Weibchen Ende April oder Anfang Mai 5 bis 7 Eier, die es allein 28 bis 30 Tage bebrütet. Den Jungen, die mit einem dichten Flaumfederkleid zur Welt kommen, bringt in den ersten Lebenstagen das Männchen die Nahrung, später beide Altvögel. Im Alter von etwa einem Monat sind die Jungen flügge und leben bis zum Herbst zusammen mit ihren Eltern. Turmfalken aus Nord- und Nordosteuropa ziehen vor dem Wintereinbruch nach Südeuropa und Nordafrika, im übrigen Europa ist der Turmfalke ein Stand- oder Strichvogel. Diese Vogelart lebt auch in Asien und Afrika.

Standvogel
Strichvogel
Zugvogel

Eiergröße:
31,9 bis 47,2 × 22,1 bis 36,3 mm

Länge:
♂ 32 cm
♀ 35 cm

Flügelspannweite:
68 bis 74 cm

Die Jungen ähneln dem Weibchen, das Weibchen ohne bläuliche Färbung des Kopfes

Ruf:
ein klares „Kli-kli-kli" am Nest auch Laute, die wie „wrieh-wrieh" klingen

Rebhuhn

Perdix perdix

Vor den Wildhandlungen hängen sie oft bündelweise, denn die Rebhühner sind unsere häufigsten Jagdvögel.

In ganz Europa ist das Rebhuhn ein Standvogel, der im Winter in kleinen Schwärmen und meistens in Familien lebt. Da es sich im Winter auf Feldern und Wiesen aufhält, ist es bei starkem Schneefall vom Menschen abhängig. Man legt für die Rebhühner geschützte Plätze an, wo man sie nachfüttert. Zu Frühjahrsbeginn teilt sich der Schwarm, und die jungen Vögel beginnen Paare zu bilden. Die Vögel haben dann ihr ganzes Leben lang feste Paarbindungen.

Im Mai bis Juni scharrt das Weibchen zwischen Grasbüscheln oder unter Gestrüpp eine tiefe Mulde im Boden aus, die es mit Gras oder Laub auspolstert. Dort legt es 8 bis 24 Eier, die es allein in 23 bis 25 Tagen erbrütet; dabei hält sich der Hahn in der Nähe auf und bewacht das brütende Weibchen. Um die Jungen, die sich von ihren ersten Lebensstunden an selbst ernähren, kümmern sich beide Altvögel und wenn dem Weibchen etwas zustößt, übernimmt der Hahn allein die Brutpflege. Die Nahrung der jungen Rebhühner besteht zunächst aus Insekten, grünen Blättchen und später auch aus Samenkörnern. Im Alter von 16 Tagen sind sie flugfähig. Die erwachsenen Vögel fressen Samen, Insekten, Würmer, Spinnen, Weichtiere und picken auch an grünen Pflanzenteilen.

Wenn wir durch die Feldmark streifen, lassen uns die Rebhühner oft dicht an sich herankommen und „burren" dann dicht vor uns auf – der ahnungslose Wanderer erschrickt.

Ruf:
„kirr-hek, kirr-hek"

Länge:
29 cm

Das Männchen hat auf der Schulter rostfarbene Federn, das Weibchen eine leiterähnliche Zeichnung Das „Hufeisen" an der Kehle hat manchmal auch das Weibchen

Eiergröße:
31,6 bis 40,4 × 24,1 bis 29,4 mm

Standvogel

Wachtel

Coturnix coturnix

Die Wachtel führt in Feld und Wiese eine so versteckte Lebensweise, daß ihr Vorkommen meist nur durch den Wachtelschlag „pickperwick" bekannt wird. Man hat ihn als Zuruf an den sein Feld bestellenden Landmann gedeutet: „Bück den Rück!". Sie ist ein schmackhafter und begehrter Jagdvogel und daher in manchen Gegenden ausgerottet oder doch stark dezimiert worden. Allgemein ist sie weit über Europa und Asien – bis nach Japan hin – verbreitet.

Die Wachteln sind die einzigen Zugvögel unter den europäischen Hühnervögeln. Im Herbst ziehen sie in ihre Winterquartiere in Nordafrika und Arabien. Ende April oder Anfang Mai kehren sie wieder in ihre europäische Heimat zurück.

Die Wachteln kennen keine Paarbindung. Ein Männchen lebt oft mit mehreren Weibchen, die sich deshalb selbst um das 17 bis 20 Tage dauernde Bebrüten ihrer 6 bis 18 Eier und um die Aufzucht ihrer sehr kleinen, gelbbraun gefleckten Jungen kümmern müssen. Die Jungen ernähren sich vom ersten Lebenstag an selbständig und fangen kleine Insekten und ihre Larven, beißen grüne Pflanzenblätter ab und fressen später auch Samenkörner. Im Alter von 19 Tagen machen sie ihre ersten Flugversuche und halten sich dann bis zum Abflug nach Süden in einem Schwarm auf. Die in Südeuropa und Afrika lebenden Wachteln sind dagegen Standvögel.

Zugvogel
Standvogel

Eiergröße:
25,0 bis 33,9 × 20,0 bis 25,0 mm

Länge:
17,5 cm

Das Männchen hat im Frühling an der Kehle zwei rostbraune bis schwarzbraune Streifen, das Weibchen ist gesprenkelt

Ruf:
ein lautes, weit hörbares „Pickperwick", das bis in den Spätsommer hinein ertönt

Jagdfasan

Fasan · *Phasianus colchicus*

Er wirkt in unserer Landschaft irgendwie fremdartig. Auch sein oft zu hörender rauher Ruf scheint nicht so recht in den Chor unserer Vogelstimmen zu passen. In seiner Buntheit und mit seinem langen Schwanz ist er auch durch einen Laien leicht zu identifizieren. Hermann Löns hat ihn einmal schlicht als „Jagdpapagei" bezeichnet.

Das Fremdartige des Fasans hat schon seinen Grund. Seine eigentliche Heimat liegt in Asien. Von dort freilich wurde er schon früh in Europa eingeführt, teils als schmuckes Parkgeflügel, teils als begehrter Jagdvogel. Er akklimatisierte sich überall gut und bevorzugt lichte Wälder, Feldwäldchen, Gebüsch an den Ufern von Gewässern und größere Parkanlagen. Er kommt zahlreich vor allem im Tiefland vor, hält sich aber auch in hügeligen Gebieten auf. Der Jagdfasan bleibt das ganze Jahr in seiner Heimat.

Im Frühjahr, zur Zeit der Balz, kann man die charakteristisch krähende Stimme des Männchens hören, das sich dabei aufrichtet, heftig mit den Flügeln schlägt und die Henne mit kleinen Sprüngen umkreist.

Das Weibchen scharrt am Boden eine Mulde aus, die es mit Laub und trockenem Gras auspolstert. Das Weibchen bebrütet seine 8 bis 15 Eier allein, bis nach 24 bis 25 Tagen die Jungen schlüpfen. Erfolgreiche Flugversuche erlauben den Jungen bereits nach zwei Wochen, mit ihrer Mutter auf Baumästen zu übernachten.

Der Jagdfasan ernährt sich von verschiedenen Samen, Beeren, grünen Pflanzenteilen, Insekten, Würmern und Weichtieren. In Jagdrevieren hilft man ihm durch systematische Fütterung über die kargen Jahreszeiten hinweg.

Ruf:
zur Paarungszeit läßt das Männchen ein „Ko-kock" hören

Länge:
♂ 79 cm
♀ 60 cm

Auffallender Geschlechtsdimorphismus

Eiergröße:
39,0 bis 51,1 × 32,4 bis 37,6 mm

Standvogel

Auerhuhn

Tetrao urogallus

Der Waidmann bezeichnet das Männchen als den „Großen Hahn" im Gegensatz zu dem Birkhahn (81). In der Tat ist er der größte in Europa vorkommende Hühnervogel. Er lebt heimlich und verborgen in Nadelwäldern mit dichtem Unterholz, sowohl im Gebirge wie auch in der Ebene.

Das Auerhuhn kommt in Schottland, den Pyrenäen, in Nord- und auch in Mitteleuropa vor. In seinem Territorium hält es sich das ganze Jahr über auf. Mit Ausnahme der Balzzeit ist das Auerhuhn ein außerordentlich scheuer Vogel, der sich vor den Blicken der Menschen meisterhaft verbirgt.

Im Frühjahr ist die Balz der Hähne auffallend und charakteristisch. Die Balz, bei der der Auerhahn in einer ihrer Phasen „taub" und „blind" ist, verläuft noch vor dem Morgengrauen. Wenn es hell wird, fliegt der Hahn auf den Boden, wo es oft zum Kampf mit einem Rivalen kommt.

Die Henne scharrt am Boden zwischen Baumwurzeln oder an einem Baumstamm eine Mulde aus, die sie mit Gras und Laub auspolstert. Sie legt 5 bis 8 Eier, die sie allein in 26 bis 29 Tagen ausbrütet. Auch um die Jungen, die Nestflüchter sind und selbst ihre Nahrung suchen, kümmert sich lediglich das Weibchen. Es führt die Jungen, nimmt sie unter seine Flügel und schützt sie. Die Jungen sind gelb-rostfarben gefärbt und haben dunkle Flecken. Bereits im Alter von zehn Tagen fangen sie an aufzufliegen. Nachts sitzen sie gemeinsam mit der Mutter auf Baumästen.

Die Nahrung des Auerhuhns besteht aus Insekten, Beeren, Knospen und jungen Nadelbaumtrieben.

Standvogel

Eiergröße:
50,8 bis 62,2 × 39,0 bis 43,5 mm

Länge:
♂ 94 cm
♀ 67 cm

Gewicht:
♂ 5 bis 6 kg
♀ 2,5 bis 3 kg

Auffallender Geschlechtsdimorphismus

Ruf:
des balzenden Hahns besteht aus vier Teilen, das Weibchen läßt Laute wie „backback" oder „gäck gäck" hören

Birkhuhn

Lyrurus tetrix

Der „Kleine Hahn" ist im Gegensatz zu seinem großen Bruder, dem Auerhahn, ein Bewohner der offenen Landschaft, der Moore und Heiden mit lokkerem Buschbestand. Im Gebirge gehen sie bis an die Waldgrenze heran.

Das Birkhuhn lebt in Nord-, Ost- und Mitteleuropa und auch in England. Am zahlreichsten kommt es in der nördlichen Tundra vor.

Auf einem bestimmten Balzplatz kommen im zeitigen Frühjahr beim Morgengrauen die Birkhähne zur Balz zusammen. Sie laufen dabei umher, lassen die Flügel herabhängen, springen hoch und geben kollernde Laute von sich. Die Rivalen springen einander an und hacken sich mit den Schnäbeln, zu einer ernsthafteren Verletzung kommt es jedoch selten. Im Morgengrauen fliegen auch die Hennen zum Balzplatz, den sie mit ihrem Auserwählten verlassen.

In der Zeit zwischen Mitte Mai und Juni scharrt die Henne im Boden eine flache Mulde, die sie mit Laub oder Gras auspolstert, und dort legt sie 7 bis 12 Eier. Sie brütet 25 bis 28 Tage. Das Brutgeschäft besorgt sie allein, denn der Hahn kümmert sich in keiner Weise um das weitere Schicksal seiner Familien. Das Weibchen führt auch die geschlüpften Jungen und schützt die gelb-schwarz gefleckten Küklein, die rasch wachsen und Ende Oktober bereits voll entwickelt sind. Die Nahrung der Birkhühner besteht aus Insekten, Würmern, Weichtieren, Samen, Beeren, jungen Trieben und Gras.

Ein Birkhahnbalzmorgen gehört zu den eindrucksvollsten Erlebnissen für einen Naturfreund. Man muß dazu freilich schon vor Morgengrauen draußen sein.

Ruf:
das Männchen „kokokraiv" beim Auffliegen pfeifende Töne, das Weibchen ein lautes „Gaggag"

Länge:
♂ 61,5 cm
♀ 42 cm

Gewicht:
♂ wiegt 1,5 kg
♀ bis zu 1 kg

Auffallender Geschlechtsdimorphismus

Eiergröße:
46,0 bis 56,3 × 33,4 bis 38,5 mm

Groß wie ein Fasan

Standvogel

Haselhuhn

Tetrastes bonasia

Es ist das kleinste in unserem Hühnertriumphirat Auerhuhn-Birkhuhn-Haselhuhn.

Mischwälder mit Gebüsch und Heidel- und Preiselbeersträuchern sind seine Heimat. In Mitteleuropa kommt es nur stellenweise vor, in Nordosteuropa und vor allem in Skandinavien ist es dagegen stark verbreitet. Es hält sich meistens im Dickicht verborgen, und nur manchmal wagt es sich in die offene Landschaft hinaus.

Von Anfang Mai bis Juni baut das Weibchen in einer Bodenmulde, bei einem Baumstumpf oder -stamm im Heidekraut, im Gras oder an einer anderen versteckten Stelle ein Nest und polstert es schütter mit Laub, trockenem Gras oder ähnlichem Material aus. Die Henne bebrütet allein ihre 7 bis 10 Eier 21 bis 25 Tage, und auch die Brutpflege ist ausschließlich ihre Angelegenheit. Sobald die Küken trocken sind, bringt die Mutter ihre Jungen zu Stellen, wo genügend Nahrung zu finden ist, die die kleinen Haselhühner schon von ihren ersten Lebenstagen an selbständig sammeln. Bereits im Alter von wenigen Tagen fangen die Jungen an aufzufliegen und übernachten gemeinsam mit ihrer Mutter im Geäst der Bäume. Sie ernähren sich anfangs von Insekten und ihren Larven, Würmern und Spinnen, picken aber auch junge Triebe und Gras ab. Die erwachsenen Vögel fressen außerdem Samen, Beeren, Knospen und „naschen" im Frühling gern Blütenkätzchen.

Früher war das Haselhuhn auch bei uns häufiger. Doch soll es bei Gefahr dem Jäger kopflos vor die Flinte laufen und daher in vielen Gebieten nahezu ausgerottet sein. Also – ein „dummes Huhn"?

Standvogel

Eiergröße:
36,1 bis 45,4 × 27,0 bis 30,7 mm

Länge:
♂ 36,5 cm
♀ 34 cm

Dem Weibchen fehlt die schwarze Kehle und die ausdrucksvolle Farbe des Männchens

Gewicht:
350 bis 500 g

Ruf:
Pfeiftöne. Bei der Balz läßt sich der Hahn wie „tikitititititik" hören

Kranich

Grus grus

„Kuorga – der Vogel, der so groß ist wie ein Mensch", nennt man ihn in Lappland, in dessen einsamen Mooren und Sumpfwäldern er brütet. Bei uns ist er sehr selten geworden. Lediglich zur Zugzeit sehen wir die großen Vögel in Keilform am Himmel dahinziehen, wobei man ihre lauten, melodischen Rufe hören kann. Aus Nord- und Nordosteuropa und den nördlichen Gebieten Mitteleuropas ziehen die Kraniche bis in den Sudan und nach Äthiopien, manche überwintern auch im Mittelmeergebiet. Ihre Heimat verlassen sie im September bis Oktober und kehren in der Zeit zwischen Mitte März und Mitte April wieder zu ihren Niststätten zurück. Sie leben in Sumpfgebieten mit Seen, auf ausgedehnten Wiesen in der Nähe von großen Seen und Teichen. Interessant ist ihr Balzverhalten, das auf seinem Höhepunkt zu dem sogenannten „Kranichtanz" führt.

Ihr Nest besteht aus Schilfhalmen und kleinen Zweigen. Es ist an trockenen Stellen niedrig, an feuchten Stellen hoch und breit gebaut. Das Weibchen legt im April oder Mai in der Regel 2 Eier, die es abwechselnd mit dem Männchen 28 bis 31 Tage bebrütet.

Die Kraniche ernähren sich von Samen, Getreide, grünen Pflanzenteilen, Insekten, Weichtieren und fangen hier und da auch kleine Wirbeltiere.

Vor dem Herbstzug sammeln sie sich auch in einsamen Gebieten Norddeutschlands zu größeren Gesellschaften, ehe sie endgültig aufbrechen. Beim Rückzug im Frühjahr gibt es zum Beispiel an einigen Stellen Südschwedens einen „Zugstau", bei dem die Kraniche zu Hunderten und Tausenden zusammenbleiben, ehe sie sich auf ihre einsamen Brutgebiete im Norden verteilen.

Ruf:
laute trompetende Töne
In Nestnähe Laute wie „grrrk grrrk"

Länge:
♂ 122 cm ♀ 112 cm

Männchen und Weibchen sind gleich gefärbt

Flügelspannweite:
etwa 220 cm

Eiergröße:
85,0 bis 109,0 × 56,0 bis 67,0 mm

Zugvogel

Wasserralle

Rallus aquaticus

Selbst erfahrene Ornithologen haben sie nur selten gesehen. So verborgen lebt sie. Dabei ist sie gar nicht so selten. Ihre Heimat ist ganz Europa mit Ausnahme der nördlichsten Gebiete. In West- und Südeuropa ist sie ein Standvogel, aus den übrigen Verbreitungsgebieten zieht sie im September bis Oktober in ihre, meistens im Mittelmeergebiet gelegenen Winterquartiere.

Im März bis April kehren die Wasserrallen zu ihren Niststätten zurück, wo sie sich im dichten Pflanzenbestand von See- und Teichufern, aber auch in Sumpfgegenden und Torfmooren aufhalten. Dort baut das Paar auch sein sorgfältig verstecktes Nest aus trockenen und grünen Pflanzenteilen.

Im April bis Mai legt das Weibchen meistens 6 bis 12, in seltenen Fällen bis 16 Eier, die es abwechselnd mit seinem Partner 19 bis 21 Tage bebrütet. Im Juni bis August baut das Paar ein weiteres Nest und nistet ein zweites Mal. Die geschlüpften Jungen sind schwarz, äußerst rege, und bald nach dem Trockenwerden laufen sie geschickt im dichten Schilf umher. Die Altvögel bringen ihnen die Nahrung im Schnabel, von dort picken die Jungen sie selbst heraus. Die Wasserrallen fressen Insekten und deren Larven, Weichtiere, Spinnen, aber auch grüne Pflanzenteile und im Herbst verschiedene kleine Samen.

Die Wasserralle ist vor allem in der Dämmerung und nachts aktiv, tagsüber hält sie sich verborgen. Beim Gehen streckt sie ihren Kopf vor und macht zuckende Bewegungen. Sie kann auch schwimmen und tauchen.

Ihre Anwesenheit ist am ehesten durch ihre Lautäußerungen festzustellen.

Eiergröße:
31,9 bis 40,0 × 23,5 bis 27,6 mm

Länge:
28 cm

Männchen und Weibchen sind gleich gefärbt

Ruf:
„krruih" ein oft wiederholtes „Pit" während der Balz „köp-köp-köp..." dann glockenhelles „Köp-köp-köp-kep-kep-kip-kip-kirrr"

Zugvogel
Standvogel

Tüpfelsumpfralle

Tüpfelsumpfhuhn · *Porzana porzana*

Auch dieser Vogel gehört zu den heimlichen Gesellen, die sich in Sumpfdickichten, im Schilf oder sonstiger Ufervegetation verborgen halten. Selbst während der Zugzeit ist sie kaum zu sehen, da sie dann nachts fliegt.

Dennoch ist die Tüpfelsumpfralle gebietsweise häufig. Man muß ihre Stimme kennen, um ihr Vorkommen ermitteln zu können.

Die Tüpfelsumpfralle nistet in fast ganz Europa mit Ausnahme der nördlichsten Gebiete. In Spanien, Portugal und Irland kommt sie jedoch nicht vor. Ihre Heimat verläßt sie im September bis Oktober und überwintert in Südwesteuropa, im Mittelmeergebiet, aber vor allem in Nordwest- und Ostafrika.

Mitte April kehren die Tüpfelsumpfrallen zu ihren Niststätten zurück. Ihre Nester bauen sie im Mai bis Juni, seltener schon Ende April, und im Juni bis Juli nisten sie ein zweites Mal. Das aus Schilf- und Rohrhalmen gebaute Nest liegt gut versteckt im dichten Röhricht. Das Weibchen legt meistens 8 bis 12 Eier, die es abwechselnd mit dem Männchen 18 bis 21 Tage bebrütet. Die Jungen bleiben nur einen oder zwei Tage im Nest und laufen dann im Schutz der dichten Vegetation in der Umgebung umher. Die Eltern bringen ihnen die Nahrung im Schnabel. Sie besteht in der Regel aus Insekten und deren Larven, Würmern und Spinnen. Auch wenn die Jungen aus dem zweiten Gelege geschlüpft sind, halten sich die Jungen aus dem ersten noch in der Nähe ihrer Eltern auf.

Ruf:
zur Nistzeit pfeifendes „Huit" vor allem nach Eintritt der Dämmerung und nachts

Länge:
23 cm

Männchen ähnlich gefärbt wie das Weibchen

Eiergröße:
29,1 bis 37,5 × 21,7 bis 26,8 mm

Groß wie eine Amsel

Zugvogel

Wiesenralle

Wiesenschnarre, Wachtelkönig · *Crex crex*

Die Wiesenralle ist öfter zu hören als zu sehen. Ihr Ruf erinnert an das Kratzen eines Kammes über eine Zündholzschachtel. Im Volksmund nennt man sie auch „Schnerz" oder „Wiesenknarrer". Auch hielt man sie für den Beherrscher der Wachteln; daher die Bezeichnung „Wachtelkönig"

Sie erscheint bei uns Mitte Mai und sucht im Gegensatz zu ihren Verwandten neben hochwüchsigen Wiesen und Sumpfgebieten mit üppiger Vegetation auch trockene Stellen in Feldern und Wiesen auf. Ihre besondere Stimme kann man meist nach Eintritt der Dunkelheit, in warmen Nächten oder vor der Morgendämmerung hören. Anfang Juni scharrt sie an einer verborgenen Stelle eines Feldes oder einer Wiese am Boden eine einfache Mulde aus, die sie mit Blättern und Grashalmen auspolstert.

In dieses Nest legt das Weibchen meist 6, manchmal auch bis 18 Eier, die von beiden Eltern abwechselnd in 19 bis 21 Tagen ausgebrütet werden. Die Jungen sind beim Schlüpfen ganz schwarz und verlassen das Nest schon am zweiten Lebenstag. Sie halten sich dann in der Nähe des Nestes auf; die Eltern bringen ihnen die Nahrung – Raupen, Käferlarven, kleine Spinnen – und die Jungen nehmen die Happen aus ihren Schnäbeln. Wenn sie älter werden, suchen sie schon selbst am Boden verschiedene Insekten, Würmer und seltener auch Samenkörner. Da die Wiesenralle einen seitlich abgeflachten Körper hat, kann sie sich zwischen den dichtstehenden Getreidehalmen gut und rasch fortbewegen.

Sie ist bei uns überwiegend ein Sommervogel.

Eiergröße:
31,4 bis 41,6 × 24,1 bis 29,0 mm

Länge:
26,5 cm
♂ = ♀

Ruf:
„rerrp rerrp rerrp..."
nachts weit hörbar

Zugvogel

Teichhuhn

Teichralle · *Gallinula chloropus*

Von dem Bläßhuhn (88) unterscheidet es sich durch den auffallend roten Schnabel mit dem gleichfalls roten Stirnschild und durch die grünen Beine, weshalb es stellenweise auch als „grünfüßiges Teichhuhn" bezeichnet wird.

Das Teichhuhn ist in ganz Europa häufig, mit Ausnahme der nördlichsten Gebiete. Die Populationen in den östlichen und nördlichen Teilen Europas sind Zugvögel.

Oft schon Mitte März kehren die Teichhühner zu ihren Niststätten zurück. Sie leben auf vegetationsreichen Seen, Teichen und langsam fließenden Gewässern. Beim Schwimmen machen sie mit dem Schwanz zuckende Bewegungen. Beide Partner bauen das aus trockenen Schilf- und Rohrhalmen geflochtene Nest. Das Paar nistet zum ersten Mal im April bis Mai, ein zweites Mal im Juni und Juli, und in Ausnahmefällen noch ein drittes Mal im August. Das Weibchen legt gewöhnlich 6 bis 8, seltener noch mehr Eier, die es abwechselnd mit dem Männchen 19 bis 22 Tage bebrütet. Die ersten zwei bis drei Tage nach dem Schlüpfen bleiben die Jungen, die schwarz gefärbt sind und einen rötlichen Kopf haben, im Nest und werden von den Eltern gefüttert. Dann schwimmen sie bereits mit den Eltern, halten sich jedoch immer im dichten Pflanzenwuchs versteckt. Die Altvögel bringen ihnen Insekten und deren Larven, Spinnen, kleine Weichtiere und auch die zarten Blätter der Wasserlinse. Im Herbst fressen die erwachsenen Vögel auch kleine Samen.

Das Teichhuhn verläßt nur ungern das schützende Röhricht und fliegt deshalb auch nur auf, wenn es gestört wird und fliehen muß.

Ruf:
„kürrk" oder Laute wie „dack-dack"

Länge:
33 cm

Männchen und Weibchen sind gleich gefärbt

Eiergröße:
36,2 bis 54,0 × 26,0 bis 34,2 mm

Standvogel
Strichvogel
Zugvogel

Bläßhuhn

Schwarzes Wasserhuhn · *Fulica atra*

Ein Vogel, dessen Zahl ständig zunimmt, da die natürlichen Feinde – vor allem die Greifvögel – fehlen, die seinen Bestand normalerweise dezimierten. Überall wo Wasser ist, draußen in der freien Wildbahn wie auf städtischen Gewässern, erblickt man die dunklen Gestalten mit der weithin leuchtenden weißen Stirnplatte.

Das Bläßhuhn bewohnt ganz Europa mit Ausnahme der nördlichsten Gebiete. Aus Ost- und Nordeuropa zieht es im Oktober bis November in südwestlicher Richtung, die Populationen der übrigen Teile Europas sind Stand- oder Strichvögel. Im Winter hält sich das Bläßhuhn, oft in sehr großen Schwärmen, auf eisfreien Flüssen oder Seen auf.

Die Bläßhühner kehren im März zu ihren Niststätten zurück. Die einzelnen Paare beziehen ihre Brutreviere und beginnen im Röhricht, in Schilf- oder Riedgrasbeständen mit dem Nestbau. Das Nest liegt auf dem Wasser, oft schwimmt es auf der Wasseroberfläche, und aus dem Wasser führt zum Nest eine Brücke aus langen Schilfhalmen. Es besteht aus Stengel- und Blattstückchen, und manchmal bauen die Vögel aus abgebrochenen Pflanzenstengeln über das Nest eine Art Dach. Das Weibchen legt in der Regel 6 bis 9 Eier, die es abwechselnd mit seinem Partner 21 bis 22 Tage bebrütet. Die Jungen sind ebenfalls schwarz und leicht an dem orangeroten Köpfchen zu erkennen.

Das Bläßhuhn ernährt sich vor allem von grünen Pflanzenteilen, im Herbst von Samen, zur Nistzeit fressen die Vögel auch kleine Wirbeltiere.

Suchen sie Land auf oder schwimmen sie dicht vor uns in klarem Wasser, so können wir deutlich die „Lappen“ an ihren dunklen Schwimmfüßen erkennen.

Standvogel
Strichvogel

Eiergröße:
40,0 bis 61,0 × 31,2 bis 40,6 mm

Länge:
38 cm

Männchen und Weibchen sind gleich gefärbt

Ruf:
helles „Köw“ oder „Kröw“ auch kurzes scharfes „Pix“

Großtrappe

Otis tarda

Sie ist unser größter einheimischer Vogel, der sich auch bei uns als Steppenbewohner erweist, den wir vor allem in unseren baum- und buschlosen „Kultursteppen", den weiten Getreidefeldern und Anbaugebieten, vorfinden. Trotzdem ist er im Gelände kaum zu entdecken. Sein bodenfarbenes Gefieder tarnt ihn. Nur wenn die Männchen im zeitigen Frühjahr balzen, sich spreizen und aufblasen wie die Truthähne und dabei die sonst unsichtbare weiße Befiederung hervorkehren, werden sie zu hellen, weithin sichtbaren Punkten in der Landschaft. Um diese Zeit führen sie erbitterte Kämpfe um die Weibchen.

Sie lebt in den Steppen Westasiens, Kleinasiens und im nordwestlichen Afrika, aber auch in einigen Ebenen Mitteleuropas, zum Beispiel in der Umgebung Berlins, in Ungarn und der ehemaligen Tschechoslowakei. In früheren Zeiten war sie in Europa viel mehr verbreitet und im 18. Jahrhundert lebte sie auch noch in England. Sie bleibt in den Wintermonaten in ihrer Heimat, bildet zu dieser Zeit kleine Schwärme und hält sich auf Feldern und Wiesen auf.

Das Weibchen scharrt im April oder Mai im Getreide oder in hohem Gras eine flache Mulde aus, die es nur spärlich auspolstert und in die es meist 2 Eier legt. Es brütet 25 bis 28 Tage. Die fleckigen Jungen sind sehr selbständig und ernähren sich vor allem von Insekten, später auch von Pflanzen. Die erwachsenen Vögel fangen hin und wieder auch ein kleines Wirbeltier. In den meisten europäischen Ländern steht die Großtrappe heute unter Naturschutz.

Trappen sind wachsam und mißtrauisch. Sonst hätten diese großen Vögel kaum überleben können. Man sagt, sie hätten auf jeder Feder ein Auge. Dabei kann sie offenbar den für sie harmlosen Landmann von einem bewaffneten Jäger unterscheiden.

♂

Ruf:
gedämpfte muhende Laute

Länge:
♂ 102 cm
♀ 80 cm

Flügelspannweite:
bis 240 cm
♂ = ♀

Gewicht:
♂ bis 15 kg
♀ 4 bis 6 kg

Eiergröße:
69,0 bis 89,5 × 51,5 bis 63,1 mm

Groß wie ein Storch
jedoch niedrigere Beine

Standvogel
Strichvogel

Austernfischer

Haematopus ostralegus

Kein Strandwanderer kann die schwarz-weißen Vögel mit den langen roten Schnäbeln und Beinen übersehen. Mit ihren weithin vernehmbaren Stimmen sind sie auch häufig zu hören. Der Austernfischer belebt durch sein auffallendes Wesen alle Küsten Europas.

Von den Britischen Inseln und Dänemark südwärts ist er ein Standvogel. Nur aus den nördlichen Gebieten zieht er gewöhnlich zum Überwintern nach Südeuropa und an die Küste Nordafrikas. Außerhalb der Nistzeit bildet er Scharen. Die Vögel laufen gemeinsam in flachem Wasser oder auf den schlammigen oder sandigen Ufern der Gewässer umher und suchen Nahrung. Im Frühling findet die Balz statt, wobei einige Vögel hinter- oder nebeneinander herlaufen und ständig laute Triller ausstoßen. Die einzelnen Paare belegen dann ihre Nistreviere, die nicht sehr groß sind, von den Vögeln aber erbittert gegen Eindringlinge verteidigt werden. Das Nest wird fast immer nahe am Wasser gebaut. Es ist eine flache Grube, die mit kleinen Muscheln, Muschelbruch und auch Blättern und Grashalmen ausgepolstert ist. Das Weibchen legt 2 bis 4 Eier. Beim Brüten wechseln sich beide Partner ab. Die Jungen schlüpfen nach 26 bis 28 Tagen und bleiben einen halben bis zwei Tage in der Nistgrube. Anfangs werden sie von den Alten mit Nahrung versorgt, müssen sich aber bald selbst darum kümmern. Sie ernähren sich von Weichtieren, Würmern und Insekten. Die Vögel stechen mit ihren langen Schnäbeln oft in den Schlamm oder Sand und nehmen von dort kleine wirbellose Tiere auf. Oft picken sie Schneckengehäuse aus und öffnen auch die Schalen von Muscheln.

Eiergröße:
47,7 bis 70,1 × 32,8 bis 48,9 mm

Länge:
43 cm

Männchen und Weibchen gleichfarbig

Ruf:
lautes „pik-pik-pik"
während der Balz pfeifende Töne

Groß wie eine Taube

Standvogel
Zugvogel

Kiebitz

Vanellus vanellus

Er ist ein Charaktervogel von Wiese, Moor und Viehkoppel – ein lebhafter Geselle, der nicht nur durch seine Gestalt auffällt, sondern auch durch seinen lebhaften Flug und den Ruf, aus dem man seinen Namen heraushören kann. Er ist in ganz Europa häufig, in Spanien und Italien jedoch nur Wintergast. Unsere Kiebitze ziehen in der Zeit von August bis Oktober nach Südwesteuropa und Nordwestafrika, die Populationen aus Süd- und Westeuropa sind Standvögel.

Der Kiebitz kehrt manchmal schon Ende Februar, häufiger im März zu seinen Niststätten zurück, wovon ihn auch später Schneefall nicht abhalten kann. Kiebitze sind gewandte Flieger, die man im Frühjahr bei ihren Hochzeitsflügen beobachten kann. Ende März, im April, manchmal im Mai baut der Kiebitz auf einer Wiese oder einem Feld in einer flachen Bodenmulde sein schütter mit Blättern, Halmen oder kleinen Zweigen ausgepolstertes Nest.

Das Weibchen legt, wie alle Regenpfeifer, meistens 4 Eier, die es abwechselnd mit dem Männchen 24 bis 28 Tage bebrütet. Die gefleckten Jungen bleiben einen oder zwei Tage im Nest und halten sich dann in der Umgebung auf. Nach 5 Wochen fangen die jungen Kiebitze an zu fliegen und schließen sich zu größeren Schwärmen zusammen, die bis zum Abflug in die Winterquartiere herumstreichen.

Der Kiebitz ernährt sich von Insekten und deren Larven, Spinnen, Weichtieren und kleinen Pflanzenteilen.

Streicht er dicht an uns vorüber, so vernehmen wir seinen zuckenden Flügelschlag als wuchtelndes Geräusch, das man mit dem einer kleinen Lokomotive verglichen hat, die Dampf abläßt.

Ruf:
glockenhelles „Kieh-wit"
während der Balz Laute wie
„chärrchui quiqui knui"

Länge:
32 cm

Männchen und Weibchen
sind gleich gefärbt

Eiergröße:
37,8 bis 60,4 × 27,8 bis
36,1 mm

Zugvogel
Standvogel

Sandregenpfeifer

Charadrius hiaticula

Zu den kleineren Charaktervögeln unserer Küsten gehören zwei Regenpfeifer: der Sand- und der Seeregenpfeifer. Der Sandregenpfeifer ist an der Ostseeküste häufiger. Er hat einen Halsring, der deutlich durch ein schwarzes Kropfband abgegrenzt ist. Sein Schnabel ist gelblich mit schwarzer Spitze. Auch die Füße sind gelb.

In Europa nistet er in Skandinavien, Finnland, Russland, Island, Großbritannien, Deutschland, Dänemark, Holland, Belgien und Frankreich. Selten brütet er auch im Binnengebiet Mitteleuropas. In Großbritannien ist er gewöhnlich ein Standvogel. Aus den anderen Gebieten zieht er nach Süden und überwintert vor allem in Südosteuropa und Nordafrika. Im April oder Mai kommt er in Scharen am Nistplatz an. Bald darauf bilden sich Paare, wobei interessant ist, daß erst die Weibchen und dann die Männchen anfliegen und danach die Balz beginnt. Die einzelnen Paare nehmen ihre Nistreviere ein. Es sind oft die gleichen wie im Vorjahr. Das Männchen legt mehrere Nester an, von denen sich das Weibchen eins auswählt. Es sind nur flache Vertiefungen, die auf Sandgrund zwischen Steinen, meistens nahe am Wasser, liegen. Im Mai bis Juni, oder auch erst im Juli, legt das Weibchen in der Regel 4 Eier. Beide Partner wechseln sich beim Brüten 23 bis 26 Tage lang ab. Die Jungen verlassen sofort, nachdem sie trocken sind, die Nestmulde. Sobald sie flügge sind, streichen sie in Scharen weit in der Umgebung umher. Im Herbst fliegen zuerst wieder die Weibchen ab. Der Sandregenpfeifer ernährt sich vor allem von Insekten und deren Larven, von Würmern, kleinen Schalen- und Weichtieren.

Eiergröße:
32,0 bis 39,6 × 22,8 bis 28,5 mm

Länge:
19 cm

Männchen und Weibchen gleichfarbig

Ruf:
melodischer Ruf wie „Tüi"
während der Balz wiederholtes „quitu-wiu"

Zugvogel
Standvogel

Flußregenpfeifer

Charadrius dubius

Sein Anblick im Laufen ist erheiternd. In steifer Haltung schnurrt er auf dem Boden so schnell dahin, daß die Augen den Bewegungen der Füßchen nicht folgen können – wie ein aufgezogenes kleines Spielzeug. Von der Gruppe der Halsbandregenpfeifer ist er der einzige, der nicht nur an der Küste, sondern auch überall im Binnenland an größeren Gewässern vorkommt. Er ist in ganz Europa mit Ausnahme der nördlichsten Gebiete zu Hause. Er verläßt seine europäischen Niststätten im August oder September und überwintert in Afrika bis hin zum Äquator.

Mitte April bis Anfang Mai kehrt er in der Regel zu seinen Niststätten zurück. Sein Nest ist eine flache Mulde im Boden, die er mit seinem Körper aushöhlt, wobei er angeschwemmten Kies und Geröll bevorzugt. Wenn die Nistmulde an einer sumpfigen Stelle liegt, legt er sie mit Steinchen, kleinen Muscheln oder Holzstückchen und Halmen aus. Dadurch paßt sich das Nest vorzüglich seiner Umgebung an und kann nicht so leicht entdeckt werden. Beide Partner bebrüten die 4 Eier, die das Weibchen im April bis Mai, und dann nochmals im Juni bis Juli legt, 22 bis 26 Tage. Die Jungen verlassen das Nest sofort nach dem Trockenwerden und folgen den Eltern. Mit 21 Tagen sind sie flugfähig.

Die Flußregenpfeifer fressen Insekten und deren Larven, Würmer, Spinnen, Weichtiere und kleine Krustentiere. Ihre Nahrung suchen sie in sumpfigem Boden, wo sie umherlaufen und mit den kleinen Ständern aufstampfen, um die im Boden versteckten Wirbellosen hervorzujagen.

Seine Stimme läßt er weniger am Tage als in der Dämmerung und bei Nacht vernehmen.

Ruf:
pfeifendes „Diü" bei Erregung etwa „gigigig"

Länge:
15 cm

Männchen und Weibchen sind gleich gefärbt

Eiergröße:
25,5 bis 35,5 × 20,9 bis 24,9 mm

Zugvogel

Goldregenpfeifer

Pluvialis apricaria

Die seidenglänzenden gelben Flecke auf dem Rükkengefieder des Prachtkleides schimmern bei entsprechender Beleuchtung wie Gold.

Der Goldregenpfeifer ist ein Bewohner Islands, Skandinaviens, Finnlands, Großbritannien, Irlands und des nördlichen Russlands. Stellenweise nistet er noch in Dänemark, in Deutschland und Holland. Aus dem Norden zieht er im Herbst und im Frühling durch Mitteleuropa, um in Südeuropa und Nordafrika oder auch in Vorderasien zu überwintern. Während des Durchfluges halten sie sich in Scharen auf Feldern auf. Nachdem sie Ende März bis April zu ihren Niststätten, die in offenen, morastigen Landstrichen und Sumpfgebieten liegen, zurückgekehrt sind, lösen sich die Gemeinschaften in einzelne Paare auf, die dann ihren Nistplatz belegen. Das Nest wird in einer Vertiefung gebaut und mit Halmen, Blättern und kleinen Ästchen ausgepolstert. Das Weibchen legt gewöhnlich vier Eier und wird beim Brüten zeitweilig vom Männchen abgelöst. Der Partner, der gerade nicht auf dem Nest sitzt, hält sich in der Nähe auf, bewacht sorgfältig die Umgebung, warnt den brütenden Vogel vor Gefahren und versucht notfalls, die Aufmerksamkeit auf sich zu lenken. Die Jungen schlüpfen gewöhnlich nach 27 Tagen aus. Dem Goldregenpfeifer dienen vor allem kleine wirbellose Tiere als Nahrung.

Der Goldregenpfeifer ist ein Kulturflüchter. Noch Ende des vorigen Jahrhunderts brütete er in den Heidegebieten Norddeutschlands. Aber er konnte sich deren Kultivierung nicht anpassen und ist dort nahezu verschwunden.

Eiergröße:
45,5 bis 56,3 × 33,2 bis 38,3 mm

Länge:
28 cm

Männchen und Weibchen gleichfarbig, im Winterkleid ohne schwarze Färbung

Ruf:
flötend „tlüh" während der Balz „tirr-piu"

Zugvogel

Steinwälzer

Arenaria interpres

Der Steinwälzer hat seinen Namen daher, daß er Insekten, Würmer, Spinnen, Krebse und anderes Kleingetier unter Steinchen oder was sonst am Strande herumliegt, hervorsucht, wobei er alles geschickt „umwälzt“. Seine Heimat ist die gesamte skandinavische und finnische Küste, auch Nordsibirien, das arktische Nordamerika und Grönland. Während des Zuges kann man ihn in ganz Europa antreffen. Er überwintert an der Küste West- und Südwesteuropas und Nordafrikas. Einige Exemplare unternehmen sogar Reisen bis nach Australien und Südamerika. Die Steinwälzer verlassen die Heimat schon Ende Juli, meistens jedoch im August oder September. Zu den Nistplätzen kehren sie im April, Mai zurück. Die am weitesten nördlich gelegenen Stellen suchen sie oft erst im Juni auf. Sie siedeln auf felsigen Inseln und an der Küste, in arktischen Gebieten auch auf Flußinseln. Das Nest wird in Wassernähe angelegt. Es besteht aus einer Mulde, die mit trockenem Pflanzenmaterial ausgepolstert ist. Das Weibchen legt im Mai oder Juni, im hohen Norden auch oft erst im Juli, gewöhnlich vier Eier. Beide Partner lösen sich beim Brüten ab, wobei das Weibchen gegen Ende der Inkubationszeit die Brutpflege nur dem Männchen überläßt, das sich dann auch um die Jungen kümmert. Noch häufiger wurde aber festgestellt, daß die Jungen von beiden Eltern ausgeführt werden. Die Jungen schlüpfen nach 23 bis 24 Tagen.

Ruf:
scharf markant „tük-e-tük“ oder „khikhikikikik“

Länge:
23 cm

Das Weibchen ist nicht so ausdrucksvoll gezeichnet Im Winter verschwindet die rostige Färbung

Eiergröße:
36,0 bis 44,6 × 26,0 bis 31,3 mm

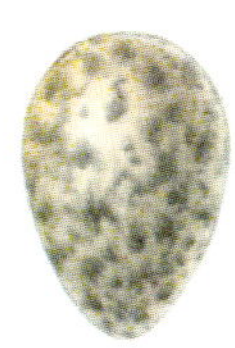

Zugvogel

Bekassine

Heerschnepfe, Himmelsziege · *Gallinago gallinago*

„Himmelsziege" oder „Meckerschnepfe" wird sie im Volksmunde genannt. Und in der Tat läßt sie bei ihrem Balzfluge ein ziegenartiges Gemecker ertönen. Diese Töne erzeugt sie jedoch nicht mit der Stimme, sondern durch das Vibrieren der Schwanzfedern.

Die kleine Bekassine bewohnt ganz West-, Mittel-, Ost- und Nordeuropa. Von Mitte August bis in den Oktober hinein zieht sie aus den Nistrevieren nach Afrika, bis nach Uganda im Süden. Viele dieser Vögel überwintern jedoch schon in Südwest-, Süd- und Westeuropa, wo die Populationen zum Teil Standvögel sind.

Die Bekassine kehrt im März bis April zu ihren Niststätten auf sumpfigen und feuchten Wiesen in der Nähe von Teichen und Seen zurück. Stellenweise ist sie sehr zahlreich vertreten. Im April bis Mai, manchmal auch erst im Juni, baut sie in einer im Gras oder Riedgras gelegenen Mulde ihr Nest aus trockenen Halmen und langen Blättern.

Das Weibchen legt 4 schöngefärbte Eier, die es allein 19 bis 21 Tage bebrütet. Die Jungen verlassen bald nach dem Schlüpfen das Nest und leben versteckt im hohen Gras der Umgebung. Sie sind braunschwarz und weiß gefleckt und entgehen wegen dieser Schutzfärbung der Aufmerksamkeit ihrer Feinde. Um die Jungen kümmern sich gemeinsam beide Altvögel. Während der ersten Lebenstage der Jungen bringen sie ihnen oft die Nahrung im Schnabel. Im Alter von 20 Tagen beginnen die Jungen mit ihren ersten Flugversuchen. Im Herbst schließen sich die Bekassinen zu Schwärmen zusammen.

Ihre Nahrung besteht vor allem aus Insekten und deren Larven, auch aus kleinen Weichtieren, Würmern, Spinnen und anderen Wirbellosen. Die Bekassine gehört zu den Jagdvögeln.

Eiergröße:
35,0 bis 42,9 × 26,3 bis 31,0 mm

Länge:
26,5 cm

Männchen und Weibchen sind gleich gefärbt

Ruf:
am Boden Laute wie „ticke ticke ticke"
♂ während der Balz wie „huhuhu"

Zugvogel
Standvogel

Waldschnepfe

Scolopax rusticola

Den „Vogel mit dem langen Gesicht" nennen ihn die Jäger. „Oculi, da kommen sie" – rufen die Hubertusjünger begeistert, wenn der sogenannte „Schnepfenstrich" zur Zeit des Frühjahrszuges einsetzt.

Im Gegensatz zu den meisten anderen Schnepfenarten, die feuchte, offene Landschaften bevorzugen, liebt die Waldschnepfe – wie schon ihr Name sagt – die Bestände lichter Laub- und Mischwälder.

Sie ist in ganz Europa mit Ausnahme seiner nördlichsten Gebiete beheimatet. In West- und Südwesteuropa ist sie ein Standvogel, aus den übrigen Teilen Europas zieht sie in der Zeit von Mitte September bis Oktober in das Mittelmeergebiet, wo sie überwintert. Aus Mitteleuropa ziehen die Populationen vor allem nach Spanien und Frankreich.

Mitte März bis April kehren die Waldschnepfen wieder in ihre Heimat zurück.

Bei der Balz sitzt das Weibchen am Boden und lockt das Männchen durch Ausbreiten der Schwanzfedern mit einem auffallenden weißen Fleck. Es läßt dabei einen ganz besonderen Ruf hören.

Im April, oft ein zweites Mal im Juni, legt das Weibchen in eine flache, mit wenig Laub und Moos ausgepolsterte Bodenmulde 4 Eier, die es allein 20 bis 23 Tage bebrütet. Sobald die geschlüpften Jungen trocken sind, verlassen sie das Nest und folgen ihrer Mutter. Die Waldschnepfe sucht ihre Nahrung am Boden, wo sie Insekten und ihre Larven, Weichtiere und Würmer findet. Besonders empfindliche Tastkörperchen am Schnabel ermöglichen ihr, auch unsichtbare Beute im Boden aufzuspüren. Der lange, empfindsame Schnabel hat ihr zu dem eingangs erwähnten „langen Gesicht" verholfen.

Ruf:
das Männchen gibt während der Balz rauhe tiefe Laute von sich

Länge:
34 cm

Männchen und Weibchen sind gleich gefärbt
Die Jungvögel haben rotbraune Streifen

Gewicht:
etwa 300 g

Eiergröße:
40,1 bis 49,0 × 31,6 bis 36,4 mm

Standvogel
Zugvogel

Großer Brachvogel

Numenius arquata

Der Große Brachvogel ist unser größter Schnepfenvogel, hat aber – so Richard Gerlach – „eine melodischere und klangvollere Stimme als die meisten Singvögel." Er ist ein auffallender und im Gelände erfreulich leicht zu bestimmender Vogel: sein langer, abwärts gebogener Sichelschnabel verrät ihn sofort. Auf seinen hohen Ständern wirkt er noch größer, als er eigentlich ist.

Der Große Brachvogel ist an der skandinavischen Küste, in Großbritannien, Irland, Westfrankreich, Mittel-, Ost- und Südosteuropa und auch in Nordwest- und Mittelasien verbreitet. Ein großer Teil der Großen Brachvögel überwintert in Westeuropa und an der Küste des Mittelmeers. Einige Exemplare ziehen bis nach Ost- und Südafrika. Die westeuropäischen Populationen sind meistens Standvögel. Sein typischer Biotop sind Moore, nasse Wiesen, Moraste und Sanddünen, aber auch Steppengebiete, in denen es Wasser gibt. Er kommt Ende März am Nistplatz an und baut sein Nest in hohen Grasbüscheln. Das Nest, es sind oft einige Nistmulden in der Umgebung, wird vom Männchen angelegt. Das Weibchen legt im April bis Mai gewöhnlich vier Eier. Beim Brüten wechseln sich beide Partner 26 bis 30 Tage ab. Nach einem halben Tag sind die Jungen trocken und verlassen das Nest. Die Nahrung des Großen Brachvogels besteht aus Würmern, Weichtieren, Spinnen, Insekten und gegebenenfalls auch aus kleinen Kaulquappen. Er frißt darüber hinaus auch Grünteile von Pflanzen.

Groß wie eine Ente

Zugvogel
Standvogel

Eiergröße:
56,2 bis 78,6 × 41,7 bis 55,1 mm

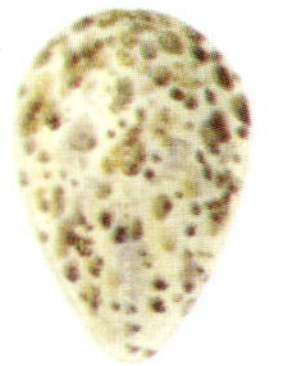

Länge:
53 bis 58 cm

Männchen und Weibchen gleichfarbig

Ruf:
flötendes Rufen wie „tlaüh" das ganze Jahr über zu hören

Regenbrachvogel

Numenius phaeopus

Er ist kleiner als der Große Brachvogel, sein Schnabel ist kürzer und auch nicht ganz so schwungvoll gebogen. Sein dunkler Oberkopf zeigt deutlich einen hellen Mittelstreif, einen „Scheitel". Im Gegensatz zum Großen Brachvogel kennen wir ihn nur als Durchzügler. Denn seine Heimat ist Nordskandinavien, Nordfinnland, der nördliche Teil der Baltstaaten, Island, die Färöer Inseln und Schottland. Außerhalb Europas ist er auch in Sibirien und Nordamerika verbreitet. Er lebt an der Küste und im Binnenland in Tundren und moorigen Sümpfen. Er überwintert in Nordwest-, Ost-, und Südafrika, auch in Südasien und seltener auch an der spanischen Küste. Er verläßt die Nistplätze oft schon Ende Juli, meist aber im August, September und taucht zu dieser Zeit vereinzelt auch auf den Schlammböden entleerter Fischteiche, auf Wiesen oder Feldern und an Gewässern im Inneren Mitteleuropas auf. Mitte April bis Mai kehrt er zu den Nistplätzen zurück und legt sein Nest in einer flachen Grube so an, daß es gut zwischen den Büscheln von Gras, Heidekraut oder anderen Pflanzen versteckt liegt. Die Mulde wird mit Grashalmen, Moos und Flechten ausgepolstert. Das Weibchen legt von Mitte Mai an oder im Juni, selten noch im Juli, gewöhnlich vier Eier. Beide Partner lösen sich 21 bis 25 Tage beim Brüten ab. Die Jungen verlassen, wenn sie trocken sind, das Nest und verstecken sich in der Umgebung. Sie werden von den Eltern ausgeführt und beschützt. Der Regenbrachvogel ernährt sich von Insekten und deren Larven, von Würmern, Weichtieren und Spinnen. Gelegentlich frißt er auch Pflanzenkost.

Ruf:
flötende Töne wie „traüih"
auch „wiwiwiwi"

Länge:
41 cm

Männchen und Weibchen gleichfarbig

Eiergröße:
52,0 bis 65,1 × 36,0 bis 45,0 mm

Zugvogel

Uferschnepfe

Schwarzschwänzige Pfuhlschnepfe · *Limosa limosa*

Die Uferschnepfe, ein stattlicher Regenpfeifervogel, lebt in Osteuropa, den nördlichen Gebieten Deutschlands, in Dänemark, Holland und Belgien, im Südzipfel Schwedens, in Island, Südostengland und Westfrankreich und in der letzten Zeit häufig auch in Mitteleuropa. Ende Juli und im August zieht sie in ihre Winterquartiere, vor allem in das Mittelmeergebiet, aber auch an die Küsten Westeuropas.

Im März bis April kehren die Uferschnepfen in kleinen Schwärmen zu ihren Niststätten zurück. Sie bevorzugen Torfmoore und große Wiesen bei Teichen und Seen. Im April oder Mai bauen diese Vögel in einer flachen Bodenmulde ihr einfaches, im Gras verstecktes Nest, das sie dürftig mit Halmen und Blättchen auspolstern.

Das Weibchen legt 4 gefleckte Eier, die durch ihre Färbung gut getarnt sind und bebrütet sie abwechselnd mit dem Männchen 24 Tage. Die Jungen verlassen bald nach dem Schlüpfen das Nest und halten sich in seiner Umgebung im Gras verborgen.

Die Nahrung der Uferschnepfe besteht aus Insekten und deren Larven, Würmern, Weichtieren, Spinnen, kleinen Krustentieren und anderen Wirbellosen. Nach dem Nisten halten sich die Uferschnepfen an sumpfigen Stellen der Umgebung auf.

Bei Gefahr verbirgt sie sich nicht, sondern bleibt stehen und streicht dann ab, wobei wir sie gut beobachten können. Im Fluge streckt sie Hals und Beine aus und erinnert dadurch an einen kleinen Storch.

Eiergröße:
45,3 bis 63,9 × 32,4 bis 41,3 mm

Länge:
40,5 cm

Männchen und Weibchen sind gleich gefärbt

Ruf:
öfters wiederholtes „Greta greta"

Groß wie eine Taube

Zugvogel

Dunkler Wasserläufer

Tringa erythropus

Wenn er uns auf dem Durchzug besucht, verdient er seinen Namen nicht mehr so recht. Denn nur zur Brutzeit ist sein Federkleid so dunkel, wie auf der Abbildung. In seinem Ruhekleid ist er erheblich heller.

Der Dunkle Wasserläufer bewohnt den Norden Skandinaviens und Finnlands, den nordeuropäischen Teil Russlands und die östlichen Gebiete bis nach Kamtschatka. Die nordeuropäischen Populationen überwintern vor allem im Mittelmeergebiet und teilweise auch an den Küsten Westeuropas. Während der Zeit des Zuges, das heißt von August bis Oktober, kann man im Binnenland Mitteleuropas an schlammigen Teich- und Seeufern kleine Scharen dieser Vögel antreffen. Im April bis Mai kehren sie zurück. Es kann aber vorkommen, daß man manchmal noch im Juni oder Juli in Mitteleuropa Vögel antrifft, die nicht nisten. Der Biotop des Dunklen Wasserläufers sind offene Lagen an Waldrändern, im Heideland, in der Nähe von Wasser. Die Vögel bauen ihr Nest in einer flachen Vertiefung und polstern es nur spärlich mit Pflanzenmaterial aus. Im Mai bis Juni legt das Weibchen gewöhnlich vier Eier. Beim Brüten wechseln sich beide Partner ab. Die Jungen schlüpfen nach etwa drei Wochen aus, verlassen das Nest sofort, nachdem sie trocken sind. Wenn die Jungvögel selbständig geworden sind, schließen sie sich zu Scharen zusammen. Ihre Nahrung suchen sie an seichten Stellen im Schlamm, wo sie bis zum Bauch im Wasser umherwaten. Bei starkem Wind halten sie sich auf dem vom Wind abgekehrten Ufer auf und suchen in der Brandung ihre Beute. Sie fressen vor allem kleine Weichtiere.

Ruf:
lautes „tjuit" auch „tjik-tjik-tjik"

Länge:
30,5 cm

Männchen und Weibchen gleichfarbig

Eiergröße:
42,0 bis 51,5 × 30,0 bis 34,0 mm

Groß wie eine Turteltaube

Zugvogel

Rotschenkel

Sumpfwasserläufer · *Tringa totanus*

Der Rotschenkel ist einer unserer häufigsten Schnepfenvögel. Sein flötenartiges „Djüü" ist fast überall zu hören, wo feuchtes Wiesengelände, Moore, schlammige Ufer und Strände ihm Nahrung versprechen. Er überwintert vor allem im Mittelmeergebiet und an den westeuropäischen Küsten, wohin er im Juli bis September fortzieht. In England ist er ein Standvogel.

Mitte März bis April kehrt der Rotschenkel zu seinen Niststätten zurück. Sein nur schütter mit trokkenen Halmen und Blättern ausgepolstertes Nest baut er sorgfältig versteckt in einer flachen Bodenmulde.

Das Weibchen legt im April bis Mai, manchmal erst im Juni, 4 Eier, die es abwechselnd mit dem Partner 22 bis 25 Tage bebrütet. Die Jungen verlassen das Nest bereits am zweiten Lebenstag und halten sich dann in der Umgebung auf. Sie werden von beiden Altvögeln betreut, suchen aber selbst ihr Futter. Schon nach 25 Tagen beginnen die ersten Flugversuche und im Alter von 40 Tagen sind sie schon erwachsen. Dann halten sie sich in der Nähe von sumpfigen Teich- und Flußufern auf und bereiten sich, soweit sie nicht Standvögel sind, auf ihren Zug in die Winterquartiere vor.

Die Rotschenkel ernähren sich von Insekten und deren Larven, Spinnen, Würmern, kleinen Weichtieren und anderen Wirbellosen. Gelegentlich fressen sie auch grüne Pflanzenteile.

Er watet im seichten Wasser, ist aber zugleich ein guter Schwimmer.

Eiergröße:
38,6 bis 50,6 × 25,7 bis 33,5 mm

Länge:
28 cm

Männchen und Weibchen sind gleich gefärbt

Ruf:
flötenartiges „Djüü" bei Gefahr mehrmals wiederholtes „Gip gip"

Groß wie eine Turteltaube

Zugvogel
Standvogel

Grünschenkel

Tringa nebularia

Sein Schnabel ist ein wenig aufgebogen. Aber das fällt im Gelände weniger auf als seine trüb-grünlichen Füße. Wir können ihn während des Frühjahrs- und Herbstzuges beobachten, wenn er zwischen seinen Brutgebieten in Schottland, West- und Nordskandinavien sowie dem Norden Finnlands und Rußlands und seinen Winterquartieren in Afrika und Südasien hin- und herreist. Vereinzelt überwintert er auch schon in Südwesteuropa. Während des Zuges, von Ende Juni bis Ende September und vereinzelt noch im November, kann man ihn in ganz Europa, auch im Binnenland, antreffen. Er bildet Scharen von ungefähr 10, selten von bis zu 40 Exemplaren. Der Grünschenkel kehrt im April oder Mai in seine Heimat zurück. In dieser Zeit verläuft der Zug schneller. Die Nistplätze liegen in Mooren, Heideland, in der Nähe von Gewässern, in waldlosen Tundren und auch in lichten Wäldern. Die Vögel bauen ihr Nest in einer flachen Grube, die mit Grashalmen oder anderem Pflanzenmaterial ausgepolstert ist. Im Mai oder Juni legt das Weibchen vier Eier, die es überwiegend allein bebrütet. Es wird zeitweilig vom Männchen abgelöst. Die Jungen schlüpfen meistens nach 23 bis 25 Tagen und laufen, sobald sie trocken sind, gleich in der Umgebung umher. Sie werden von den Eltern geführt. Der Grünschenkel ist einer der wenigen Sumpfvögel, die öfter auch kleine Fische jagen. Bei der Fischjagd taucht er mit dem ganzen Kopf unter. Außerdem ernährt er sich noch von Wasserinsekten, vor allem von Blattwanzen und im Wasser lebenden Weichtieren.

Ruf:
laut „kjück-jük-jü" zur Balz
flötend „tju-j"

Länge:
30,5 cm

Männchen und Weibchen gleichfarbig

Eiergröße:
45,7 bis 59,8 × 31,0 bis 37,7 mm

Groß wie eine Turteltaube

Zugvogel

Bruchwasserläufer

Tringa glareola

Wer nach Skandinavien hinauffährt, sollte auf diesen Wasserläufer mit der hellgefleckten Oberseite achten. Aber wir können ihm gelegentlich auch schon in Norddeutschland begegnen. Ansonsten kommt er in Finnland und Schottland, in Polen und im Norden Rußlands vor. Er durchzieht von Ende Juli bis September regelmäßig ganz Mitteleuropa und überwintert dann fast im gesamten Afrika. Die östlichen Populationen fliegen nach Südasien und auch nach Australien. Sie kehren im April und Mai zurück. Es ist ein zierlicher, ungefähr lerchengroßer Vogel, rege und ständig in Bewegung. Sein Biotop sind die offenen Gegenden der nördlichen Tundren und Küsten. Er bewohnt aber auch die Ränder lichter Waldungen, die sich in Wassernähe befinden. Das Nest, das nur spärlich mit Grashalmen und Blättern von Buschwerk ausgepolstert ist, wird mit Vorliebe auf Morasten, Moorland und sumpfigen Uferstellen angelegt. Das Weibchen legt im Mai oder Juni, selten noch im Juli, gewöhnlich 4 Eier. Beide Partner brüten abwechselnd 21 bis 24 Tage. Die Jungen bleiben höchstens zwei Tage im Nest, dann tummeln sie sich in der Umgebung und suchen ihre Nahrung selbst. Die Eltern schützen sie bei Gefahr, und sobald sie flügge sind, streichen sie in Scharen umher und gehen bald darauf auf die Reise zu den Winterplätzen. Die Nahrung des Bruchwasserläufers sind kleine wirbellose Lebewesen, vor allem Wasserwanzen, Mückenlarven und Würmer.

Eiergröße:
33,0 bis 42,5 × 24,4 bis 29,3 mm

Länge:
20 cm

Männchen und Weibchen gleichfarbig

Ruf:
während der Balz „tlie-tlie-tlie" beim Auffliegen scharf „giffgiffgiff"

Groß wie eine Lerche

Zugvogel

Alpenstrandläufer

Calidris alpina

Wie er zu seinem Namen gekommen ist, weiß man nicht so recht. In den Alpen kommt er nämlich nicht vor, sondern er ist ein ausgesprochener Strandvogel. Immerhin soll er an den bergigen Küsten Skandinaviens und Islands höher hinaufgehen als andere Strandläufer. Vielleicht hat ihm dies zu seinem „alpinen" Image verholfen.

Die europäischen Nistplätze des Alpenstrandläufers liegen an den Küsten ganz Skandinaviens, Finnlands, Russlands, Polens, Deutschlands, Islands, Großbritanniens und Irlands. Die europäischen Populationen überwintern überwiegend an der Küste Westeuropas und Nordafrikas. Während des Zuges tauchen sie in ganz Europa an den schlammigen Ufern von Teichen, Seen und Flüssen auf. Ende März bis April kehrt er in seine Heimat zurück und bewohnt hier Küsten, Flußdelten und auch Binnengewässer. Der Alpenstrandläufer legt sein Nest in Wassernähe an und verbirgt es unter Grasbüscheln. Das Weibchen legt Ende April oder im Mai, in den am nördlichsten gelegenen Niststätten erst Anfang Juni, meistens vier Eier, die beide Partner abwechselnd 21 bis 22 Tage bebrüten. Die Vögel schließen sich nach dem Flüggewerden zu Scharen zusammen. Die Altvögel ziehen zu dieser Zeit bereits ab, während die Jungen noch bis Ende August oder manchmal noch länger verweilen. Beim Abflug sammeln sie sich zu großen Reisegesellschaften zusammen. Sie ziehen vor allem nachts. Manchmal schwimmen sie aber auch. Zur Nistzeit ernähren sie sich vor allem von Mückenlarven und anderen Insekten, aber auch von kleinen Weichtieren.

Ruf:
hohes „trir" im Flug
„ri-ri-ri-ri"

Länge:
18 cm

Männchen und Weibchen gleichfarbig

Eiergröße:
31,2 bis 38,3 × 22,4 bis 25,8 mm

Zugvogel

Kampfläufer

Philomachus pugnax

Er ist einer unserer originellsten Vögel – vom Aussehen wie vom Verhalten her. Die Männchen tragen in ihrem Hochzeitskleid eine auffallende Halskrause, die bei jedem anders gefärbt ist – kein Exemplar gleicht dem anderen. Originell ist auch ihr Balzritual, bei dem sich die Hähne Duelle liefern, die jedoch unblutig verlaufen. „Philomachus" heißt: der Kampffreund. Außerhalb der Balz- und Brutzeit legen die Männchen ihre bunte Federkrause ab und zeigen sich so schlicht braun wie die Weibchen, die sie jedoch an Größe überragen. Die Heimat des Kampfläufers sind vor allem die Tundren Europas und Asiens. Er nistet aber auch schon an den Küsten Polens, Deutschlands, Hollands, Belgiens und auch Frankreichs. Während des Frühlings- und Herbstzuges taucht er zahlreich in ganz Europa am Meer, an Seen, Teichen und Flüssen auf. Zum Überwintern fliegt er bis nach Süd- und Ostafrika, verbleibt aber auch an den Küsten Süd- und Westeuropas. Er kehrt im April oder auch erst im Mai zu den Nistplätzen zurück. Hier bewohnt er feuchte Wiesen, Moor- und Sumpfland oder die Küste. Das Nest wird nur vom Weibchen in einer flachen Vertiefung gebaut und nur spärlich mit Pflanzenmaterial gepolstert. Es legt im Mai oder Juni gewöhnlich vier Eier, die es dann allein 20 bis 21 Tage lang bebrütet. Die Jungen werden auch nur von der Mutter versorgt. Sobald sie flügge sind, suchen sie in der Umgebung von Gewässern Nahrung. Sie leben von verschiedenen wirbellosen Tieren wie Insekten, Würmern, Weich- und Schalentieren, fressen aber auch Samen und kleine Beeren.

Seine „kämpferische" Balz hat ihm auch zu Namen wie Kampfhahn, Kampfschnepfe und Streitvogel verholfen.

Eiergröße:
38,9 bis 48,6 × 28,0 bis 32,8 mm

Länge:
♂ 29 cm ♀ 23 cm

auffallender Geschlechtsdimorphismus

Ruf:
während der Balz brummelnde Töne

Zugvogel

Odinshühnchen

Phalaropus lobatus

Es ist ein Unikum unter den Vögeln: das Weibchen legt die Eier, überläßt es dann aber dem Männchen, die Jungen allein auszubrüten und aufzuziehen – also eine „Rabenmutter". Wer nach Norwegen oder Island reist, sollte auf dieses interessante lerchengroße Vögelchen mit dem rostfarbenen Halsschild und dem nadelfeinen Schnabel achten. Das Odinshühnchen kommt auch in Nordfinnland, auf den Orkneys und Hebriden, auf den Shetlands und an anderen Nordküsten vor. Die europäischen Populationen ziehen über Europa an den Küsten entlang. Die Odinshühnchen überwintern auf See vor den Küsten Westafrikas und Südasiens. Die östlichen Populationen fliegen bis nach Australien und die nordamerikanischen nach Südamerika und überwintern auch dort auf See. Männchen und Weibchen sind außerhalb der Nistzeit unauffällig grau gefärbt.

Die Odinshühnchen nisten in kleinen Gruppen in Sümpfen, an den Ufern von Seen und Flüssen und an der Küste. Das Weibchen sucht den Platz für die Anlage des Nestes aus. Es ist eine Mulde, die mit trockenem Gras, Laub oder kleinen Ästchen der Zwergweide ausgepolstert wird. Das Nest ist gut unter Grasbüscheln versteckt. Das Weibchen legt gewöhnlich vier Eier, während das Männchen sie allein 20 bis 21 Tage bebrütet und dann auch die Jungen versorgt. Sie gehen ungefähr nach einer Woche aufs Wasser, drehen sich auf dem Wasserspiegel hin und her, nicken mit den Köpfen und hacken allseitig nach Nahrung. Sie leben vor allem von Wasserinsekten und deren Larven, und auch von Weich- und Schalentieren.

Ruf:
Schrei wie ein kurzes „wit" oder „prip"

Länge:
16,5 cm

Weibchen viel markanter gefärbt als das Männchen

Eiergröße:
26,7 bis 34,5 × 19,6 bis 22,2 mm

Zugvogel

Säbelschnäbler

Recurvirostra avosetta

An seinem langen, aufwärtsgebogenen Schnabel ist der schwarz-weiße Vogel auf den hohen Ständern sofort zu erkennen. Er bewohnt vor allem die Küsten Deutschlands, Dänemarks, Hollands und auch Südostenglands, Südspaniens und das Rhonedelta. Er ist auch in der Umgebung des Schwarzen und Kaspischen Meeres verbreitet und wird in Südosteuropa an Salzablagerungen in der Nähe von Binnenseen angetroffen. Er bevorzugt Sumpfland, sandige Ufer und Inseln mit Kahlstellen. Er ist zum Teil ein Zugvogel und fliegt zu den Winterplätzen bis nach Südafrika und Südasien. Viele Exemplare verbleiben jedoch an den Küsten Südwest- und Südosteuropas. Der Säbelschnäbler verläßt die Heimat Ende August bis Anfang November und kehrt von März bis Anfang Mai zurück. Das Nest wird in Wassernähe an möglichst schlammigen oder sumpfigen Stellen angelegt. Es ist eine Mulde, die spärlich mit trockenen Grashalmen und kleinen Ästchen ausgelegt wird. Das Weibchen legt Ende April bis Juni, selten noch im Juli, gewöhnlich vier Eier, die von beiden Partnern 24 bis 25 Tage lang bebrütet werden. Die Jungen verlassen bald nach dem Trockenwerden das Nest. Der Säbelschnäbler sucht seine Nahrung vor allem im seichten Wasser, wo er auf dem schlammigen Grund umherstampft und dadurch viele kleine Schalentiere und Insekten aufscheucht, die er dann mit schnellen seitlichen Schnabelbewegungen erjagt. Er frißt auch kleine Weichtiere, pickt nach den Grünteilen von Pflanzen und sammelt ebenfalls Samen.

Eiergröße:
43,0 bis 56,3 × 31,2 bis 40,8 mm

Länge:
43 cm

Männchen und Weibchen gleichfarbig

Ruf:
hohes flötendes „kliep" oder „klu-it"

Groß wie eine Taube

Zugvogel
Standvogel

Stelzenläufer

Himantopus himantopus

Von dem Säbelschnäbler (108) läßt sich diese Art sicher an dem geraden Schnabel und den roten Beinen unterscheiden. Doch ist er bei uns ein nur seltener Gast, während er in Afrika, Amerika, Südasien, Australien und Südeuropa gebietsweise weit verbreitet ist. Er nistet regelmäßig in Spanien, Portugal, Südfrankreich und ganz Südosteuropa. Er bewohnt vor allem Lagunen, Küsten, Flußdelten, große Sümpfe und die Ufer von Seen und Flüssen und hält sich gern auch auf seichten, salzigen Seen und auch in Steppen auf. Die europäischen Exemplare sind meistens Zugvögel, die zum Überwintern bis nach Afrika und Südasien fliegen. In der Zeit des Zuges taucht der Stelzenläufer ausnahmsweise auch in Großbritannien und Dänemark auf. Er kehrt meistens im April zu den Nistplätzen zurück, wo er, oft mit anderen Vogelarten zusammen, Kolonien bildet. Das Nest ist eine flache Mulde, die sich in Wassernähe befindet und spärlich mit Pflanzenmaterial ausgepolstert ist. Im April oder Mai legt das Weibchen gewöhnlich vier Eier, die von beiden Partnern abwechselnd bebrütet werden. Ältere Vögel hüten ihr Nest sorgfältig und fliegen bei drohender Gefahr in Bogen über dem Nistplatz umher und schreien laut. Nach 25 bis 26 Tagen schlüpfen die Jungen aus und verstreuen sich bald, nachdem sie getrocknet sind, in der Umgebung. Die Nahrung des Stelzenläufers besteht vor allem aus Wasserwanzen und anderen Arten von Wasserinsekten, auch aus Wasserweich- und Schalentieren und Würmern. Manchmal picken sie auch an den Grünteilen von Pflanzen.

Ruf:
lauter Schrei wie
„kyip-kyip-kyip"

Länge:
38 cm

das Männchen ist
am Scheitel dunkel gefärbt

Eiergröße:
38,8 bis 48,2 × 28,0 bis
33,5 mm

Zugvogel

Triel

Burhinus oedicnemus

Selbst erfahrene Feldornithologen haben den Triel nur selten gesehen. Das mag vor allem daran liegen, daß er ein nachtaktiver Vogel ist, der am Tage auch da wenig auffällt, wo er nicht selten ist. Schon seine großen Augen deuten darauf hin, daß er ein Dämmerungs- und Nachttier ist. Er lebt vor allem auf den sandigen Feldern oder trockenen Wiesen West-, Süd- und Osteuropas wie auch im südöstlichen England. In Mitteleuropa nistet er nur selten. In den südlichen Gebieten ist er ein Standvogel, aus den im Norden gelegenen Nistplätzen zieht er im September oder Oktober in seine Winterquartiere in Afrika. Von dort kehrt er im April zurück. Manche Exemplare überwintern auch in Südwesteuropa.

Sein Nest ist eine Bodenmulde ohne jede Auspolsterung, in das das Weibchen meistens im Mai 2, seltener 3 gefleckte Eier legt, die von beiden Altvögeln abwechselnd in 25 bis 27 Tagen bebrütet werden. Wenn die Jungen flügge geworden sind, nisten manche Paare im Juli ein zweites Mal. Am Abend geht der Triel auf Nahrungssuche. Er frißt Käfer, Heuschrecken, Würmer und andere wirbellose Lebewesen und erjagt manchmal auch eine Eidechse oder ein kleines Nagetier. Der Triel ist ein lebhafter Vogel, der sich am Boden und auch in der Luft rasch und gewandt fortbewegt.

Gelegentlich kann man die Anwesenheit des Triels auch an den Fährten erkennen, die er am Boden hinterläßt: am Abdruck der drei kräftigen Zehen, deren mittlere und längste etwa 23 mm mißt.

Groß wie eine Taube

Zugvogel
Standvogel
Strichvogel

Eiergröße:
47,0 bis 61,7 × 35,6 bis 43,0 mm

Länge:
40,5 cm
♂ = ♀

Beim Flug zwei auffallende weiße Streifen an den Flügeln

Ruf:
ein langes, flötenartiges, lautstarkes „Trie-il" oder „Chrrä-i"

Große Raubmöwe

Skua · *Stercorarius skua*

Raubmöwen sind in der Regel hochnordische Vögel. Die europäischen Nistplätze der Großen Raubmöwe befinden sich auf Island, den Färöern, den Shetland- und Orkneyinseln und in Nordschottland. Während der Nistzeit hält sie sich an Tümpeln in der Nähe der Küste auf und baut hier auf dem Erdboden ihr Nest. Sie nistet in Kolonien und auch einzeln. Im Mai oder Juni legt das Weibchen meist zwei Eier, die abwechselnd von beiden Partnern 28 bis 30 Tage lang bebrütet und bei Verlust durch ein neues Gelege ersetzt werden. Die Jungen verbleiben sechs bis sieben Wochen im Nest und werden von den Alten mit Nahrung versorgt. Nach dem Ausführen der Jungen streichen sie im östlichen Atlantik umher und fliegen auch bis zur spanischen Küste. Ins Binnenland geraten sie nur sehr selten. Die Große Raubmöwe gehört zu den Schrecken der anderen Vögel und Lebewesen. Sie jagt alles, was sie bewältigen kann, Würmer und Schalentiere, Fische, Vögel und kleine Säugetiere. Mit Vorliebe frißt sie die Eier anderer Vögel. Sie verfolgt auch Möwen und Schwalben, die dadurch gezwungen werden, ihre Beute fallen zu lassen, die dann von ihr noch im Fluge aufgefangen und gefressen wird. In Notzeiten sammelt sie auch tote Lebewesen, die das Meer ans Ufer schwemmt. Sie ist ein sehr stattlicher und auch kämpferischer Vogel und vertreibt am Nistplatze oft sogar den Falken und greift gelegentlich selbst den Menschen heftig an. Sie kommt jedoch nirgends sehr zahlreich vor.

Die Flügelspanne der Großen Raubmöwe entspricht etwa der unseres Bussards. Der Anfänger darf sie deshalb wegen ihres dunklen Gefieders nicht mit einem Greifvogel verwechseln.

Ruf:
tiefes „ok-ok-ok" beim Angriff „tak-tak"

Länge:
58 cm

Männchen und Weibchen gleichfarbig

Eiergröße:
62,0 bis 78,5 × 44,5 bis 53,2 mm

Zugvogel

Schmarotzerraubmöwe

Stercorarius parasiticus

Sie gehen gern an Aas und jagen anderen Vögeln die Beute ab. Daher ihr Name *parasiticus* = die Schmarotzende. Das Federkleid der Schmarotzerraubmöwe variiert, mal ist es heller, mal dunkler. Sie ist in den arktischen Gebieten Europas, Asiens und Nordamerikas verbreitet. In Europa nistet sie an den Küsten Schottlands, Islands, West- und Nordskandinaviens, Finnlands und des nördlichen Russlands Außerhalb der Nistperiode hält sie sich auf dem offenen Meer oder an Küstengewässern auf. Während des Zuges fliegen die europäischen Populationen an der Küste entlang nach Westafrika. Zahlreiche Exemplare streichen auch in das Binnenland, wobei sie jedoch nur selten bis nach Mitteleuropa gelangen. Während des Zuges bilden die Schmarotzerraubmöwen zuweilen größere Scharen. Im April oder Anfang Mai kehren sie in ihre Heimat zurück und bilden in Tundren und an Weihern Kolonien, in denen die Nester der einzelnen Paare aber einige Meter voneinander entfernt sind. Das Nest ist eine flache Vertiefung im Gras, die meistens nicht ausgepolstert wird. Das Weibchen legt in der Regel zwei Eier und beginnt sofort nach Ablage des ersten Eies zu brüten, wobei es vom Männchen regelmäßig abgelöst wird. Nach 25 bis 28 Tagen schlüpfen die Jungen aus. Sie werden von den Eltern sorgfältig gefüttert. Im Alter von 32 Tagen sind die Jungen flügge und begeben sich gemeinsam auf die Reise zu den Winterplätzen. Die Schmarotzerraubmöwe lebt von kleinen Fischen und wirbellosen Lebewesen, von kleinen Vögeln und Säugetieren und nimmt gern die Eier anderer Vögel aus. Dadurch schadet sie vielen nordischen Meeresvögeln.

Strichvogel
Zugvogel

Eiergröße:
49,0 bis 63,1 × 37,2 bis 44,3 mm

Länge:
66 cm

Männchen und Weibchen gleichfarbig

Ruf:
kehlig „ih-är"

Mantelmöwe

Larus marinus

Mit der stattlichen Flügelspannweite von 150–170 cm ist die Mantelmöwe der Riese unter unseren Möwen. Sitzend wirkt sie fast gänsegroß. Ihren Namen hat sie von dem dunklen „Mantel", den sie im Gegensatz zu den meist hell gefärbten Möwen trägt. Obwohl sie vor allem ein Vogel des Nordens ist, läßt sie sich doch an den Küsten der Nord- und Ostsee blicken. Besonders verbreitet ist sie auf Island und an den Küsten Skandinaviens und Finnlands, Westenglands und Schottlands. Seltener nistet sie auch an der Westküste Frankreichs und Dänemarks. Außerdem bewohnt sie Grönland und die Ostküste Nordamerikas. Stellenweise ist sie ein Standvogel, wobei jedoch viele Exemplare im Winter an der gesamten europäischen Küste von Polen westwärts bis nach Spanien umherstreichen. Die Mantelmöwe bildet, oft gemeinsam mit Heringsmöwen, Kolonien oder nistet auch einzeln. Ihr Biotop sind felsige Küsten und Inseln, auch Sümpfe und in Seen gelegene Inseln. Das Nest wird von beiden Partnern am liebsten auf einem Felsvorsprung, seltener direkt auf dem Erdboden gebaut. Es ist aus Ästchen, Grashalmen, Tang und anderem Pflanzenmaterial angefertigt und mit Federn ausgepolstert. Im Mai oder Juni, selten schon Ende April, legt das Weibchen zwei bis drei Eier, die es mit dem Partner abwechselnd 26 bis 28 Tage bebrütet. Die Jungen bleiben nicht lange im Nest. Die Eltern fliegen ihnen nach und füttern sie sorgfältig fast 50 Tage lang. Im Alter von 45 Tagen wachsen ihnen die Schwingen aus. Gut fliegen können sie jedoch erst nach zwei Monaten. Die Nahrung der Mantelmöwen besteht aus Fischen, kleineren Vögeln und deren Eiern, Schalen- und Weichtieren und Resten von Lebewesen.

Ruf:
gewöhnlich tiefes und rauhes „ouk"

Länge:
74 cm

Männchen und Weibchen gleichfarbig

Eiergröße:
67,5 bis 87,0 × 49,0 bis 57,6 mm

Standvogel
Strichvogel

Heringsmöwe

Larus fuscus

Die Heringsmöwe ist das verkleinerte Abbild der Mantelmöwe (13). Man nennt sie deshalb auch die „kleine Mantelmöwe“. Sie bewohnt Skandinavien, Finnland, Island, die Britischen Inseln, Irland, auch Dänemark und die deutsche und westfranzösische Küste. Sie hat also nur ein verhältnismäßig kleines Nistareal. Die Heringsmöwe ist hauptsächlich ein Zugvogel und nur in England und Irland beständig. Ihre Winterplätze liegen an den Küsten West- und Südeuropas, Nord- und sogar Westafrikas. Sie zieht auch an Flußläufen entlang und kann deshalb zur Zeit des Vogelzugs im Inneren Mitteleuropas angetroffen werden. Die Nistplätze werden im April aufgesucht und befinden sich auf kleinen Inseln oder an felsigen Küsten, in Flußdelten und an Binnengewässern in der Nähe des Meeres. Die Heringsmöwe nistet in Kolonien, am liebsten an grasigen Stellen. Sie baut ihr Nest aus Ästchen, Tang und anderem Pflanzenmaterial und polstert es mit weichen Pflanzenresten und Federn aus. Das Weibchen legt meistens im Mai oder Juni gewöhnlich drei Eier. Auf dem Gelege lösen sich beide Partner 26 bis 27 Tage ab. Wenn die Jungen nicht gestört werden, bleiben sie manchmal einige Tage im Nest, das sie sonst recht bald verlassen. Sie werden von beiden Eltern vor allem mit kleinen Fischen gefüttert. Nach Abschluß der Nistzeit streichen die Scharen der Jungvögel gemeinsam mit den Alten in der Umgebung umher. Die Nahrung der Heringsmöwe besteht vor allem aus Fischen und vielerlei anderen Meerestieren.

Standvogel
Zugvogel

Eiergröße:
57,5 bis 77,1 × 43,0 bis 52,1 mm

Länge:
53 cm

Männchen und Weibchen gleichfarbig

Ruf:
tief schreiend wie „ga-ga-ga“

Silbermöwe

Larus argentatus

Diese stattliche Möwe mit dem „silber"- grauen Rückengefieder und dem orangeroten Fleck auf dem kräftigen Schnabel kommt bei uns vor allem an der Nordsee vor, ist aber auch an der Ostsee nicht selten. Das Badeleben an unseren Stränden drohte schon vor Jahrzehnten, die Brutstätten der Silbermöwe zu vernichten. Dann tat man etwas für die Erhaltung dieser Charaktervögel unserer Küsten. Erst nachträglich erkannte man, daß man damit etwas durchaus Nützliches getan hatte; denn ihre Ausscheidungen sind wichtig für die Befestigung der Dünen. So hat man die Silbermöwe als „unfreiwillige Deichbauerin" bezeichnet.

Die Silbermöwe ist in Europa, Asien, Nordamerika und auch in Nordafrika verbreitet. Sie ist ein Stand- und Strichvogel, der sich außerhalb der Nistzeit in großen Scharen in der Umgebung von Häfen tummelt. Die Silbermöwe nistet auf Inseln, Felsen und auch in Rohrdickichten in umfangreichen Kolonien. Das Nest besteht aus Ästchen und Pflanzenteilen. In Schilfdickichten ist es auf liegendem Röhricht angelegt. Das Weibchen legt im Mai oder Juni meistens drei Eier. Beide Partner brüten 26 bis 28 Tage. Die Jungen laufen schon nach dem ersten Tage in die Umgebung und werden von den Eltern auch noch gefüttert, wenn sie schon flugfähig sind, was mit 40 bis 42 Tagen der Fall ist. Die Silbermöwe frißt verschiedene Reste, die das Meer anschwemmt, Abfälle und die Eier und Jungen von Vögeln.

Ruf:
klingend „kjau" auch „ga-ga-ga"

Länge:
56 cm

Männchen und Weibchen gleichfarbig

Eiergröße:
58,0 bis 82,7 × 44,1 bis 54,8 mm

Standvogel
Strichvogel

Sturmmöwe

Larus canus

Diese Art ist etwas kleiner als die Silbermöwe, ihr grünlich-gelber Schnabel ist feiner und hat keinen orangeroten Fleck. Sie ist überall häufig. Die europäischen Brutplätze der Sturmmöwe liegen an den Küsten Skandinaviens, Finnlands, der Sowjetunion, Großbritanniens, Irlands, Dänemarks, Deutschlands und Polens, seltener auch Hollands. Ihr Gesamtverbreitungsgebiet reicht über Asien bis zum nordwestlichen Nordamerika. Im größten Teil dieses Bereichs brütet die Sturmmöwe nicht oder nicht vorzugsweise an Küsten, sondern an Gewässern des Binnenlandes.

Außerhalb der Nistzeit streicht sie fast in ganz Europa, vor allem aber im Küstengebiet umher. Sie fliegt oft auch in das Binnenland Mitteleuropas. Im März oder Anfang April kommt sie, schon gepaart, am Nistplatz an. Sie bildet Kolonien. Das Nest befindet sich auf Felsvorsprüngen oder auf Inseln im Gras oder Schilf. Es wird vor allem vom Weibchen gebaut, während sich das Männchen abseits hält und nur manchmal mit einem Stückchen Pflanzenmaterial etwas zum Bau beiträgt. Die Nester sind innerhalb der Kolonien einige Meter voneinander entfernt. Das Weibchen legt gewöhnlich drei Eier. Beim Brüten lösen sich beide Partner ab. Die Jungen schlüpfen nach 24 bis 26 Tagen und verlassen das Nest im Alter von ein bis zwei Tagen. Bis zu vier Tagen werden sie mit Insekten und kleinen Fischen gefüttert. Im Alter von 20 Tagen suchen die jungen Sturmmöwen schon selbst ihr Futter, werden aber von den Altvögeln noch immer zugefüttert. Erst nach 35 Tagen sind die Jungen völlig selbständig. Die Nahrung ist vielseitig, sie besteht aus Pflanzen, Insekten und kleinen Meerestieren.

Groß wie eine Taube

Strichvogel

Eiergröße:
50,0 bis 67,2 × 35,9 bis 45,4 mm

Länge:
40 cm

Männchen und Weibchen gleichfarbig

Ruf:
hoher Schrei wie „gä-gä-gä"

Lachmöwe

Larus ridibundus

Sie ist eine unserer häufigsten und auch im Binnenlande weithin verbreitete Möwe. Kommt sie im Winter in unsere Städte, trägt sie anstelle des markanten „Mohrenköpfchens“ nur einen dunklen Ohrfleck. Ihr lateinischer Zuname *ridibundus* bedeutet „lachend“, doch haben ihre Rufe eigentlich kaum etwas an sich, was nach Lachen klingt. Sie nistet in Mittel-, West- und Osteuropa, in Skandinavien und an den Küsten Islands. Die Populationen aus dem Norden und Osten ziehen im Juli bis August in den Süden, während die Populationen aus den übrigen Teilen Europas zum Teil in ihrer Heimat überwintern und zum Teil ins Mittelmeergebiet ziehen. Im Winter suchen die Lachmöwen eisfreie Seen und Flüsse auf.

Die Lachmöwen kehren im März oder April schon gepaart in großen Schwärmen zu ihren Niststätten zurück. Auch beim Nisten leben die Lachmöwen in Kolonien.

Ihr Nest bauen beide Partner auf dem trockenen Boden kleiner Inseln oder als „schwimmendes“ Nest auf der Wasserfläche. Direkt auf dem Boden ist das Nest nur spärlich ausgepolstert, während es auf dem Wasser aus Schilf- und Rohrstückchen gebaut, etwa bis zu 50 cm hoch ist. Das Weibchen legt in der Regel 3 Eier, die in der Färbung sehr variabel sind. Beide Partner brüten abwechselnd 20 bis 23 Tage lang. Die Jungen bleiben einige Tage im Nest. Die Nahrung bringt ihnen vor allem das Männchen. Manchmal übergibt es die Beute dem Weibchen, das dann die Jungen füttert.

Die Lachmöwe ernährt sich von Insekten, Würmern, Weichtieren und anderen Wirbellosen, manchmal auch von kleinen Wirbeltieren.

Ruf:
wiederholtes „Kirrä“ oder kurzes „Kr kr kr“

Länge:
37 cm

Männchen und Weibchen sind gleich gefärbt
Im Winterkleid haben die Vögel einen weißen Kopf

Eiergröße:
43,0 bis 66,0 × 31,3 bis 42,1 mm

Groß wie eine Taube

Standvogel
Strichvogel
Zugvogel

Trauerseeschwalbe

Trauerschwalbe · *Chlidonias niger*

Da wir bei unseren Seeschwalben gemeinhin helle, lichte Federkleider gewohnt sind, ist es, als trüge sie Trauer.

Ähnlich wie unsere Rauchschwalbe (161) fliegt auch die Trauerseeschwalbe elegant über die Wasserflächen. Sie ist in Ost-, Mittel-, Südwest- und Westeuropa verbreitet, nistet jedoch nicht auf den Britischen Inseln. Sie ist in allen Verbreitungsgebieten ein Zugvogel, der aus seiner Heimat im August bis Anfang September in seine entfernten Winterquartiere in Afrika zieht.

Die Trauerseeschwalbe kehrt schon Ende April oder Anfang Mai zu ihren Niststätten zurück und hält sich bei Teichen und Seen mit starkem Pflanzenwuchs auf. Sie ist ein geselliger Vogel. Auch zur Nistzeit bleiben mehrere Paare zusammen und bilden Kolonien. Ihr Nest bauen sie meistens auf niedergedrücktem Schilf an seichten Stellen oder auch auf kleinen „schwimmenden" Inseln. Das Nest bauen beide Partner aus trockenen Schilfhalmen.

Das Weibchen legt im Mai oder Juni in der Regel 3, seltener nur 2 Eier, die beide Partner abwechselnd 14 bis 17 Tage bebrüten. Beide Eltern füttern die Brut mit Insekten und deren Larven oder mit kleinen Fischen. Die Vögel jagen ihre Beute meistens gegen den Wind und erfassen sie dicht über der Wasseroberfläche mit der Schnabelspitze im Flug; manchmal lassen sie sich einen Augenblick lang auf dem Wasser nieder und fliegen dann gleich wieder auf. Fliegende Insekten fangen sie knapp über der Wasseroberfläche.

Wegen ihrer Größe und dunklen Farbe nennt man sie gelegentlich auch „Amselmöwe".

Groß wie eine Amsel

Zugvogel

Eiergröße:
30,5 bis 40,2 × 22,5 bis 27,4 mm

Länge:
25 cm

Männchen und Weibchen sind gleich gefärbt

Ruf:
kurzes „Krek" oder „Krrr"

Raubseeschwalbe

Hydroprogne caspia

Seeschwalben sind schwalbenartig schlanke Vögel mit gegabelten Schwänzen. Die Raubseeschwalbe ist die stattlichste von ihnen und fast so groß wie eine Silbermöwe (115). Bei uns brütet sie nicht mehr, ist aber auch in anderen Gebieten nicht häufig vertreten. Die europäischen Nistplätze befinden sich an der Ostküste Schwedens und Finnlands und an der Nordküste des Kaspischen und Schwarzen Meeres. Sie lebt vor allem an der Meeresküste. Zum Überwintern zieht sie, außerhalb der Nistzeit, an die Küsten der tropischen Gebiete. In das Innere Europas verfliegt sie sich nur selten. Ende April oder im Mai kehrt sie an die Nistplätze zurück und legt am liebsten auf sandigen Ufern oder kleineren Inseln ihre Kolonien an, die zuweilen sehr umfangreich sind. Die Nestmulde wird nur spärlich mit Pflanzenmaterial ausgepolstert. Im Mai oder im Juni legt das Weibchen meistens zwei Eier. Beide Partner bebrüten das Gelege abwechselnd 20 bis 22 Tage. Die Jungen laufen bald nach dem Schlüpfen auseinander und verbergen sich im Pflanzenwuchs in der nächsten Umgebung, wohin ihnen die Eltern nachfliegen, um sie zu füttern. Im Alter von 30 bis 35 Tagen sind die Jungen flugfähig und selbständig. Die Raubseeschwalbe ernährt sich vor allem von Fischen, besonders von Heringen, auch von verschiedenen wirbellosen Lebewesen und jagt gelegentlich auch kleine Vögel oder frißt deren Eier. Wenn sie nach Fischen späht, fliegt sie niedrig über dem Wasser, rüttelt manchmal und stürzt dann kopfüber zum Wasserspiegel hinunter.

Ruf:
lautes tiefes „käh" oder „kräi"

Länge:
53 cm

Männchen und Weibchen gleichfarbig

Eiergröße:
55,0 bis 72,3 × 40,5 bis 46,5 mm

Groß wie eine Ente

Zugvogel

Flußseeschwalbe

Sterna hirundo

Auch sie ist kein ausgesprochener Küstenvogel wie die meisten Seeschwalben, sondern sie ist auch im Binnenlande häufig, wo sie vor allem kiesige Ufer von Flüssen und Seen liebt. Sie ist ein eleganter, ausgezeichneter Flieger.

Die Flußseeschwalbe ist in fast ganz Europa mit Ausnahme der nördlichsten Gebiete verbreitet; in manchen Landstrichen, zum Beispiel in Zentralspanien, kommt sie nicht vor. Ende Juli, in den südlicheren Gebieten Europas erst im September oder Oktober, verläßt sie ihre Heimat und überwintert am Persischen Golf, an den Küsten des Roten Meeres und an den Westküsten Afrikas.

In ihre Heimat kehren die Flußseeschwalben Ende April oder Anfang Mai zurück, um hier in Kolonien zu nisten. Ihr Nest bauen sie in einer flachen Bodenmulde aus Hölzchen, Grashalmen, meistens an sumpfigen Stellen kleiner Inseln oder auf sumpfigen Anschwemmungen der Flüsse.

Im Mai bis Juni legt das Weibchen 3 Eier, die es abwechselnd mit dem Männchen 20 bis 24 Tage bebrütet. Die Alten füttern die Jungen mit Insekten und deren Larven, anderen Wirbellosen und kleinen Fischen. Oft stehen die Flußseeschwalben flatternd an einer Stelle über der Wasseroberfläche und halten mit herabhängendem Kopf nach Beute Ausschau. Wenn sie ihr Opfer erblicken, stürzen sie jäh ins Wasser und verschwinden manchmal auch unter dessen Oberfläche.

Groß wie eine Turteltaube

Zugvogel

Eiergröße:
35,3 bis 48,0 × 25,0 bis 32,8 mm

Länge:
35 cm

Männchen und Weibchen sind gleich gefärbt

Ruf:
Häufig Laute wie „krrriä" manchmal auch kurzes „Kick" oder „Keck"

Küstenseeschwalbe

Sterna paradisaea

Sie ist im Sommer häufig an unseren Küsten und allgemein im Norden der Alten und Neuen Welt verbreitet. Sie nistet in Europa auf Island, in Skandinavien, an der Küste Polens, Deutschlands, Dänemarks, Hollands, der Britischen Inseln, Irlands, der Bretagne und im Norden Russlands und bewohnt vor allem die Küste und felsige Inseln, in Island und Skandinavien auch Binnenseen. Während des Zuges fliegt sie die Küsten entlang bis nach Südafrika. Von dort ziehen viele dieser Vögel weiter bis in die Antarktis. Ende April oder Anfang Mai kommt die Küstenseeschwalbe am Nistplatz an. Das Nest ist meistens nur eine flache Vertiefung ohne weitere Auspolsterung, die nur manchmal mit kleinen Muschelresten ausgelegt wird. Im Mai oder Juni legt das Weibchen gewöhnlich zwei Eier. Selten sind es nur eins oder drei. Beide Partner brüten abwechselnd. Die Jungen schlüpfen nach 20 bis 22 Tagen, verlassen das Nest bald und halten sich in der nächsten Umgebung auf. Sie werden von den Eltern auch noch in der Zeit sorgfältig gefüttert, wenn sie schon flugfähig sind. Ihre Nahrung sammelt die Küstenseeschwalbe im Flug aus dem Wasser. Sie jagt nur selten auch auf dem Lande Insekten und frißt außerdem kleine Fische, Weichtiere, Würmer und Schalentiere. Diese Seeschwalbe hat viele Feinde, vor allem unter den großen Möwenarten und Raubtieren. In den Kolonien sind die Verluste von Eiern und Jungen sehr groß und nur ungefähr 16 Prozent der Vögel erreichen das flugfähige Alter.

Ruf:
kurz „kakka-ria" oder „kria"

Länge:
38 cm

Männchen und Weibchen gleichfarbig

Eiergröße:
35,5 bis 47,3 × 26,2 bis 33,4 mm

Zugvogel

Rosenseeschwalbe

Sterna dougallii

Sie fehlt in manchen Vogelbüchern, denn sie ist allgemein selten.

Die Rosenseeschwalbe bewohnt die Küste des Atlantischen Ozeans von Nord- und Mittelamerika, die Antillen und auch die afrikanische Küste und Südostasien. In Europa nistet sie vor allem an der Küste der Britischen Inseln und Irlands. Die europäischen Exemplare überwintern auf den Inseln des Atlantischen Ozeans und an der afrikanischen Westküste. Während des Zuges taucht sie vereinzelt auch an der westdeutschen und holländischen Küste auf. Das Verbreitungsgebiet der Rosenseeschwalbe ist nicht zusammenhängend. Sie bewohnt ausschließlich die Küste und nistet in Kolonien auf sandigen oder felsigen Halbinseln oder Inseln, oft gemeinsam mit anderen Seeschwalbenarten. Das Nest ist eine flache Mulde oder wird von einer harten Unterlage, nur von nackter Erde ohne weitere Auspolsterung gebildet. In Europa legt das Weibchen gewöhnlich im Juni zwei, selten drei Eier. Beide Partner lösen sich auf der Brut 21 Tage lang ab und füttern dann auch den Nachwuchs über einen Monat gemeinsam. Nach Abschluß des Nistens ziehen die Rosenseeschwalben an der Küste umher und begeben sich schon Ende Juli oder im August auf die Reise zu den Winterplätzen. Sie ernähren sich vor allem von kleinen Fischen, jagen auch Wasserinsekten und deren Larven, Weich- und Schalentiere oder auch Würmer. Die Rosenseeschwalbe hat vor allem unter den großen Möwenarten viele Feinde.

Eiergröße:
38,0 bis 47,8 × 30,0 bis 32,0 mm

Länge:
38 cm

Männchen und Weibchen gleichfarbig

Ruf:
lang „aaach" schwach „tschu-ick" auch „kekekekek"

Zugvogel

Zwergseeschwalbe

Sterna albifrons

Den „zierlichsten Strandflieger" hat sie Richard Gerlach genannt, „nicht größer als ein Mauersegler, aber in Weiß und Bläulichgrau gekleidet". Wir treffen sie im Sommer an den Küsten und auf den Inseln der Nord- und Ostsee. Ihr Verbreitungsgebiet erstreckt sich in der nördlich gemäßigten Zone über alle Erdteile. In Europa nistet sie an der Küste des Atlantiks, der Nordsee, Ostsee und des Mittelmeers, an einzelnen Stellen auch im Binnenland. Sie bewohnt sandige und kiesige Stellen der Küste, im Binnenland auch Seen und Flüsse. Sie ist ein Zugvogel, der aus seiner Heimat schon Ende Juli abfliegt, um an tropischen Küsten zu überwintern. Ende April oder Anfang Mai kehrt sie zu den Nistplätzen zurück und schließt sich zu kleinen Kolonien zusammen, in denen die Nester der einzelnen Paare genügend weit voneinander entfernt sind. Manchmal siedeln sich in ihren Kolonien einzelne Paare der kleinen Regenpfeiferarten an. Das Weibchen formt eine flache Nistmulde, die es nur spärlich mit kleinen Steinchen oder Muscheln auslegt und legt in der zweiten Maihälfte oder im Juni gewöhnlich zwei Eier, die in der Färbung sehr veränderlich sind. Das Brüten wird überwiegend vom Weibchen besorgt, das vom Männchen nur zeitweise abgelöst wird. Die Jungen schlüpfen nach 21 und 22 Tagen und werden die ersten Tage von der Mutter gewärmt, während das Männchen die Nahrung besorgt. Später füttern beide Eltern. Die Zwergseeschwalbe lebt von kleinen Fischen und von wirbellosen Tieren. Sie fängt Insekten sowohl aus dem Wasser als auch über dem Lande. Gewöhnlich jagt sie stoßtauchend über dem Wasser.

Ruf:
hohes „krih-ih" oder rauh „kitt"

Länge:
20 cm

Männchen und Weibchen gleichfarbig

Eiergröße:
29,5 bis 37,0 × 20,8 bis 26,0 mm

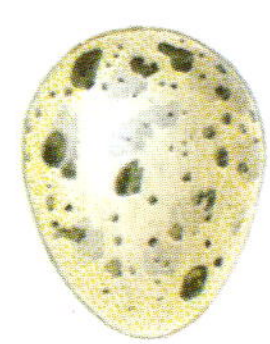

Groß wie ein Star

Zugvogel

Brandseeschwalbe

Sterna sandvicensis

Von den anderen Seeschwalben ist sie daran zu unterscheiden, daß Füße und Schnabel schwarz sind und dieser eine gelbe Spitze hat. Die struppigen schwarzen Federn am Hinterkopf wirken zuweilen wie ein kleiner Schopf.

Die Brandseeschwalbe ist lokal begrenzt in Europa, in der Umgebung des Kaspischen Meeres, in Tunesien und in Nordamerika verbreitet. Ihr Nistareal ist aber in einzelne Gebiete gegliedert. Die in Europa regelmäßig benutzten Nistplätze liegen in Südschweden, Dänemark, Deutschland, Holland, der Bretagne, auf den Britischen Inseln und an der Schwarzmeerküste. Im Herbst fliegen die Brandseeschwalben nach Nordafrika und an den Persischen Golf. Ins Binnenland verlieren sie sich selten.

Sie bilden umfangreiche Kolonien, zu denen Tausende von Paaren gehören können. Die Nistplätze befinden sich fast ausschließlich an der Küste oder auf Inseln. Die flache Nestmulde ist nur sparsam mit verschiedenem Pflanzenmaterial ausgelegt. Ende Mai bis Anfang Juli legt das Weibchen gewöhnlich zwei Eier, die von beiden Partnern abwechselnd 21 bis 24 Tage bebrütet werden. Die Jungen bleiben sechs bis sieben Tage, manchmal ein wenig länger, im Nest und laufen dann in der Umgebung umher. Wenn sie ein Alter von 15 bis 20 Tagen erreichen, bilden sie Scharen. Mit 35 Tagen sind sie flügge. Die Nahrung der Brandseeschwalbe besteht in erster Linie aus Fischen, besonders Sandaalen, Heringsfischen, Makrelen, auch kleinen Butten, Seenadeln und anderen. Sie jagt im Fluge. Außerdem frißt die Brandseeschwalbe auch Weich- und Schalentiere sowie Würmer.

Groß wie eine Taube

Zugvogel

Eiergröße:
44,0 bis 59,5 × 33,3 bis 43,2 mm

Länge:
40 cm

Männchen und Weibchen gleichfarbig

Ruf:
rauher Schrei wie „kirrik"

Tordalk

Alca torda

Sein Name klingt schon so nordisch, als käme er aus einem Roman von Knut Hamsun. Und ein Bewohner der skandinavischen Küsten ist er auch. Sein Verbreitungsgebiet erstreckt sich bis nach Murmansk und Grönland hinauf und umfaßt auch Irland, die Britischen Inseln wie auch die Küste der Bretagne. Er ist ein ausgesprochener Seevogel. Außerhalb der Nistzeit hält er sich auf den Gewässern in der Nähe des Nistreviers auf oder streicht auf dem Atlantischen Ozean umher. Der Tordalk ist ein geselliger Vogel und nistet in großen Kolonien auf den Felsenklippen vor Inseln und Küsten. Hier sucht er sich eine geeignete Stelle auf Vorsprüngen oder am Rande der Höhlen von Papageitauchern, baut aber keinerlei Nest. Von Mitte Mai bis Juni legt das Weibchen ein einziges Ei direkt auf die kahle Unterlage oder manchmal auch in ein verlassenes Nest der Dreizehenmöwe. Beide Partner brüten abwechselnd 32 bis 36 Tage lang, kümmern sich dann auch gemeinsam um das Küken und füttern es. Nach ungefähr 21 Tagen verläßt das Junge sein „Nest“ und stürzt sich aus der Höhe direkt ins Wasser. Auf dem Meer kann es aber sofort schwimmen und tauchen. Die Nahrung des Tordalkes besteht vor allem aus kleinen Fischen, die er in der Nistzeit oft bis zu 20 km vom Nest entfernt jagt. Hierbei gelingt es ihm, im Wasser mehrere Fische auf einmal zu fangen. Er jagt auch Schalen- und Weichtiere und kann ausgezeichnet tauchen.

Der Tordalk unterscheidet sich von der Trottellumme (186) am deutlichsten durch den klobigen Schnabel mit dem weißen Streifen, der sich von den Nasenlöchern bis zum Auge hinaufzieht.

Ruf:
pfeifende langgezogene Töne

Länge:
40 cm

Männchen und Weibchen gleichfarbig

Eiergröße:
63,0 bis 83,6 × 42,0 bis 52,4 mm

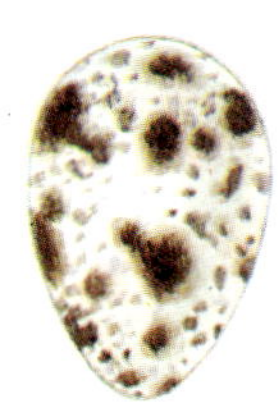

Groß wie eine Taube

Standvogel
Strichvogel

Trottellumme

Uria aalge

„Trottel"-lumme kommt tatsächlich von Trottel = Dummkopf. Man nennt sie auch „Dumme Lumme". Das rührt daher, daß sie den Menschen meist vertrauensvoll an sich herankommen läßt, statt frühzeitig zu fliehen. Wäre sie scheuer, würde man ihr dies als Klugheit auslegen.

Jeder Helgolandfahrer kennt sie. Scharen von Trottellummen brüten dort auf den Felsbändern. Auch auf anderen Nord- und Ostseeinseln kommt sie vor. Ihr weiteres Heimatgebiet sind die nördliche und westliche Küste Skandinaviens, die Gegend um Murmansk, Island, die Britischen Inseln, seltener auch die Bretagne und die Pyrenäenhalbinsel. Die meisten von ihnen streichen im Winter auf dem Atlantischen Ozean umher. Sie stellen sich schon im Dezember oder Januar, in den nördlichen Verbreitungsgebieten erst im März, an den Nistplätzen ein. Auf den Britischen Inseln und in der Ostsee beginnt die Eiablage Mitte Mai. Das Weibchen legt ein einziges Ei direkt auf den nackten Felsen. Manchmal legt sie das Ei in das Nest einer Dreizehenmöwe ab.

Die Färbung des Eies ist sehr variabel. Beide Partner wechseln sich beim Brüten 30 bis 36 Tage lang ab. Das Junge, das dicht mit Dunen bedeckt ist, wird von den Eltern zwei- bis dreimal täglich überwiegend mit Fischen gefüttert. Im Alter von 20 bis 25 Tagen verläßt es das Nest, kann aber noch nicht fliegen. Es spreizt nur die Flügel und läßt sich auf das Meer hinuntergleiten. Dort wird es noch eine kurze Zeit von den Eltern gefüttert. Die Trottellumme ernährt sich von kleinen Fischen, jagt aber auch Schalen- und Weichtiere und Meereswürmer.

Eiergröße:
74,0 bis 93,0 × 46,0 bis 55,0 mm

Länge:
43 cm

Männchen und Weibchen gleichfarbig

Ruf:
lang „arrr" oder „arra"

Standvogel

Dickschnabellumme

Uria lomvia

Ihr Name stellt sie vor: sie hat einem dickeren Schnabel als die Trottellumme (126), auf dem als zusätzliches Erkennungszeichen ein deutlicher weißer Streif bis unter das Auge verläuft. Ihre Brutgebiete liegen weiter nördlich in den arktischen Gebieten Asiens, Nordamerikas, Grönlands und Europas. Im Winter hält sie sich an der Nordküste Norwegens und in der Umgebung Islands auf und fliegt selten bis nach Nordfrankreich oder ins Binnenland. Ende März oder Anfang April stellt sie sich an den Nistplätzen ein. Sie hält sich hier die ersten Tage auf dem Wasser auf und besetzt erst dann die Nistplätze auf den Vorsprüngen steiler Felswände. Sie bildet umfangreiche Kolonien. Das Weibchen legt ein einziges Ei direkt auf den nackten Felsen. Beide Partner brüten abwechselnd 30 bis 36 Tage. Die Alten füttern das Junge bis zu dreimal täglich und fliegen dabei bis zu 15 km weit vom Nest weg, um Nahrung zu suchen. Im Alter von 18 bis 25 Tagen verläßt das Junge den Felsen. Da es noch nicht fliegen kann, flattert es heftig mit den Flügeln und dämpft so den Aufschlag auf das Wasser. Dann schwimmen ganze Scharen von Jungvögeln umher und schreien laut und rufen die Alten, die den Jungen nachfliegen und sie noch füttern. Die Dickschnabellumme jagt in Scharen von 20 bis 200 Exemplaren. Ihre Nahrung sind vor allem Fische. Sie frißt aber auch Schalen- und Weichtiere. Auf dem Lande geht sie langsam und aufrecht, schwimmt aber sehr leicht und kann ausgezeichnet, jedoch nicht tief tauchen.

Ruf:
pfeifend „arr" oder „örr"

Länge:
39 bis 48 cm

Männchen und Weibchen gleichfarbig

Eiergröße:
69,0 bis 99,0 × 41,0 bis 59,0 mm

Strichvogel

Gryllteiste

Cepphus grylle

Schon aus der Ferne erkennt man ihre weiße Unterseite. Außerdem hat sie einen von dem dunklen Gefieder deutlich abgesetzten weißen Flügelfleck. In Vogelfelsen geht sie in der Regel nicht sehr hoch hinauf, sondern bewohnt lieber die „unteren Etagen".

Die Gryllteiste ist weit verbreitet in Europa, Nordasien und Nordamerika. Ihre europäischen Niststätten befinden sich an der Küste ganz Skandinaviens, Finnlands, des Gebiets von Murmansk, Islands, Schottlands, Irlands und Dänemarks. Sie ist überwiegend ein Standvogel, taucht aber im Winter in geringer Zahl auch an der Küste Deutschlands auf. Außerhalb der Nistzeit hält sie sich auf dem Meer oft in der Nähe der Küste auf. Die Nistplätze sucht sie ein bis zwei Wochen vor der Ablage des ersten Eies, wenn Eis und Schnee abschmelzen, auf. Sie nistet einzeln oder in kleinen Gruppen, die einige zehn, nur ausnahmsweise einige hundert Paare umfassen. Mitte Mai bis Mitte Juni legt das Weibchen seine zwei Eier meist ohne jede Unterlage in eine Felsnische oder unter einen Felsblock, gelegentlich auch in eine selbstgegrabene Höhle. Beide Partner brüten abwechselnd. Die Jungen schlüpfen nach 27 bis 30 Tagen. Sie liegen auf dem Bauch und werden von den Alten vom zweiten Tag an gefüttert. Diese tragen drei- bis fünfmal täglich meistens kleine Fische heran. Im Alter von 35 bis 37 Tagen verlassen die Jungen, gewöhnlich nachts, das Nest und gehen aufs Meer. Die Gryllteiste lebt von kleinen Fischen, die den Hauptteil ihrer Nahrung bilden, von Insekten und Weichtieren.

Eiergröße:
57,0 bis 65,0 × 38,0 bis 44,0 mm

Länge:
32 bis 38 cm

Männchen und Weibchen gleichfarbig

Ruf:
pfeifende Töne und knarrende Triller

Standvogel

Papageitaucher

Fratercula arctica

Mit seinem hohen bunten Schnabel und seinen leuchtend roten Füßen ist das putzige Kerlchen ein Lieblingsmotiv aller Tierphotographen. Sein wissenschaftlicher Name bedeutet „arktisches Brüderchen".

Die Küsten und Inseln des nördlichen und mittleren Atlantiks sind die Heimat des Papageitauchers. In Europa nistet er an der Küste des Murmansker Gebietes, Norwegens, Südwestschwedens, Großbritanniens, Irlands, Islands und auch der Bretagne. Er ist ein ausgesprochener Seevogel, der sich außerhalb der Nistzeit auf dem mittleren Atlantischen Ozean aufhält. Schon vor Beginn der eigentlichen Brutzeit wird das Nistgebiet angeflogen. Die Papageitaucher bevorzugen hierfür möglichst Rasenhänge mit weichem Erdreich, in das sie mit ihrem kräftigen Schnabel ihre 2 bis 3 m langen Nisthöhlen graben können. Die gelockerte Erde wird mit den Füßen hinausgeworfen. Alte Niststätten besitzen oft verzweigte Gänge mit mehreren Nistkammern.

Notfalls ist der Papageitaucher aber auch mit felsigen Stellen zufrieden, wenn er dort geeignete Höhlungen, Löcher und Spalten vorfindet. Die Nistkammern werden mit trockenem Gras und einigen Federn oder Wasserpflanzen ausgepolstert. Der Papageitaucher nistet in großen Kolonien. Das Weibchen legt im Mai gewöhnlich ein Ei. Es ist sehr groß, sein Gewicht übersteigt in der Regel ein Zehntel vom Körpergewicht des Weibchens. Beide Partner brüten abwechselnd 40 bis 42 Tage und füttern dann das Junge noch 40 Tage im Nest. Die Papageitaucher ernähren sich vor allem von Fischen. Sie tragen oft mehr als 12 Fische auf einmal im Schnabel zum Nest und jagen ihre Beute unter dem Wasser.

Ruf:
ertönt nur selten am Nistplatz „ou" oder „arr"

Länge:
28 bis 37 cm

Männchen und Weibchen gleichfarbig

Eiergröße:
58,0 bis 68,0 × 39,0 bis 49,0 mm

Strichvogel

Hohltaube

Columba oenas

Sie heißt Hohltaube, weil sie in Höhlen nistet. Sie braucht deshalb Wälder und Parkanlagen mit altem Baumbestand. Wo diese abnehmen, wird auch die Hohltaube seltener. In West- und Südeuropa ist die Hohltaube ein Standvogel, die Populationen aus den übrigen Gebieten des Kontinents ziehen im September bis Oktober nach Südwesteuropa und in die Mittelmeerländer. In ihre Brutreviere kehren sie bereits Ende Februar zurück. Oft besetzen sie eine verlassene Nisthöhle des Schwarzspechts, nehmen aber auch einen aufgehängten Nistkasten an.

Den Nistkessel polstern die Hohltauben mit trockenen Holzstückchen und kleinen Zweigen aus, manche Weibchen legen ihre zwei Eier direkt auf den bloßen Boden der Nisthöhle. Beide Partner brüten abwechselnd insgesamt 16 bis 17 Tage und füttern dann die geschlüpfte Brut aus ihren Kröpfen, anfangs mit einem besonderen Brei, der sich in ihren Kröpfen bildet. Nach drei Wochen verlassen die Jungen das Nest, werden jedoch noch einige Zeit von den Eltern mit vorverdauten Körnern und Samen gefüttert.

Die Nahrung der erwachsenen Hohltauben besteht hauptsächlich aus verschiedenen Samen, auch aus kleinen Früchten sowie Beeren und grünen Pflanzenteilen.

Eiergröße:
33,0 bis 43,0 × 26,0 bis 31,0 mm

Länge:
33 cm

Männchen und Weibchen sind gleich gefärbt

Gewicht:
etwa 280 g

Ruf:
ein heulendes „Huuh huu hu hu huhhuhhuhhuhhuh"

Standvogel
Zugvogel

Ringeltaube

Columba palumbus

Seit Wanderfalke (72) und Habicht (62) selten geworden sind, ist niemand mehr da, der den Tauben nachstellt. Der tierliebende Städter füttert sie. So nimmt ihre Zahl ständig zu, so daß sie stellenweise zur Plage werden, die man bekämpfen muß. Der ursprüngliche Waldbewohner hat längst alle Scheu abgelegt und fühlt sich nicht nur draußen in der Natur, sondern zunehmend auch in Parkanlagen und selbst in kleinen Gärten wohl.

Als anpassungsfähiger Vogel ist die Ringeltaube über ganz Europa verbreitet. Sie baut ein schütteres, aus locker und unordentlich übereinandergelegten Zweigen bestehendes Nest. Es liegt meistens auf einem Ast dicht am Stamm eines Nadel- und seltener auch eines Laubbaums. Das Weibchen legt zwei Eier, die beide Partner abwechselnd 17 bis 18 Tage bebrüten. Sie füttern die geschlüpfte Brut anfangs mit einem besonderen Brei, den sie aus ihrem Kropf auswürgen. Nach 20 bis 29 Tagen verlassen die Jungen das Nest und halten sich im nahen Gezweig auf, wo sie noch eine Zeitlang von den Eltern gefüttert werden.

Die Ringeltauben ernähren sich hauptsächlich von Samen und grünen Pflanzenteilen, seltener auch von kleinen Wirbellosen wie Regenwürmern und Weichtieren. Tagsüber halten sich Schwärme der Ringeltauben auf Feldern auf.

Wo sie nicht überwintert, zieht sie im September und Oktober südwärts und kehrt Mitte März in ihre Brutgebiete zurück.

Ruf:
wie „Gruh grugru gruh gru grugru ...“

Länge:
40,5 cm

Männchen und Weibchen sind gleich gefärbt

Gewicht:
bis etwa 500 g

Eiergröße:
36,5 bis 47,8 × 25,0 bis 33,0 mm

Standvogel
Zugvogel

Turteltaube

Streptopelia turtur

Kleiner und zarter als die beiden vorangegangenen Arten, ist die Turteltaube. Mit einem anhaltenden „Turr-turr...“ stellt sie sich vor. Dieser Vogel bewohnt ganz Europa mit Ausnahme Skandinaviens und ist überall stark verbreitet. Auch in Nordwestafrika und Westasien ist er beheimatet. Man kann der Turteltaube in lichten Laubwäldern mit Unterholz, in Feldwäldchen, Baumbeständen an Flüssen, Teichen und Bächen oder in dichten Parkanlagen begegnen. Beim Hochzeitsflug schwingt sich das Männchen hoch in die Luft und gleitet dann mit weit ausgebreiteten Schwanzfedern zu Boden.

Beide Partner bauen ein einfaches, nur aus achtlos übereinandergelegten Holzstückchen und Zweigen bestehendes Nest, das meistens ein bis fünf Meter über dem Boden im Gestrüpp oder auf Bäumen liegt. 14 bis 16 Tage bebrüten beide Eltern abwechselnd ihre zwei Eier. Beide Partner füttern auch die ausgeschlüpfte Brut, anfangs mit einem in ihren Kröpfen gebildeten Brei, später mit vorverdauten Samen und Körnern. Nach 14 bis 16 Tagen verlassen die jungen Turteltauben das Nest, werden aber noch einige Zeit von ihren Eltern gefüttert, die dann, wenn die Jungen selbständig geworden sind, meistens im Juni oder Juli, ein zweites Mal nisten. Auf Nahrungssuche – ihre Hauptnahrung sind verschiedene Samen – fliegen die Turteltauben aus den Wäldern auf Felder, wenn der Sommer zu Ende geht, schon in Schwärmen. Die Turteltauben treten ihre Reise in die Winterquartiere im tropischen Afrika bereits im August an. Von dort kehren sie im nächsten April oder Mai wieder zurück.

Eiergröße:
27,0 bis 34,6 × 20,0 bis 24,6 mm
Die Eier sind reinweiß

Länge:
27 cm

Männchen und Weibchen sind gleich gefärbt

Ruf:
ein langgezogenes „Turr-turr-turr“

Zugvogel

Türkentaube

Streptopelia decaocto

Sie ist ein Kulturfolger, dessen Verbreitung über Europa wir ziemlich genau verfolgen können: 1930 kam sie bereits in ehemaligen Jugoslavien vor, 1938 war sie in Preßburg, 1943 in Wien. 1947 entdeckte man die erste Türkentaube in Augsburg, 1949 brütete sie bereits in Hannover. Seither ist sie bis nach Schleswig-Holstein und selbst bis Skandinavien und England hinauf vorgedrungen.

Sie hat sich dem Menschen angeschlossen. Ungeniert lädt sie sich überall zu Gast, auf dem ländlichen Hühnerhof wie im Großstadtpark und auf dem Balkon. Hier nimmt sie mit Nahrungsresten vorlieb, obwohl sie von Natur aus Samenfresser ist, wenn sie sich auch zum Teil von Insekten, Weichtieren oder Würmern ernährt. Ihr nur aus wenigen übereinandergelegten Zweigen bestehendes Nest baut sie nachlässig im Geäst der Bäume, in hohen Sträuchern, manchmal auch am Fenstersims, am Dach eines Nistkastens oder Futterhäuschens. Das Weibchen legt in der Regel nur zwei Eier, bei deren Bebrüten sich beide Partner 14 bis 15 Tage lang abwechseln. Nach drei Wochen sind die Jungen flügge. Die Türkentaube nistet bis viermal jährlich, und ihre Nester kann man das ganze Jahr über antreffen. Die Hauptnistzeit erstreckt sich von April bis September.

Ruf:
ein charakteristisches „Du-duh-du", im Flug auch manchmal Laute wie „wäh"

Länge:
28 cm
♂ = ♀

Im Winter in Schwärmen lebend

Eiergröße:
27,5 bis 33,8 × 21,8 bis 25,0 mm
reinweiße Eier

Standvogel

Kuckuck

Cuculus canorus

Wohl keine andere Vogelstimme ist so volkstümlich. Vernehmen wir im Frühjahr den ersten Kuckuckruf, so klimpern wir wohl mit den Münzen in unserer Tasche: „Damit das Geld nicht alle wird." So ist er mit allerlei abergläubischen Vorstellungen verbunden. Der Kuckuck steht seit je bei Vogelfreunden nicht in dem besten Ruf: daß er seine Eier in die Nester anderer Vögel legt und denen dann das Ausbrüten und die Aufzucht der Jungen überläßt, hat man ihm immer übelgenommen.

Oft kann man schon im April den typischen Ruf des Kuckucksmännchens hören, das eben aus dem tropischen oder fernen Südafrika zurückgekehrt ist. Die Weibchen zeigen sich erst eine Woche oder zehn Tage nach den Männchen. Sie lassen nicht den typischen Kuckucksruf hören, sondern Laute, die dem Ruf des Grünspechts (151) ähneln. Der Kuckuck lebt im Wald, in Feldgehölzen, aber auch in mit Buschwerk bestandenen Gebieten.

Das Weibchen fliegt im Brutrevier umher und sucht nach einem geeigneten Nest. Wenn es ein passendes gefunden hat, wirft es dort eines der Eier aus dem Nest und legt statt dessen ein eigenes Ei, das in der Farbe meistens dem der Pflegeeltern ähnelt, hinein. Von Mai bis Juli legt das Weibchen auf diese Weise 15 bis 20 Eier ab, jedes in ein anderes Nest. Der junge Kuckuck schlüpft nach einer Brutzeit von 12 Tagen, und innerhalb kurzer Zeit wirft er alle Eier und eventuell bereits geschlüpfte Junge der Pflegeeltern aus dem Nest.

Der erwachsene Kuckuck ernährt sich auch von behaarten Raupen. Er verläßt seine Heimat in der Zeit von Ende Juli bis Anfang September.

Eiergröße:
19,7 bis 26,4 × 14,7 bis 18,8 mm
Die Eierfarbe ist sehr variabel

Länge:
33 cm

Männchen und Weibchen sind gleich gefärbt

Ruf:
♂ „kuckuck" oder auch „kuckuckuck"
♀ „kwickkwickkwick"
die Jungen „zisszisszissʼʼ

Zugvogel

Schleiereule

Tyto alba

Ihr nächtliches Zischen und Schnarchen hat gewiß schon manchem angst und bange gemacht, der sich vor Gespenstern fürchtete. Wer solcherart das Fürchten lernen will, braucht nicht erst in den Wald zu gehen, wo Baum- und Felshöhlen einst die natürliche Behausung der Schleiereule waren. Längst hat sie Anschluß beim Menschen gesucht und gefunden. Sie läßt sich gern in Scheunen, auf Dachböden oder in Taubenschlägen nieder und baut ihr Nest mit Vorliebe auch in Kirchtürmen oder in dunklen Winkeln von Burgruinen. Ihrer Heimat bleibt sie meistens auch im Winter treu, aber bei strengem Frost und Nahrungsmangel hat man schon des öftern Züge ganzer Schwärme dieser Vögel beobachtet. Die Schleiereule ist ein Weltbürger, der außer Europa auch alle anderen Erdteile bewohnt. Sie nistet nicht regelmäßig, und ihr Gelege von 4 bis 6 Eiern ist von März bis November zu finden. Bei einer Mäuseplage nistet sie bis dreimal jährlich. Außer Mäusen fallen ihr auch Ratten, Fledermäuse, Sperlinge und Amphibien zum Opfer, aber sie verschmäht auch Insekten nicht. Das Weibchen legt die Eier oft direkt auf den nackten Boden und bebrütet sie 30 bis 32 Tage. Es wird während dieser Zeit vom Männchen gefüttert. An der Brutpflege der Jungen, die etwa nach 52 bis 58, manchmal sogar erst nach 86 Tagen flügge werden, beteiligen sich beide Eltern. Sobald die Jungen flügge sind, zerstreuen sie sich in die Umgebung.

Allgemein schätzt man die Schleiereule als willkommenen Vertilger von Mäusen und Ratten.

Ruf:
heisere, oft wiederholte Laute, wie „chrüüh" oder „chrrraihch"

Länge:
34 cm
♂ = ♀

Typisch ist der herzförmige Gesichtsschleier
Schaukelnder Flug

Flügelspannweite:
etwa 80 cm

Eiergröße:
34,8 bis 43,0 × 28,6 bis 33,5 mm

Standvogel

Uhu

Bubo bubo

Ein ausgewachsener Mann spannt – wenn er seine Arme nach beiden Seiten ausstreckt – etwa 1,60–1,70 m. Genau so weit ist die Flügelspanne des Uhus. Er ist in ganz Europa, mit Ausnahme einiger westlicher Teile, verbreitet. In ganz Deutschland gibt es jedoch nur noch sehr wenig Zufluchtsstätten für diesen Riesen der Nacht.

Er bewohnt ausgedehnte Wälder im Gebirge wie im Flachland, liebt aber besonders felsiges Gelände. Dort bleibt er das ganze Jahr über in seinem Brutrevier.

Schon Ende März oder im April baut er auf einem Felsvorsprung, auf dem Gemäuer einer Burgruine oder direkt am Boden, in den nördlichen Gebieten auch in Baumhöhlen niedrig über dem Boden, ein einfaches, oft unausgepolstertes oder nur mit Haaren und Gefiederresten seiner Beute ausgepolstertes Nest.

Das Weibchen brütet auf seinen 2 bis 4 Eiern allein 32 bis 37 Tage, das Männchen bringt das Futter, das es dem Weibchen in der Nähe des Nestes übergibt. Um die geschlüpfte Brut kümmert sich das Weibchen sorgfältig, es schützt die Jungen vor Regen und vor heißen Sonnenstrahlen. Manchmal schon nach einem Monat, meistens nach zwei Monaten, verlassen die Jungen das Nest, bleiben aber noch in seiner nächsten Umgebung. Im Alter von drei Monaten sind die Jungen bereits gute Flieger.

Der Uhu braucht ein weites Brutrevier, das oft einen Durchmesser von fünfzehn Kilometern hat. Zur Beute fallen ihm Wirbeltiere bis zur Größe eines Hasen oder eines jungen Fuchses. Er ernährt sich jedoch auch von Insekten.

Eiergröße:
51,2 bis 73,0 × 42,0 bis 53,7 mm

Länge:
67 cm

Flügelspannweite:
160 bis 166 cm

Männchen und Weibchen sind gleich gefärbt

Ruf:
ein weit hörbares „Buhu" oder „Uhuhu-u-uhu-hu" auch schnarrende Laute

Standvogel

Schnee-Eule

Nyctea scandiaca

Schon ihr vorwiegend weißes Federkleid verweist sie in das Reich des „ewigen Schnees“. Sie bewohnt alle Gebiete Europas, Asiens und Amerikas rund um den Nordpol. Ihre europäischen Nistreviere liegen auf Island, auf Grönland und in den Gebirgen Norwegens und um Murmansk. Außerhalb der Nistzeit unternimmt sie Reisen an die Küste und die Ufer von Seen. Sehr selten streicht sie bis nach Mittel- und Westeuropa. Sie ist ein Vogel der offenen Landschaft und meidet Wälder. Obwohl auch Kaninchen, Vögel und Fische zu ihren Beutetieren gehören, ist sie doch weitgehend auf Mäuse und vor allem auf Lemminge spezialisiert, denen sie selbst auf ihrem Zuge folgt. Eine einzige Schnee-Eule vertilgt jährlich 600 bis 1600 Lemminge im Gesamtgewicht von 55 bis 130 kg. In Jahren, in denen es wenig Lemminge gibt, entfällt die Brut mitunter gänzlich. Ihr Nistterritorium erstreckt sich über ungefähr einen, bei Nahrungsmangel über zwei Quadratkilometer. Die Schnee-Eule legt ihr „Nest“ auf dem Boden, auf einer Erhöhung oder auf einem Felsvorsprung an, es besteht nur aus einer flachen Mulde. Das Weibchen legt meistens vier bis sechs, bei Nahrungsüberschuß ausnahmsweise auch mehr als 10 Eier und brütet sie allein 32 bis 34 Tage aus. Die Jungen verbleiben gewöhnlich 57 bis 61 Tage im Nest und sind dann flügge.

Die Schnee-Eule ist kein ausgesprochener Nachtvogel, sondern sie jagt auch am Tage. Auch ihr Flug ist nicht eulenartig geräuschlos, sondern sie ähnelt darin dem Bussard. Gleich ihm ist sie immer lebhaft auf Nahrungssuche.

Ruf:
wiederholtes lautes „krau-au“ auch „kru-kru“

Länge:
54 bis 66 cm

Männchen weiß
Weibchen mit Tupfen

Eiergröße:
50,5 bis /0,2 × 40,0 bis 49,3 mm

Strichvogel

Sperlingskauz

Glaucidium passerinum

Dieses fast nur spatzengroße Kerlchen ist der Zwerg unter den europäischen Eulen. Der Sperlingskauz bewohnt Nadelwälder im Tiefland und in den Bergen. Er lebt in Skandinavien, Mittel- und Nordosteuropa, im Osten reicht sein Verbreitungsgebiet bis zum Amur. In Mitteleuropa ist er ein Standvogel und kommt hier vor allem in Gebirgsregionen, zum Beispiel im Schwarzwald, im Böhmerwald und in den Alpen vor. Man kann ihm auch in tiefen Wäldern des Flachlandes begegnen. Stellenweise ist er zahlreich vertreten, da er jedoch ein verstecktes Leben führt, entgeht er in tiefen Wäldern unserer Aufmerksamkeit. Bereits im Dezember kann man den Ruf des Männchens hören.

Der Sperlingskauz baut sein Nest im April oder Mai in Baumhöhlen, er bezieht oft die Höhle eines Spechts. Das Weibchen legt in der Regel 4 bis 6 Eier, die es allein 28 Tage bebrütet. Die Brut füttert der Sperlingskauz mit Insekten, kleinen Vögeln und Säugetieren.

Oft legt er Vorräte an, und man kann dann in einer Höhle von ihm erjagte kleine Feldmäuse, Spitzmäuse, Feldsperlinge, Ammern und Goldhähnchen finden. Auf seine Beute lauert er auf einem Ast sitzend und wippt dabei mit dem Schwanz. Sobald er ein Opfer erspäht hat, stürzt er ihm nach und fängt es oft im Flug. Im offenen Gelände jagt er meistens nicht, er hält sich vor dem Angriff auf seine Beute zwischen Bäumen oder im Gebüsch auf.

Obwohl der Sperlingskauz durchaus kein ausgesprochener Nachtvogel ist, sondern am Tage jagt, sehen wir ihn selten. Er ist klein und führt obendrein ein verborgenes Leben.

Eiergröße:
27,0 bis 31,5 × 21,5 bis 24,5 mm

Länge:
16,5 cm

Gewicht:
nur 75 g

Männchen und Weibchen sind gleich gefärbt

Ruf:
ein pfeifendes „Kuwitt" läßt aber auch andere Laute hören

Standvogel

Steinkauz

Athene noctua

Einst haftete ihm der Ruf eines „Totenvogels" an. Wenn man in dörflicher Stille Nachtwache bei einem Kranken hielt, hörten ängstliche Gemüter aus seinem „Komm'mit!" eine Aufforderung des Todes heraus. Auch sein „Giwkuck" wurde bei uns als „Kirchhof" gedeutet.

Läßt er sich tagsüber erblicken, fliegen die Singvögel zeternd um den vermeintlichen Feind herum, obwohl der Insektenjäger und Mäusefänger wohl mal einen Vogel am Boden, kaum aber einen Sänger im Gezweig greift. Der Steinkauz, der in ganz Europa mit Ausnahme Irlands und Skandinaviens beheimatet ist, bewohnt offene, steinige Stellen, verlassene Steinbrüche, Alleen, Waldränder und stark bewachsene Parkanlagen. Sein Nest baut er in Baumhöhlen, Nistkästen, Steinhaufen und manchmal sogar in Kaninchenlöchern.

Das Weibchen legt seine 4 bis 8 Eier in das nicht ausgepolsterte Nest und widmet sich 26 bis 28 Tage dem Brüten. Die nach dem Schlüpfen in ein dichtes Daunenfederkleid gehüllten Jungen werden von den Eltern mit Insekten und kleinen Wirbeltieren gefüttert. Nach 28 bis 35 Tagen sind die Jungen flügge und verlassen das Nest. Der Steinkauz jagt gegen Abend Insekten, vor allem Maikäfer, in der Nacht Feld- und Wühlmäuse; er ist deshalb ein sehr nützlicher Vogel. Der Steinkauz ist ein Standvogel, zum Teil auch Strichvogel, der sich manchmal bis 200 km von seiner Niststätte entfernt.

Ruf:
„ghuk" ein kurzes „Kuitt kuitt" oder auch Laute wie „kiff kiff kiff"

Länge:
23 cm
♂ = ♀

Flügelspannweite:
etwa 50 cm

Eiergröße:
31,5 bis 37,1 × 25,7 bis 31,0 mm

Groß wie eine Amsel

Standvogel
Strichvogel

Waldkauz

Strix aluco

Eulen haben für manche Menschen etwas Gruseliges und Furchterregendes an sich. Sehr zu Unrecht. Ihre Stimmen lassen sie zumeist nachts ertönen, und dann mögen sie für den Unkundigen geheimnisvoll klingen. Aber ihre Rufe haben doch etwas Klangvolles an sich, dem wir im Dunkel gern lauschen.

So dem „kuwitt" oder dem Balzlied des Waldkauzes, der ein Waldbewohner ist, aber auch in Parkanlagen und Gärten vorkommt, wenn er dort eine Bruthöhle findet. In milden Wintern nistet er darin bereits im Februar, sonst kann es April werden.

Das Weibchen legt 3 bis 5 Eier, die es meistens allein in 28 bis 30 Tagen ausbrütet. Das Männchen bringt während dieser Zeit dem Weibchen die Nahrung ans Nest und löst es, wenn auch selten, beim Brüten ab. Da das Weibchen mit dem Brüten bereits nach Ablage des ersten Eies beginnt, schlüpfen auch die Jungen nicht gleichzeitig. In den ersten zehn Tagen nach dem Ausschlüpfen der ersten Jungen verläßt das Weibchen das Nest überhaupt nicht.

Das Männchen versorgt die ganze Familie vor allem mit Ratten und Mäusen, aber auch mit anderen Wirbeltieren wie Fledermäusen, Lurchen, Amphibien und mit Insekten. Später jagt auch das Weibchen, das sich tagsüber in der Nähe des Nestes aufhält und die Jungen bewacht. Manchmal füttert es die Jungen auch am Tag mit der nachts gejagten Beute. Nach 28 bis 36 Tagen verlassen die Jungen das Nest, halten sich aber noch in seiner Umgebung auf und werden von den Altvögeln gefüttert. Im Alter von etwa 50 Tagen unternehmen die jungen Waldkäuze ihren ersten Flug. Auch diese Eule bleibt den Winter über bei uns.

Eiergröße:
43,0 bis 51,7 × 34,4 bis 43,3 mm
Die Eier sind reinweiß

Länge:
38 cm

Flügelspannweite:
92 bis 94 cm

Männchen und Weibchen sind gleich gefärbt
sehr variabel

Ruf:
während der Balz „huu hu huuuuuuuuh" manchmal auch „juih" oder „kuwitt"

Standvogel

Habichtskauz

Strix uralensis

Dem Habichtskauz können wir bei uns kaum begegnen; denn er ist ein Bewohner Skandinaviens, Nordosteuropas und auch einiger begrenzter Gebiete Mitteleuropas. Er lebt in ausgedehnten Wäldern in der Ebene wie in den Bergen. Man findet ihn in größerer Anzahl überall dort, wo viele Nagetiere, Wühl- und Feldmäuse auftreten, die seine Hauptnahrung bilden. Im Norden jagt er vor allem Lemminge, seltener auch kleinere Vögel oder Insekten. Der Habichtskauz ist im allgemeinen ein Standvogel.

Sein Nest baut er in Baumhöhlen oder in verlassenen Raubvogelnestern, in einer Höhe von mehr als vier Metern, meistens jedoch zehn bis zwanzig Meter über dem Boden. Es kommt vor, daß bei Nahrungsmangel ein Habichtskauzpaar überhaupt nicht nistet.

Unter normalen Umständen legt das Weibchen im April 3 bis 4 Eier, die es allein in 27 bis 29 Tagen ausbrütet, wobei es vom Männchen mit Nahrung versorgt wird. Das Männchen geht auch für die geschlüpften Jungen auf Beutejagd, das Füttern besorgt jedoch das Weibchen. Nach 34 Tagen verlassen die jungen Habichtskäuze zum ersten Mal das Nest, kehren aber oft nachts noch ins Nest zurück. Der Habichtskauz ist ein sehr tapferer Vogel, der an seinem Nest auch stärkere Raubvögel angreift. Es ist bekannt, daß er in Einzelfällen am Nest auch schon neugierige Menschen mit seinen scharfen Krallen angefallen hat. Wenn er im Winter nicht genug Nahrung finden kann, kommt er auch in die Nähe menschlicher Siedlungen.

Ruf:
ähnelt dem Ruf des Waldkauzes, klingt aber höher und hohler manchmal auch ein tiefes „Hauhauhau" oder „Chwä"

Länge:
etwa 60 cm

Flügelspannweite:
105 bis 116 cm

Männchen und Weibchen sind gleich gefärbt

Eiergröße:
47,1 bis 54,7 × 39,0 bis 44,0 mm
Die Eier sind reinweiß

Groß wie ein Bussard

Standvogel

Waldohreule

Asio otus

Sie hat „Ohren" wie der Uhu, ist aber nur etwa krähengroß. Man hat sie deshalb einen „kleinen Uhu" genannt.

Die Waldohreule ist in ganz Europa mit Ausnahme der nördlichsten Teile stark verbreitet. Sie tritt vor allem in kleineren Nadel- oder Mischwäldern, auch in Feldgehölzen, größeren Parkanlagen und stark bewachsenen Gärten auf. Sie ist in der Regel ein Standvogel, aber viele Exemplare, besonders aus den nördlichen Gebieten, ziehen im Winter in südwestlicher Richtung.

Ende März oder im April suchen die Waldohreulen verlassene Krähen-, Raubvogel- oder Eichelhähernester, auch die Kobel des Eichhörnchens auf. An ihnen nehmen sie nur kleine Änderungen des eigentlichen Nistkessels vor. Das Weibchen legt 4 bis 6 Eier, die es allein in 27 bis 28 Tagen ausbrütet. Das Männchen bringt dem Weibchen, und nach dem Schlüpfen auch den Jungen, das Futter ans Nest, übergibt die Beute dem Weibchen, das das Füttern besorgt. Da das Weibchen bereits nach Ablage des ersten Eies anfängt zu brüten, schlüpfen die Jungen in zeitlichen Abständen.

Auf Beutejagd geht die Waldohreule erst nach Einbruch der Abenddämmerung. Tagsüber hält sie sich in den dichten Zweigen von Fichten und Kiefern verborgen, wo sie völlig regungslos sitzt und einen Aststumpf „vortäuscht". Hier entdeckt sie nur das erfahrene Auge eines Ornithologen. Die Waldohreule jagt außer Nagetieren auch kleine Vögel, zur Zeit der Brutpflege auch viele Insekten. Die Jungen verlassen das Nest nach 21 bis 26 Tagen.

Eiergröße:
35,0 bis 44,7 × 28,0 bis 34,5 mm
Die Eier sind reinweiß

Länge:
34 cm

Flügelspannweite:
85 bis 90 cm

Männchen und Weibchen sind gleich gefärbt

Ruf:
in der Balz ein weit hörbares „Hu hu hu" auch halbpfeifende Laute

Warnruf:
wie „wüpp wüpp"

Groß wie eine Krähe

Standvogel
Zugvogel

Sumpfohreule

Asio flammeus

Bei Eulen denken wir allgemein an Waldbewohner. Sie aber hat die offene Landschaft – Heidemoore, Torfgebiete, Sumpfwiesen – zum Lebensbereich gewählt. Ihre „Ohren" sind so klein, daß sie kaum auffallen. Sie ist in ganz Nord-, West-, Mittel- und Osteuropa verbreitet. Die Populationen aus den nördlichsten Gebieten sind Zugvögel, in den südlicher gelegenen Regionen sind die Sumpfohreulen Strichvögel. Aber auch von dort ziehen viele Exemplare in das Mittelmeergebiet oder noch weiter südlich bis ins tropische Afrika, um dort zu überwintern.

Im März bis Mitte April kehren sie zu ihren Niststätten zurück. Ihr Nest aus dicken Halmen bauen sie in Torfmooren oder auf feuchten Wiesen in einer flachen Bodenmulde und polstern es mit Blattstückchen und zarten grünen Pflanzenteilen aus.

Das Weibchen legt 4 bis 7, in Jahren, in denen sich kleine Nagetiere stark vermehren, auch bis 14 Eier. Die Eier bebrütet ausschließlich das Weibchen, und zwar vom ersten Ei an, so daß auch die Jungen nacheinander in 24 bis 27 Tagen schlüpfen. Das Männchen hält sich in der Nähe auf und bewacht das Nest. Nach dem Schlüpfen der Jungen schafft das Männchen Futter für die ganze Familie herbei. Die Jungen verlassen das Nest nach 3 bis 4 Wochen, halten sich dann in der Umgebung auf und machen im Alter von etwa 5 Wochen die ersten Flugversuche.

Die Sumpfohreule jagt größere Insekten, Wühl- und Feldmäuse, seltener auch andere kleine Wirbeltiere.

Wir können sie gelegentlich auch am Tage bei ihren Jagdflügen beobachten.

Ruf:
tiefes „Bububu" oder „Käwkäwkäw"

Länge:
37 cm

Flügelspannweite:
103 bis 107 cm

Männchen und Weibchen sind gleich gefärbt

Eiergröße:
35,1 bis 45,0 × 29,0 bis 33,0 mm
Die Eier sind reinweiß

Groß wie eine Taube

Strichvogel
Zugvogel

Rauhfußkauz

Aegolius funereus

Er ähnelt dem Steinkauz (139), ist jedoch seltener und lebt auch nicht so gern wie jener in der Nähe des Menschen. Das Vorkommen des Rauhfußkauzes erstreckt sich über ganz Mittel- und Nordeuropa, doch ist er überall nur stellenweise vertreten. Er kommt vor allem in Gebirgsnadelwäldern vor, man kann ihm jedoch auch im Hügelland oder in der Ebene begegnen. Er bevorzugt große, tiefe Wälder. Wegen seiner versteckten Lebensweise entgeht er oft unserer Aufmerksamkeit. Er bleibt meistens auch im Winter in seiner Heimat, kommt aber aus den Bergen in die Ebene. Manche Exemplare fliegen sogar bis nach Südfrankreich und Nordspanien.

Schon im März beginnt die Balz, und während dieser Zeit verrät die typische Stimme des Männchens den Aufenthaltsort dieser Vögel. Mitte April oder im Mai sucht der Rauhfußkauz eine geeignete Nisthöhle, vor allem verlassene Baumhöhlen des Schwarzspechts.

Das Weibchen legt 4 bis 6 Eier, die es allein 25 bis 31 Tage bebrütet. Die Jungen verlassen das Nest nach etwa einem Monat und kehren nicht mehr dahin zurück. Die Altvögel füttern sie jedoch auch nach Verlassen des Nestes und übergeben ihnen die Nahrung im Gezweig der Bäume oder im flatternden Flug. Der Rauhfußkauz jagt kleine Nagetiere wie Wühlmäuse, Feldmäuse, Siebenschläfer und andere kleine Säugetiere, aber auch Vögel, zum Beispiel Finken, Meisen und junge Singdrosseln. Auf Nahrungssuche geht er im Unterschied zu dem Steinkauz, den man auch tagsüber auf Nahrungssuche beobachten kann, erst nach Eintritt der Dämmerung.

Groß wie eine Amsel

Standvogel
Strichvogel

Eiergröße:
29,0 bis 36,5 × 23,6 bis 28,5 mm

Länge:
25 cm

Flügelspannweite:
54 cm

Männchen und Weibchen sind gleich gefärbt

Ruf:
sowohl Männchen als auch Weibchen rufen „gu ug" zur Zeit der Balz läßt das Männchen ein flötendes oder trillerndes „Dududu" hören

Ziegenmelker

Nachtschwalbe, Tagschläfer

Caprimulgus europaeus

Wer das seltsame Schnurren der „Nachtschwalbe“ vernimmt, mag zunächst nicht glauben, daß es sich um eine Vogelstimme handelt. Ende April bis Mai kehrt der Ziegenmelker aus seinen Winterquartieren in Ost- und Südafrika zurück. Er ist in fast ganz Europa verbreitet, bis auf die nördlichsten Gebiete des Kontinents. Er lebt in lichten und trockenen Nadel- und Mischwäldern, besonders dort, wo Kiefern überwiegen, aber auch am Waldrand und auf Lichtungen. Während der Balz führt er in der Luft akrobatische Flüge vor, wobei er mit den Flügeln gegeneinanderschlägt. Tagsüber hält er sich verborgen und sitzt mit Vorliebe in Längsrichtung auf einem starken Ast, wobei er durch seine Färbung gut getarnt ist. Wenn er am Nest gestört wird, fliegt er flatternd auf und „stellt“ sich sozusagen in der Luft dem Eindringling, den er mit geöffnetem Schnabel von seinem Nest zu verjagen versucht.

Das Weibchen legt Ende Mai oder im Juni 2 Eier auf dem bloßen Boden ab. Beide Eltern brüten abwechselnd 16 bis 18 Tage. Nach weiteren 16 bis 19 Tagen verlassen die Jungen ihr „Nest“, werden jedoch von den Eltern noch einen Monat in den Schlund gefüttert. Das Futter besteht aus Insekten, die die Altvögel in der Dämmerung im Flug fangen. Sie jagen auch Maikäfer und andere Käferarten, fangen Nachtfalter, auch die sehr raschen Schwärmer. Nach dem Süden zieht der Ziegenmelker bereits im August.

Seine nächtliche Lebensweise hat zu allerlei abergläubischen Spekulationen geführt. So soll er sich mit seinem weitgespaltenen Schnabel an den Eutern von Ziegen festsaugen und diese „melken“.

Ruf:
beim Auffliegen „dag dag“
zur Zeit der Balz (♂) nach Eintritt der Dunkelheit ein langdauerndes röchelndes „Errrrrr-örrrr-errrrrr-örrr“

Länge:
27 cm

Das Weibchen hat im Unterschied zu dem Männchen an den Handschwingen keine weißen Flecken

Eiergröße:
27,0 bis 36,5 × 20,0 bis 24,0 mm

Groß wie eine Turteltaube

Zugvogel

Mauersegler

Apus apus

Hoch über dem Häusergewirr der Großstädte flitzt er dahin, oft seine hellen, spitzen Rufe ausstoßend. Nicht, daß ihn der Stadtbetrieb dort unten sonderlich anzöge. Aber er ist ein Felsenbewohner, und die Städte sind daher für ihn großartige Felslandschaften.

„Turmschwalben" nennen ihn die Stadtmenschen. Aber mit den Schwalben hat er nichts gemein, sondern er gehört zur Gruppe der Segler, zu der die schnellsten Flieger unter den Vögeln gehören.

Anfang Mai kehren die Mauersegler aus ihren Winterquartieren in Mittel- und Südafrika zurück. Ihre Flugleistungen sind beträchtlich, sie erreichen eine Geschwindigkeit von 160 km in der Stunde und sind dabei imstande, jäh ihre Flugrichtung zu ändern. Abends jagen sie durch die Luft, nachts fliegen sie sehr hoch auf und sollen in diesen Höhenlagen sogar im Flug schlafen. Am Boden dagegen können sie sich kaum fortbewegen.

Der Mauersegler baut sein Nest in Mauerspalten hoher Gebäude, in Mauerlöchern unter einem Dach, in alten Burgruinen, und zwar aus Materialien, die er im Flug auffängt, zum Beispiel herumfliegende Federn und Heuhalme. Das Baumaterial klebt er mit seinem klebrigen, rasch erstarrenden Speichel zusammen. Das Weibchen legt 2 bis 3 Eier, die es allein in 18 bis 21 Tagen erbrütet, wobei es vom Männchen mit gefangenen Insekten gefüttert wird. Die Jungen verlassen das Nest oft schon im Alter von 35 bis 42 Tagen und sind sofort flugfähig.

So plötzlich wie sie im Frühjahr erschienen, sind die Mauersegler im August wieder geschlossen verschwunden.

Eiergröße:
22,8 bis 28,0 × 14,3 bis 17,6 mm

Länge:
16,5 cm
♂ = ♀

Typisch sind die langen, sichelförmigen Flügel

Ruf:
ein schrilles „Srie — srie" im Fluge

Zugvogel

Eisvogel

Alcedo atthis

„Er, der herrlichste von allen", hat Hermann Löns „das bunte Ding mit dem schrillen Pfiff" genannt und ihn mit einem Kolibri verglichen. Mit seinem schillernd bunten Federkleid scheint der Eisvogel in den tropischen Urwald zu gehören.

Der Eisvogel lebt in ganz Europa mit Ausnahme der nördlichsten Gebiete. In Skandinavien bewohnt er nur den südlichen Teil. Er verläßt seine Heimat auch im Winter nicht, treibt sich herum und sucht eisfreie, meistens fließende Gewässer auf. Einzelne Exemplare, vor allem aus den nördlichsten Gebieten, unternehmen jedoch Reisen von mehreren Hundert Kilometern.

Zur Nistzeit bewohnt der Eisvogel stehende und fließende Gewässer aller Art, vorausgesetzt, daß sich in ihrer unmittelbaren Nähe ein Steilufer oder ein Damm befindet, in dem er sein Nistloch graben kann. Zu der Nistkammer, die 7 bis 10 cm hoch und 10 bis 13 cm breit ist, führt ein 40 bis 100 cm langer Gang. Die Vögel graben das Nistloch mit dem Schnabel und scharren mit den Füßen das Erdreich hinaus. Die Nistkammer polstern sie dann nicht mehr aus. Im Mai bis Juni und dann ein zweites Mal im Juni bis Juli legt das Weibchen 6 bis 7 Eier, die es vom ersten Ei an bebrütet. Die Jungen schlüpfen nach 18 bis 21 Tagen. Das Männchen bringt nicht nur dem brütenden Weibchen Nahrung, sondern löst es auch manchmal beim Brüten ab. Beide Eltern füttern ihre Jungen im Nistloch 23 bis 27 Tage und auch noch einige Tage nach dem Verlassen des Nestes. Wenn die Jungen flügge sind, verstreuen sie sich in der Umgebung. Die Eisvögel fangen kleine Fische, Krustentiere und Wasserinsekten, wobei sie manchmal auch tauchen.

Ruf:
Beim Flug langes „Tieht" oder kurzes „Tit tit tit"

Länge:
16,5 cm

Männchen und Weibchen sind gleich gefärbt

Eiergröße:
20,3 bis 24,8 × 16,7 bis 20,0 mm
Die Eier sind reinweiß

Standvogel
Strichvogel

Bienenfresser

Merops apiaster

Er wirkt in seiner Farbenpracht wie ein Tropenvogel. In der Tat bevorzugt er auch wärmeres Klima. Wir werden deshalb eine Italien- oder Spanienreise abwarten müssen, um ihm zu begegnen. Denn er lebt vor allem in Süd-, Südwest- und Südosteuropa, zum Teil auch in den wärmeren Gebieten Mittel- und Osteuropas. Aus allen europäischen Niststätten zieht er Ende August bis September nach Afrika oder Arabien, wo er überwintert. In seine Heimat kehrt er im April oder Mai zurück. Er hält sich in offener Landschaft in der Nähe von Flüssen, Teichen oder Seen auf, wo die einzelnen Paare dieses in Kolonien nistenden Vogels in senkrechte Ton- oder Sandwände an den Ufern – oft genügt ein ganz kleiner sandiger Wall – ihre 1,2 bis 2 m tiefen Nistlöcher graben.

Im Mai bis Juli legt das Weibchen auf den bloßen Boden der Nistkammer 5 bis 6, seltener auch bis 10 Eier, die beide Partner abwechselnd 20 bis 22 Tage bebrüten. Die Eltern füttern ihre Jungen 20 bis 30 Tage im Nest und noch eine Zeitlang nachdem sie das Nest verlassen haben. Die Bienenfresser jagen in der Luft vor allem Hautflügler wie Wespen, Hummeln und Bienen, aber auch fliegende Käfer, Libellen und Zikaden. Die Flügeldecken und andere chitinöse Hartteile der Insekten würgen sie aus. Die Bienenfresser sind gute und gewandte Flieger, die meistens in Gruppen auf Beutejagd fliegen. In der Luft sind sie sehr beweglich, am Boden dagegen unbeholfen. Deshalb sitzen sie in der Regel auf erhöhten Stellen. Bei den Bienenzüchtern sind die Bienenfresser nicht sehr beliebt, da sie oft große Schäden an den Stöcken anrichten.

Eiergröße:
22,5 bis 29,5 × 17,6 bis 23,6 mm
Die Eier sind reinweiß

Länge:
28 cm

Männchen und Weibchen sind gleich gefärbt

Ruf:
im Flug „prürrr" oder „krük krük" aufgeschreckt „pit"

Zugvogel

Blauracke

Mandelkrähe · *Coracias garrulus*

Die farbenfrohe Blauracke ist westlich der Oder leider nur recht selten zu sehen. Sie lebt in Süd- und Osteuropa, auch der östliche Teil Mitteleuropas gehört zu ihrem Verbreitungsgebiet. Sie bevorzugt Ebenen mit kleinen Wäldchen und Wiesen. Ihre Winterquartiere liegen vor allem in Ostafrika. Von dort kehrt sie Anfang Mai in ihr Brutrevier zurück.

Die Blauracke baut ihr Nest in einer Baumhöhlung. Hoch über diesem Baum führt das Männchen seine Hochzeitsflüge durch, bei denen es in der Luft gleichsam Saltos schlägt, steil aufsteigt, dann seitlich fliegt und plötzlich wieder zu Boden sinkt. In die Nisthöhle legt das Weibchen 4 bis 5 Eier, die es allein 18 bis 20 Tage bebrütet, wobei es nur in Ausnahmefällen vom Männchen für kurze Zeit abgelöst wird. Das Weibchen brütet bereits nach Ablage des ersten Eies. Nach 26 bis 28 Tagen verlassen die Jungen das Nest, werden jedoch noch eine Zeitlang von den Eltern mit Insekten gefüttert, die auch die Hauptnahrung der erwachsenen Vögel bilden.

Die Blauracke ist ein rascher und gewandter Flieger, der seine Beute meistens in der Luft im Flug fängt. Manchmal, besonders bei Nahrungsmangel, jagt sie auch Eidechsen oder Mäuse. Im Herbst frißt sie auch weiche Früchte.

Bereits im August oder Anfang September beginnt der Zug nach dem Süden. Dann rasten sie gern auf Getreidemandeln. Deshalb wird sie auch Mandelkrähe genannt.

Ruf:
ein lautes „Rack rack rack" während des Hochzeitsflugs läßt sich das Männchen mit einem „Rä rä" vernehmen

Länge:
30,5 cm

Männchen und Weibchen sind gleich gefärbt

Eiergröße:
32,0 bis 40,0 × 25,5 bis 31,5 mm

Groß wie eine Turteltaube

Zugvogel

Wiedehopf

Upupa epops

„Stinkt wie ein Wiedehopf" – wie unangebracht ist diese Redewendung. Er hält sein Nest ebenso sauber wie andere Vögel auch. Im Gelände ist er leicht an seiner aufrichtbaren Federholle zu erkennen. Leider sehen wir ihn bei uns nur selten. Sein Vorkommen erstreckt sich über ganz Europa mit Ausnahme der nordöstlichen Teile Skandinaviens und der Britischen Inseln. In Dänemark und Island nistet er ebenfalls nicht, als Gast zeigt er sich manchmal in England und in Finnland. Die europäischen Populationen verlassen ihre Heimat im September und überwintern im tropischen Afrika.

Der Wiedehopf kehrt im April zu seinen Niststätten zurück. Er bewohnt offene Wiesenlandschaften in Wassernähe, die Umgebung von Teichen und Seen; man kann ihm auch in lichten Laubwäldern begegnen. Zur Nistzeit ist der Wiederhopf sehr scheu. Sein Nest baut er in Höhlungen.

Das Weibchen legt im Mai bis Juni, manchmal auch im Juli, in der Regel 6 bis 7 Eier, die es allein 16 bis 20 Tage bebrütet, wobei es vom Männchen gefüttert wird. Beide Eltern füttern die Jungen im Nest 24 bis 27 Tage. Bei der Futterverteilung gelten strenge Regeln: an der Öffnung der Nisthöhle wartet eines der Jungen, übernimmt die Beute, und an seine Stelle schiebt sich sofort ein weiteres Familienmitglied. Das gesättigte Junge stellt sich sozusagen wieder hinten an, und das Füttern der hungrigen Brut wird fortgesetzt, bis wieder die Reihe an das erste Junge kommt.

Die Nahrung des Wiedehopfs besteht hauptsächlich aus Insekten und deren Larven, die diese Vögel mit ihrem langen Schnabel im lockeren Boden, aber auch in den Exkrementen von Haustieren auf der Weide sammeln.

Eiergröße:
23,1 bis 30,3 × 16,3 bis 19,8 mm

Länge:
28 cm

Männchen und Weibchen sind gleich gefärbt

Ruf:
typisches „Hupupup" bei Angst „wieh wieh"

Zugvogel

Grünspecht

Picus viridis

Sein Ruf klingt wie ein schallendes Lachen weithin durch den Frühlingswald. Auch wenn man ihn nicht sieht, verrät er sich durch seine Stimme.

Der Grünspecht ist in ganz Europa mit Ausnahme Skandinaviens, Irlands, Schottlands und Islands stark verbreitet. Er ist ein Standvogel, im Winter auch ein Strichvogel. Er bewohnt lichte Laubwälder, Feldwäldchen, Parkanlagen, größere Zier- und Obstgärten und auch bewachsene Friedhöfe. Im Frühjahr während der Balz fliegen beide Partner mit großem Geschrei hintereinander her oder klettern und jagen einander an Baumstämmen.

Gegen Ende April zimmert das Paar in weiche oder modernde Laubbaumstämme eine Nisthöhle. Bei dieser Arbeit wechseln Weibchen und Männchen ab, und ihre etwa fünfzig Zentimeter tiefe, birnenförmige Höhlung ist nach etwa zwei Wochen fertig. Außer der Nisthöhlung zimmern die Grünspechte noch andere, in denen sie übernachten. Ein Paar benutzt oft mehrere Jahre lang dieselbe Nisthöhle. Manchmal nistet der Grünspecht auch in Mauerlöchern.

Das Weibchen legt 5 bis 7 Eier, die es abwechselnd mit dem Männchen 15 bis 17 Tage bebrütet. Die Jungen schlüpfen nackt und blind und werden von den Altvögeln vor allem mit Ameisen und ihren Puppen gefüttert. Außerdem ernähren sich die Grünspechte von im Holz lebenden Käferlarven. Die Jungen verlassen das Nest nach 18 bis 21 Tagen, halten sich jedoch noch einige Tage in seiner Nähe auf und kehren für die Nacht in die Nisthöhle zurück.

Ruf:
bei der Balz „glühglüh glück glück glückglückglück", der Ruf des Weibchens ist kürzer und nicht so glockenhell

Länge:
32 cm

Dem Weibchen fehlt der rote Fleck unter dem Auge

Eiergröße:
28,0 bis 33,9 × 20,3 bis 24,0 mm

Groß wie eine Hohltaube

Standvogel
Strichvogel

Grauspecht

Picus canus

Man darf ihn im Gelände nicht mit dem Grünspecht verwechseln, denn auch seine Oberseite ist grün. Doch ist er etwas kleiner, und seine Wangen und Unterseite sind betont grau. Haben beim Grünspecht beide Geschlechter einen leuchtendroten Scheitel, so hat beim Grauspecht das Männchen lediglich eine rote Stirn; beim Weibchen fehlt auch diese. Schließlich bevorzugt der Grauspecht mehr die Berge und ist daher in Norddeutschland seltener. Schon im zeitigen Frühjahr hackt er sich seine bis zu 50 cm tiefe Höhlung in einen alten oder morschen Baum. Dabei arbeiten beide Partner, das Männchen leistet jedoch den größeren Teil der Arbeit. Nach etwa zwei Wochen ist die Höhlung fertig, und das Männchen zimmert dann oft noch ein weiteres ähnliches Loch, in dem es übernachtet. In dieser Zeit ist das Grauspechtmännchen sehr unverträglich und verjagt jeden Nebenbuhler sehr energisch aus seinem etwa 1 km² großen Brutrevier. 5 bis 10 Eier liegen nur auf einigen Holzspänen, und beide Altvögel brüten abwechselnd 17 bis 18 Tage. Gemeinsam füttern sie auch ihre Jungen mit Ameisen und ihren Puppen. Nach 25 Tagen verlassen die Jungen die Nisthöhle, in die sie jedoch zur Nacht noch zurückkehren. Im Winter hacken sie in Ameisenhaufen bis 75 cm tiefe Löcher, um an die überwinternden Ameisen zu gelangen. Sie fressen jedoch auch Fichtensamen und andere Samenkörner. Der Grauspecht ist in Ost- und Mitteleuropa zu Hause. Sein Verbreitungsgebiet reicht auch nach Ostfrankreich und Südwestskandinavien.

Groß wie eine Hohltaube

Standvogel

Eiergröße:
24,3 bis 30,0 × 19,0 bis 21,6 mm

Länge:
30 cm

Das Weibchen hat am Kopf keine roten Farbtöne

Flügelspannweite:
etwa 45 cm

Ruf:
im Frühjahr ein aus 4 bis 10 Tönen bestehendes „Düdüdüdü" auf das das Weibchen mit einem „Quä" oder auch „Gliä" antwortet, beide manchmal auch „gjägjägjägjä"

Schwarzspecht

Dryocopus martius

Er ist der größte unserer Spechte. Sein langgezogenes „Kliööh“ klingt, als bewege man eine schlecht geölte Tür. Im Frühjahr, meistens schon im März, kann man in ausgedehnten Nadel- oder Laubwäldern (alte Kiefern- oder Buchenbestände) ein lautstarkes Trommeln auf gut resonierenden Aststümpfen hören. Das ist ein Anzeichen dafür, daß die Balz des Schwarzspechts begonnen hat. Er klopft dabei auf einen dünnen, vibrierenden Ast. Beim Aushacken seiner Höhle hat man bis zu 170 Schnabelhiebe in der Minute gezählt.

Schon Mitte April zimmern beide Partner in einem Baumstamm ihre Nisthöhle mit einer ovalen Öffnung. Der Schwarzspecht bevorzugt Kiefern oder Buchen, seltener auch Stämme anderer Baumarten. Das Männchen zimmert die Nisthöhle vorwiegend allein in 10 bis 15 Tagen. Beide Partner bebrüten ihre 4 bis 5 Eier abwechselnd 12 bis 13 Tage, das Männchen meistens nur bei Nacht. Die Eltern bringen den Jungen, die sich in der Nisthöhle 23 bis 28 Tage aufhalten, die Nahrung, vor allem Ameisen und deren Puppen. Sie füttern nur einigemal am Tag, dann aber immer in größeren Mengen auf einmal. Die erwachsenen Exemplare ernähren sich von im Holz lebenden Käferlarven. Das Verbreitungsgebiet des Schwarzspechts ist Mittel-, Nord- und Osteuropa.

Der Schwarzspecht ist erst in diesem Jahrhundert von Süden her nach Deutschland eingewandert. 1905 wurde er erstmalig bei Münster, 1926 bei Rendsburg beobachtet.

Ruf:
ein langgezogenes „Kliööh" im Flug „krikrikrikrikri..." zur Zeit der Balz ein wiederholtes „Quickquickquick..."

Länge:
45 cm

Das Männchen hat einen roten Fleck, der bis an die Stirn reicht

Eiergröße:
31,0 bis 37,7 × 22,0 bis 27,0 mm

Groß wie eine Krähe

Standvogel

Buntspecht

Dendrocopos major

Dieser schwarz-weiß-rote Vogel ist der häufigste unserer Spechte. Wo Wald ist, gleich ob in der Ebene oder im Gebirge, vernehmen wir sein energisches „Kik" und sein auf einen elastischen Ast getrommeltes Liebeslied wie auch sein Hämmern und Pochen, wenn er seine Nisthöhle aushaut oder Zapfen von Nadelhölzern aufhackt.

Der Buntspecht lebt in ganz Europa mit Ausnahme Irlands und der nördlichsten Gebiete des Kontinents. Er ist meistens ein Standvogel. Die im Norden lebenden Populationen unternehmen jedoch manchmal in Schwärmen Expeditionen nach dem Süden.

Im Frühjahr zimmern beide Partner, vor allem aber das Männchen, in Laub- oder Nadelbäume eine etwa dreißig Zentimeter tiefe Nisthöhle, die sie oft mehrere Jahre benutzen. Das Weibchen legt 5 bis 6 Eier, die es gemeinsam mit dem Männchen 12 bis 13 Tage bebrütet. Die Eltern füttern ihre Jungen direkt aus dem Schnabel und müssen deshalb ihr Nest mit der Nahrung viel öfter anfliegen, als zum Beispiel der Grünspecht oder der Schwarzspecht. Nach dem Schlüpfen der Jungen kommen die Altvögel mit ihrer Beute etwa 40 mal an das Nest; wenn die Jungen etwa 10 Tage alt sind, sogar bis 150 mal täglich. Sie können deshalb nur in der unmittelbaren Umgebung, in einer Entfernung von höchstens zweihundert Metern vom Nest, auf Beutejagd gehen und fangen vorwiegend Insekten und ihre Larven. Nach 21 bis 23 Tagen verlassen die Jungen das Nest, halten sich jedoch in seiner nächsten Umgebung auf.

Außer von Insekten ernähren sich die erwachsenen Exemplare auch von verschiedenen Samen und Kernen.

Eiergröße:
20,0 bis 29,5 × 15,4 bis 21,8 mm

Länge:
23 cm

Das Männchen hat im Nacken einen roten Streifen

Ruf:
ein lautes „Kik" oder „Gigigigig"
Im Frühjahr trommelt der Buntspecht mit dem Schnabel an Baumstämmen und -ästen

Groß wie eine Amsel

Standvogel
Strichvogel

Kleinspecht

Dendrocopos minor

Das wenig mehr als spatzengroße Kerlchen ist der kleinste unserer Spechte. Dadurch wird er gegenüber seinen großen Vettern leicht übersehen. Er ist wahrscheinlich auch häufiger, als allgemein angenommen wird.

Die Heimat der Kleinspechte ist ganz Europa, Asien bis nach Japan und Nordwestafrika. Er bewohnt Laub- und Mischwälder der Ebenen, läßt sich jedoch auch gern in alten Parkanlagen, Alleen, Obstgärten und auf Friedhöfen nieder. Er hält sich das ganze Jahr lang in seiner Heimat auf, nur einzelne Exemplare aus den nördlichsten Gebieten Europas überwintern in Mitteleuropa. Im Winter schließt er sich oft den Meisen an, die er dann „anführt". Beim Bau ihrer 10 bis 14 cm tiefen Nisthöhle bevorzugen die Kleinspechte Weiden, Pappeln und Obstbäume – härtere Holzarten können sie mit ihren kleinen Schnäbeln nicht bearbeiten. Alljährlich wird eine neue Höhle ausgehackt. Die alte wird gern von Meisen übernommen. Beide Eltern wechseln beim Bebrüten ihrer 4 bis 7 Eier ab und wenn nach zwei Wochen die Jungen schlüpfen, füttern beide sie gemeinsam mit Insekten, vor allem Käfern, Gallwespen, ihren Larven und Puppen, zum Teil auch mit Ameisen. Nach drei Wochen sind die Jungen flügge. Im Winter ernährt sich der Kleinspecht von überwinternden Insekteneiern und -puppen, die er in Rindenspalten findet und zum Teil auch von Samenkörnern. Der Kleinspecht trommelt im Frühjahr ebenso fleißig wie sein großer Verwandter, der Buntspecht. Nur hört man es bei ihm nicht so weit.

Ruf:
ein helles „Kikikikikik" das fünf- bis achtmal wiederholt wird, ist vom Frühjahrsanfang bis in den Herbst hinein zu hören

Länge:
14,5 cm

Das erwachsene Weibchen hat keinen roten Scheitel

Eiergröße:
17,0 bis 21,0 × 12,9 bis 15,6 mm

Groß wie ein Sperling

Standvogel

Wendehals

Jynx torquilla

Er ist der Pantomime unter den Vögeln. Wird er erregt, so ist er zu den seltsamsten Verrenkungen fähig: er drückt sich auf den Boden, macht den Hals lang und kann dabei den Kopf bis zur Rückenmitte zurückdrehen. Dabei zischt er wie eine Schlange. Man nennt ihn deshalb auch Ottern- oder Natternwendel. Doch man sieht ihn selten, denn sein rindenbraunes Gefieder tarnt ihn vor unseren Blicken.

Zur Zeit der Baumblüte trifft er bei uns ein. Auch seine eintönige, klagende Stimme täuscht durch ihre unterschiedliche Lautstärke – kommt sie aus der Nähe oder aus der Ferne?

Quartier nimmt der Wendehals in einem Astloch, einer alten Spechthöhle oder in einem Starenkasten. Ist es bereits besetzt, werden die Vormieter rücksichtlos hinausgeworfen. Auf ein paar Holzspänen oder Moderstückchen legt das Weibchen seine 7 bis 10 Eier, die von beiden Partnern abwechselnd 12 bis 14 Tage bebrütet werden. Das Futter der Jungen besteht wie die Nahrung der Altvögel vorwiegend aus Ameisen und ihren Puppen. Sie scharren Ameisenhaufen auf und fangen die Ameisen mit ihrer langen, klebrigen Zunge; sie ernähren sich aber auch von anderen Insekten und fressen außerdem im Herbst die Beeren des schwarzen Holunders. Der Wendehals ist in ganz Europa beheimatet. Im August bis September zieht er nach Süden und überwintert in Nordafrika oder noch weiter südlich.

Eiergröße:
16,2 bis 23,0 × 13,0 bis 16,7 mm

Länge:
16,5 cm
♂ = ♀

Obwohl er zu den Spechten gehört, zimmert er selbst keine Höhlen

Ruf:
hellklingendes „Gähgähgäh" oder Wihwihwih" wenn er beim Nest gestört wird, ertönt ein „Tä tä"

Zugvogel

Heidelerche

Lullula arborea

„Alle Heidlerchen dudeln vor Seligkeit", ließ Hermann Löns uns singen. Immer wieder wird sie als „die seelenvollste Sängerin unter unseren einheimischen Vögeln" empfunden. Dies insbesondere in der kargen Landschaft, die sie bevorzugt. Denn sie ist vor allem an trockenen, sandigen und steinigen Stellen mit Kieferbeständen, auf Wiesen mit Buschwerk, im Heideland oder auf Lichtungen in Kiefernwäldern zu Hause. Sie ist in ganz Europa mit Ausnahme der nördlichsten Gebiete und Irlands verbreitet. Die Heidelerche ist ein Zugvogel, die Populationen West- und Südeuropas, wo auch die Vögel aus dem Norden überwintern, sind jedoch Standvögel. Die Heidelerchen kehren zu ihren Nistplätzen im März zurück, in Mitteleuropa zeigen sie sich in seltenen Fällen sogar schon Ende Februar.

Bald danach beginnen sie mit dem Nestbau. Das Nest aus kleinen Wurzeln, Halmen und Moos liegt in einer Vertiefung im Heidekraut, unter einer jungen Kiefer oder im dichten Gestrüpp. Das Weibchen legt 4 bis 5 Eier, die es allein 13 bis 15 Tage bebrütet. Beide Eltern füttern die Brut mit Insekten, deren Larven und Spinnen etwa 13 bis 15 Tage im Nest und dann noch kurze Zeit nach Verlassen des Nestes. Sobald die Jungen selbständig geworden sind, bauen die Heidelerchen meistens an einer anderen Stelle ein neues Nest und nisten im Juni bis Juli ein zweites Mal. Nach dem Nisten schließen sich die Vögel zu kleinen Schwärmen zusammen und gehen in den Wäldern auf Nahrungssuche. Während der Zeit des Zugs kann man sie auch auf Feldern antreffen.

Lockruf:
ein charakteristisches „Didli" oder „Didalith"

Gesang:
etwa: „lululu..."

Länge:
15 cm

Männchen und Weibchen sind gleich gefärbt

Eiergröße:
18,0 bis 24,0 × 14,5 bis 17,4 mm

Groß wie ein Sperling

Zugvogel
Standvogel

Haubenlerche

Galerida cristata

Wir sind es nicht gewohnt, sie oben in der Luft „hängen" zu sehen, wie die Feldlerche. Sie bewegt sich hurtig und geschickt auf dem Erdboden, wobei sie bei jedem Schritt nickt. An ihrer Haube ist sie in den Straßen der Stadt auch für den Laien von den Spatzen zu unterscheiden. Im Winter ziehen die Haubenlerchen in die Nähe des Menschen und suchen am Boden Samenkörner aller Art. Im Frühjahr, oft schon Anfang März, lassen sie sich im offenen, oft baumlosen, Gelände nieder, das an ihre ursprüngliche Heimat, die östlichen Steppen, erinnert, von wo sie allmählich nach Europa einsickerten. Sie tauchten zum Beispiel in Köln im Jahre 1552 auf, in Dänemark leben sie seit 1850, nur nach England sind sie bisher noch nicht vorgedrungen.

Das nachlässig aus Halmen und Wurzeln direkt am Boden angefertigte Nest baut allein das Weibchen, das Männchen leistet ihm dabei nur Gesellschaft. Auch das Brüten besorgt vorwiegend das Weibchen und das Männchen löst es nur gelegentlich ab. Aus den 4 bis 5 Eiern schlüpfen die Jungen nach 12 bis 13 Tagen. Auch die Brutpflege ist vorwiegend Angelegenheit des Weibchens. Die Jungen verlassen das Nest noch flugunfähig nach 9 Lebenstagen, und im Alter von 18 Tagen sind sie flügge. Die Haubenlerche ernährt sich vor allem von herabhängenden Pflanzen, die Jungen werden jedoch ausschließlich mit Insekten und Würmern gefüttert.

Standvogel

Eiergröße:
19,0 bis 24,8 × 15,0 bis 18,3 mm

Länge:
17 cm
♂ = ♀

Am Kopf ein auffallender Schopf

Lockruf:
„dididrieh"

Gesang:
ähnelt dem der Feldlerche enthält auch von anderen Vögeln abgelauschte Töne

Feldlerche

Alauda arvensis

Wenn die Lerche „an ihrem Liede emporklettert", ist der Frühling da. Ihr trillernder Gesang klingt jubilierend zu uns herab.

Die Feldlerche ist über ganz Europa und weite Gebiete Asiens zahlreich verbreitet. Bei uns brütet sie in der Zeit von April bis Juli zwei- bis dreimal. Ihr Nest aus Wurzeln und Blattstückchen baut sie direkt am Boden in Feldern oder auf Wiesen und polstert es mit Roßhaar und Haaren aus.

Das Weibchen legt 3 bis 6 Eier, die es allein in 12 bis 14 Tagen bebrütet. Das Füttern der Jungen besorgen jedoch beide Eltern. Sie bringen unermüdlich Insekten, Larven, Tausendfüßler, Spinnen und kleine Nacktschnecken herbei. Die Jungen verlassen noch flugunfähig im Alter von 9 bis 11 Tagen das Nest und halten sich am Boden zwischen Ackerschollen und Grasbüscheln verborgen. Im Alter von drei Wochen machen sie ihre ersten Flugversuche und suchen bereits ihre Nahrung selbst. Die erwachsenen Feldlerchen ernähren sich auch von verschiedenen Unkrautsamen, die sie am Boden suchen. Im Oktober bis November ziehen die Feldlerchen in kleineren Schwärmen in ihre Winterquartiere in Südeuropa, von wo sie meistens bereits Anfang Februar, noch bei Schneefall und Unwetter, zurückkehren. Wenn sie dann wieder über uns am Frühlingshimmel hängt, fragen wir uns, wie sie bei ihrem schier pausenlosen Gesang überhaupt noch zum Atmen kommt. An dieser Frage rätselt die Forschung immer noch herum.

Ruf:
„trrieh"

Gesang:
trillernd, manchmal anderen Vögeln abgelauschte Töne

Länge:
18 cm
♂ = ♀

Eiergröße:
19,4 bis 28,0 × 15,0 bis 19,5 mm

Zugvogel

Uferschwalbe

Riparia riparia

Wo wir eine lehmige Steilwand – sei es an der Küste oder im Binnenland – durchlöchert finden wie einen Schweizer Käse, haben wir eine Brutkolonie der Uferschwalbe vor uns. Sie bewohnt ganz Europa, nur in Island nistet sie nicht. Sie ist ein Zugvogel. Ihre europäischen Heimstätten verläßt sie im August oder September, vereinzelt auch im Oktober und überwintert in Ostafrika.

Sie kehrt Ende April oder Anfang Mai zu ihren Niststätten zurück. Die Uferschwalbe hält sich in offener Landschaft auf, möglichst mit stehenden oder fließenden Gewässern in der Nähe. In geeigneten Steilwänden gräbt sie mit Schnabel und Krallen armlange Röhren, die in einer ausgeweiteten Höhlung von etwa 10 cm Durchmesser enden. Diesen Nistkessel polstert die Uferschwalbe mit Strohhalmen und vielen Federn aus.

Das Weibchen legt im Mai oder Juni, manchmal noch ein zweites Mal im Juli, 5 bis 6 Eier, die beide Partner abwechselnd 12 bis 14, seltener bis 16 Tage bebrüten. Im Nest werden die Jungen von den Altvögeln 16 bis 23 Tage mit Insekten gefüttert, die sie im Flug fangen. Die älteren Jungen erwarten ihre Eltern bereits am Nisthöhlenausgang. Auch nach dem Flüggewerden füttern die Eltern ihre Jungen noch etwa zwei Wochen. Als Nahrung bevorzugt die Uferschwalbe verschiedene Insekten, die sie dicht über der Wasseroberfläche fängt.

Noch Aristoteles hat angenommen, daß die Schwalben in den Brutröhren ihren Winterschlaf hielten – ein zoologischer Irrtum, der sich lange erhalten hat.

Eiergröße:
15,2 bis 22,0 × 11,4 bis 13,5 mm
Die Eier sind reinweiß

Länge:
12 cm

Männchen und Weibchen sind gleich gefärbt

Ruf:
im Flug Laute wie „dschr-dschr“

Zugvogel

Rauchschwalbe

Hirundo rustica

An ihrem tiefgegabelten „Schwalbenschwanz“ ist sie selbst dann zu erkennen, wenn sie hurtig aus dem Stallfenster geflitzt kommt. Der Bauer sieht sie gern in seinen Stallungen; denn sie fängt auch drinnen dem Vieh manches lästige Ungeziefer weg. Sie wird gebietsweise deshalb auch „Stallschwalbe“, genannt. In ganz Europa ist die elegante Rauchschwalbe von ihren einst felsigen Nistplätzen zum Menschen gezogen, wo sie günstigere Lebensbedingungen gefunden hat. Aus dem Süden kehrt sie Anfang April zurück, die Vorhut zeigt sich jedoch bereits Ende März. Sie setzt sich am liebsten im Inneren von Ställen oder in Hausfluren fest, wo sie ihr schalenförmiges Nest aus mit Speichel vermischten Lehmkrümelchen baut und mit Strohhalmen verstärkt. Das Weibchen polstert es mit weichen Federn aus und legt meistens 5 Eier, die es allein 14 bis 16 Tage bebrütet. Während dieser Zeit wird es vom Männchen gefüttert. Die Eltern füttern ihre Jungen, die nach 19 bis 23 Tagen flügge werden und dann ausfliegen, mit Insekten, die sie geschickt im Flug fangen. Nach dem Nisten schließen sich die Rauchschwalben zu großen Schwärmen zusammen, „wie Schwalben auf dem Telegraphendraht“ ist zu einer Redewendung geworden. Im September oder Oktober tritt der Vogelschwarm gemeinsam die lange Reise in das tropische Afrika, manchmal sogar bis Südafrika, an. Es wurde zum Beispiel in Transvaal an einer Übernachtungsstelle im Röhricht ein Rauchschwalbenschwarm von etwa einer Million Exemplaren beobachtet.

Ruf:
ein oft wiederholtes „Wit wit“

Gesang:
ein zartes Zwitschern in langen und kürzeren Strophen

Länge:
18 cm

Eiergröße:
16,7 bis 23,0 × 12,2 bis 15,0 mm

Zugvogel

Mehlschwalbe

Auschwalbe · *Delichon urbica*

Im Gegensatz zur Rauchschwalbe (161) hat sie einen flacher gegabelten Schwanz. Auch fehlt ihr das schmucke Rostrot am Kopf. Dafür ist ihre Unterseite weiß wie Mehl – daher ihre Bezeichnung Mehlschwalbe. Deutlich unterscheidet sie sich auch dadurch, daß sie ihr Nest kaum jemals im Stall oder auf der Diele baut, sondern fast immer an den Außenwänden der Häuser und Stallungen und zwar meist zu mehreren nebeneinander. Auch sie war ursprünglich, ehe sie sich in die Gefolgschaft des Menschen einreihte, eine Felsenbewohnerin. Auf Helgoland und Rügen, bei Berchtesgaden, im Fränkischen Jura und in Dänemark ist sie dies stellenweise heute noch.

Die Mehlschwalbe bewohnt ganz Europa, Asien bis nach Japan und Nordwestafrika. Zum Nestbau verwenden die Mehlschwalben weichen Schlamm, den sie aus Pfützen oder von den Ufern der Teiche und Flüsse zusammentragen. Sie vermengen ihn im Schnabel mit Speichel und kleben dann kleine Kugeln des klebrigen Materials in Reihen übereinander, bis ein geschlossener Bau mit einem kleinen Schlupfloch entsteht. Das Nest, das meistens 5 Eier enthält, wird mit Strohhalmen und Federn, manchmal auch mit Hühnerfedern ausgepolstert. Beide Partner brüten abwechselnd 12 bis 14 Tage und füttern gemeinsam ihre Jungen mit Fliegen, Blattläusen, Eintagsfliegen und mit kleinen Spinnen. Die Jungen fliegen das erste Mal im Alter von 20 bis 23 Tagen aus, kehren jedoch noch eine Zeitlang für die Nacht ins Nest zurück. Im September oder Oktober treten die Mehlschwalben ihren Zug nach Afrika an und kehren von dort Ende April oder Anfang Mai zurück.

Eiergröße:
16,1 bis 21,6 × 11,5 bis 14,7 mm

Länge:
13 cm
♂ = ♀

Ruf:
Im Flug klingt wie „tschirp tschirp"

Gesang:
zwitschernd

Zugvogel

Schafstelze

Kuhstelze · *Motacilla flava*

Ihre volkstümlichen Namen – gelbe Bachstelze, Wiesenstelze, Kuh- oder Schafstelze – zeugen von guter Beobachtung; denn feuchte Wiesen, Marschniederungen und Viehweiden, möglichst in der Nähe von Gewässern, sind ihre Lieblingsgebiete. Die geflügelten Plagegeister, die Rinder- und Schafherden zur Last werden, bedeuten für sie eine gut gedeckte Tafel.

Die Schafstelze ist in ganz Europa beheimatet. Sie ist ein Zugvogel, der im August bis September in seine Winterquartiere im tropischen Afrika zieht. Im Herbst kann man bei Teichen und Seen tausendköpfige Schwärme dieser Vögel beobachten, die dort im Röhricht übernachten.

Ende März oder Anfang April kehren sie in kleinen Schwärmen in ihre Nistreviere zurück. Die Schwärme lösen sich bald in einzelne Paare auf.

Im Mai oder Juni baut das Weibchen am Boden das gut in einem Grasbüschel versteckte Nest aus Grashalmen. Der Nistkessel wird mit Tierhaaren oder Pflanzenwolle ausgepolstert.

Das Weibchen legt in der Regel 4 bis 5 Eier, die es allein 13 bis 14 Tage bebrütet. Beide Eltern füttern ihre Jungen im Nest, das sie im Alter von 7 bis 11 Tagen noch flugunfähig verlassen, und dann noch etwa weitere zwei Wochen.

Die Schafstelzen ernähren sich von Heuschrecken, kleinen Käfern, Raupen, Spinnen und kleinen Schnecken. Bei der Nahrungssuche am Boden laufen sie flink umher; sie fangen aber auch geschickt Insekten im Flug.

Sie bewegen sich bei der Nahrungssuche schnell und gewandt in der Luft wie auf der Erde, immer munter mit dem Köpfchen oder Schwanz wippend.

Ruf:
glockenhelles einsilbiges „Psüip"

Länge:
16,5 cm

Das Weibchen ist nicht so bunt gefärbt wie das Männchen und hat eine olivengrüne Kopfoberseite

Eiergröße:
16,3 bis 21,0 × 12,0 bis 15,3 mm

Zugvogel

Gebirgsstelze

Bergstelze · *Motacilla cinerea*

Einst war sie Gebirgsbewohnerin. Seit der Mitte des vorigen Jahrhunderts ist sie jedoch zunehmend auch in die Ebene vorgedrungen. Aber auch heute noch bevorzugt sie Bäche und Gewässer mit steinigen Ufern. Gern hält sie sich an Brücken, Stauwehren und bei Wassermühlen auf. Sie setzt sich auch gern bei Misthaufen fest, da sich dort viele Insekten, vor allem Fliegen, aufhalten, die sie geschickt im Flug fängt. Das Nest baut sie gern unter den Balken einer Brücke, in einem Mauerloch, in Steinhaufen, in Halbhöhlen eines Felsens oder in einem aufgehängten Halbnistkasten. Ihre 5 bis 6 Eier bebrüten beide Eltern abwechselnd 12 bis 14 Tage. Gemeinsam füttern sie auch ihre Jungen 12 bis 13 Tage im Nest und auch noch einige Tage, nachdem sie flügge geworden sind. Wenn die Jungen selbständig geworden sind, nistet das Paar der Altvögel oft ein zweites Mal. Die ganz Europa mit Ausnahme Skandinaviens bewohnende Gebirgsstelze ist ein Zugvogel und zieht zum Winter nach Südeuropa oder Nordafrika. Einzelne, im Süden lebende Exemplare sind Standvögel, man kann jedoch auch in Mitteleuropa einzelnen Gebirgsstelzen im Winter bei eisfreien Gewässern begegnen.

Auch die Gebirgsstelze wippt ständig mit ihrem auffallend langen Schwanz.

Eiergröße:
16,1 bis 21,7 × 12,7 bis 16,0 mm

Länge:
18 cm

Geschlechtsdimorphismus

Lockruf:
„zickzick" am Nistplatz
„zezezezeze"

Gesang:
zirpend mit Flötentönen

Grundmelodie:
„srisrisrisri"

Standvogel
Zugvogel

Bachstelze

Motacilla alba

„Wippsteert" nennt man sie – der Wippe-Schwanz. Und in der Tat ist das Schwänzchen dieses munteren Vogels fast immer in Bewegung. Die in ganz Europa beheimatete Bachstelze läßt sich mit Vorliebe in der Nähe menschlicher Behausungen nieder, vor allem auf dem Lande, an Bächen oder kleinen Teichen. Sie hält sich gern an Stellen auf, wo Vieh gehalten wird, also in der Nähe von Ställen und auf Weideplätzen. Man kann ihr jedoch auch in verlassenen Steinbrüchen oder in Feldern begegnen. Die Bachstelzen kehren Mitte März aus dem Mittelmeergebiet zurück, sie überwintern aber auch in Westeuropa. Dort schließen sie sich zu großen Schwärmen zusammen und übernachten im Röhricht.

Während der Nistzeit verteidigen die einzelnen Paare erbittert ihr Brutrevier gegen jeden Eindringling. Wenn sich ein gemeinsamer Feind, wie etwa ein Sperber, zeigt, schließen sie sich jedoch zur Verteidigung zusammen. Sie stürzen sich ungestüm auf den gefährlichen Eindringling und zwingen ihn zum Rückzug.

Die Bachstelze baut ihr Nest in Halbhöhlen, in Mauern, auf einem Balken im Schuppen, auf einem Holzstoß usw. Das Gelege von 5 bis 6 Eiern bebrütet das Weibchen allein 12 bis 14 Tage. Beide Eltern füttern dann die Jungen im Nest etwa 13 bis 14 Tage lang mit Insekten und ihren Larven, die sie im seichten Wasser an den Ufern verschiedener Gewässer sammeln. In den Süden ziehen sie gemeinsam oft erst im November.

Ruf:
im Flug ein zweisilbiges „Zississ", sonst „Ziewit ziewit"

Länge:
18 cm

Die Färbung des Weibchens geht mehr ins Graue

Eiergröße:
16,7 bis 22,3 × 13,1 bis 16,2 mm

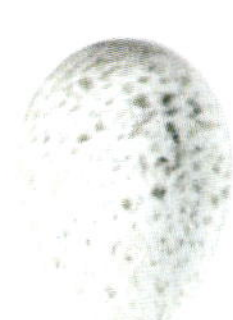

Zugvogel

Brachpieper

Anthus campestris

Sein Lebensbereich ist trockenes Gelände, dürres Brachland, Sandsteppe und Heide. Von gelblichgrauer Sandfarbe ist auch sein Gefieder. Der Brachpieper bewohnt heute ganz Europa mit Ausnahme Skandinaviens und der Britischen Inseln. In den Jahren 1905 und 1906 wurde er noch in Sussex gesehen.

Ihre Nistplätze suchen diese Vögel Ende April oder Anfang Mai auf. Am Boden, in einer Mulde unter Heidekraut, hinter einer größeren Erdscholle, einem Stein oder einem kleinen Strauch, baut das Brachpieperweibchen aus Moos und Wurzeln sein Nest, das gut unter überhängendem Gras versteckt ist. In das mit Haaren weich ausgepolsterte Nest legt das Weibchen 4 bis 6 Eier, die es vorwiegend allein in 13 bis 14 Tagen erbrütet. Nur selten und immer nur für kurze Zeit löst das Männchen es beim Brüten ab. Der Brachpieper ernährt sich vor allem von Insekten und Insektenlarven, mit Vorliebe jagt er Käfer und Heuschrecken. Die Nahrung sucht er immer am Boden.

Nach 14 Tagen sind die Jungen flügge und halten sich in der Umgebung des Nestes auf. Im August oder September ziehen die Brachpieper in ihre Winterquartiere in Nordafrika oder Arabien, wo sie sich vor allem von verschiedenen Heuschreckenarten ernähren. Der Brachpieper bewegt sich behende und mit dem Schwanz wippend am Boden. Doch auch sein Flug ist schnell und gewandt.

Eiergröße:
19,0 bis 23,8 × 14,2 bis 17,1 mm

Länge:
16,5 cm
♂ = ♀

Lockruf:
zweisilbiges „Zirrli zirrli"

Gesang:
klingt wie „griedlihn griedlihn"

Zugvogel

Baumpieper

Anthus trivialis

Man muß ihn einmal bei seinem Fluggesang erlebt haben, wenn er von seinem Ast ein Stück aufsteigt und dann, sein Liedchen singend, dorthin zurückschwebt, um den Baumpieper nicht wieder zu vergessen oder zu verwechseln.

Seine Heimat ist ganz Europa mit Ausnahme Spaniens und Islands. Er ist auch in Asien bis nach Nordsibirien verbreitet. Der Baumpieper ist ein Zugvogel, seine Winterquartiere liegen in Afrika südlich der Sahara. Von dort kehrt er im April zurück und besiedelt lichte Wälder, Feldremisen oder Wiesen mit einzelnen Kiefern und auch Waldränder. Er lebt im Tiefland und im Gebirge.

Erst Ende April beginnt das Paaren, dann lassen die Männchen ihre angenehmen Trillerlieder hören, die an den Gesang des Kanarienvogels erinnern.
Im Mai bis Juni brütet das Weibchen auf seinen 5 Eiern in einem Nest, das aus Halmen, Moos und Flechten gebaut und mit Haaren ausgepolstert ist. Es liegt meistens in einer Bodenmulde im Gras oder Heidekraut. Die Jungen schlüpfen nach 12 bis 13 Tagen und werden von beiden Eltern mit Insekten, vor allem Mücken und Schmetterlingen, mit verschiedenen Larven und kleinen Spinnen gefüttert. Nach 10 bis 14 Tagen verlassen die Jungen noch flugunfähig das Nest und halten sich in seiner Umgebung verborgen. Dorthin bringen ihnen die Altvögel noch weitere zwei Wochen das Futter. Nach dem Nisten leben die Familien auf Feldern, wo sie Kartoffelkäfer, Rüsselkäfer, schädliche Raupen und Blattläuse fangen.

Wird das erste Gelege zerstört, kann es im Juli zu einer zweiten Brut kommen.

Lockruf:
ein langdauerndes „Zieh"

Warnruf:
„sib sib sib"

Gesang:
etwa wie „wis wis wis wis"
dann ein langgezogenes
„Zia zia zia..."

Länge:
15 cm

Eiergröße:
18,0 bis 23,5 × 14,7 bis 17,2 mm

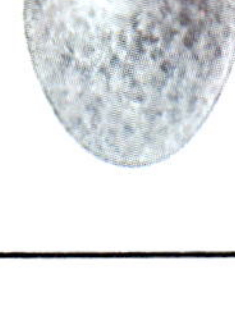

Groß wie ein Sperling

Zugvogel

Wiesenpieper

Moorlerche · *Anthus pratensis*

Er trägt seinen Namen zu Recht; denn er brütet in möglichst feuchtem Wiesengelände, aber auch in Moorgebieten, weshalb er auch als „Moorlerche" bezeichnet wird. Im Bergland kommt er noch in über 1000 m Höhe vor.

Die Heimat des Wiesenpiepers ist ganz West-, Mittel-, Nord- und Nordosteuropa. Die Populationen der nördlicheren Gebiete sind Zugvögel, die Exemplare der westeuropäischen und zum Teil auch der mitteleuropäischen Gebiete sind Stand- oder Strichvögel. Die Wiesenpieper des Nordens verlassen ihre Heimat im September bis November und überwintern vor allem im Mittelmeergebiet. Manche überwintern auch schon in Westeuropa. Zur Zeit des Frühjahrszuges halten sie sich in kleineren Schwärmen auf nassen Wiesen auf. Im Herbst findet man sie vor allem auf Feldern.

Zu ihren Nistplätzen kehren sie im März oder April zurück. Der Gesang verrät die Anwesenheit des Männchens. Es fliegt auf und läßt sich am Ende seines Liedes senkrecht zu Boden gleiten. Im Mai oder Juni bauen die Wiesenpieper ihr gut verstecktes Nest aus Grashalmen, Schilfblättern, Moos und Flechten und polstern es mit Tierhaaren aus.

Das Weibchen legt meistens 4 bis 5 Eier, die es 12 bis 14 Tage bebrütet. Beide Eltern füttern die Jungen, die das Nest nach 11 bis 13 Tagen noch flugunfähig verlassen und sich in der Umgebung verborgen halten. Dorthin bringen ihnen die Altvögel auch weiterhin die Nahrung, bis sie nach weiteren etwa 14 Tagen selbständig werden. Die Vögel ernähren sich von Insekten, Spinnen und anderen kleinen Wirbellosen, im Herbst und Winter auch von Samen.

Eiergröße:
17,2 bis 21,4 × 13,0 bis 15,7 mm

Länge:
14,5 cm

Männchen und Weibchen sind gleich gefärbt

Ruf:
Gesang wie „dipp dipp dipp" ruft auch „zi zi zi" im Flug „ist ist"

Standvogel
Strichvogel
Zugvogel

Wasserpieper

Bergpieper · *Anthus spinoletta*

Öde steinige Gebiete mit Geröll an der Waldgrenze der Hoch und Mittelgebirge sind die Heimat des Wasserpiepers. Er bevorzugt offenes Gelände mit zahlreichen Steinblöcken und grasigen Stellen. Der Wasserpieper lebt in Süd- und Südosteuropa, in einem Teil Mitteleuropas, in den Alpen und Karpaten; auch im Riesengebirge und im Thüringer Wald, im Harz und Schwarzwald ist er zu beobachten. Im Winter ziehen die Exemplare aus dem Norden Europas nach dem Süden und halten sich dann in Mitteleuropa auf, wo diese Vogelart zu den Standvögeln gehört. Manchmal ziehen auch einzelne Exemplare aus Mitteleuropa südlicher, was man durch Beringen der Vögel feststellen konnte. Im Winter kommen die Wasserpieper aus den Bergen in die Ebenen und leben in kleinen Schwärmen in der Nähe von Gewässern oder Sumpfgebieten.

Die Wasserpieper kehren im April zu ihren Niststätten zurück und bauen dort im Mai oder Juni im Gras, unter einem Busch oder Steinblock versteckt, ihr Nest, das aus dünnen Halmen, Flechten und Moos angefertigt ist und mit feinen Haaren ausgepolstert wird.
Das Weibchen legt 4 bis 6 Eier, die es allein 14 bis 16 Tage bebrütet. Die Eltern füttern die Brut, die das Nest nach etwa 14 Tagen verläßt, mit Insekten und deren Larven, Spinnen und Würmern. Nach dem Nisten hält sich die ganze Familie gemeinsam in der Umgebung auf. Der Wasserpieper läuft ständig am Boden hin und her, fliegt hier und da kurz auf, springt auf einen Steinblock, späht umher, und schon ist er wieder am Boden und sucht Nahrung.

Lockruf:
etwa „psi psi"

Gesang:
im Flug Töne wie „tsi, si, zip", oft ein zweisilbiges „Djieb" dann beschleunigt sich das Tempo und der Gesang geht in ein Zwitschern über und endet mit Pfeiftönen

Länge:
16 cm

Männchen und Weibchen sind gleich gefärbt

Eiergröße:
18,9 bis 24,0 × 14,0 bis 16,5 mm

Standvogel
Zugvogel
Strichvogel

Rotrückenwürger

Neuntöter, Dorndreher · *Lanius collurio*

Er gilt als „grausamer“ Vogel, weil er seine Beutetiere – Käfer und andere Insekten, aber auch Eidechsen, Frösche und junge Mäuse – auf die Stacheln von Weiden und Schlehen spießt. Noch Tiervater Brehm hat geglaubt, hier „Speisekammern“ für schlechte Zeiten vor sich zu haben. Inzwischen ist die Forschung zu anderen Ergebnissen gelangt: Die Rotrückenwürger können lediglich – so Richard Gerlach – „nicht beliebig viel in sich hineinstopfen und nicht weiterfressen, bevor sie die unverdaulichen Teile der früheren Mahlzeit als Gewölle wieder von sich gegeben haben. Auch wenn sie verhindert sind, ein Insekt im Augenblick zu verschlucken, lockt die Bewegung doch an, darauf zu stoßen. Nun wird es an den Dorn gehängt. Es ist nachher auch leichter zu zerkleinern.“ Im dichten, dornigen Gebüsch baut der Rotrückenwürger auch sein Nest, das vor allem das Männchen aus Wurzeln, trockenen Halmen und anderen Pflanzenteilen anfertigt und mit Haaren und Pflanzenwolle weich auspolstert.

Der Nestbau ist in 3 bis 4 Tagen beendet, und das Weibchen legt dann 3 bis 8 Eier, die es allein in 14 bis 15 Tagen bebrütet, wobei es vom Männchen nur selten abgelöst wird. Beide Eltern füttern gemeinsam die Jungen mit Insekten und ihren Larven. Nach 14 Tagen sitzen die Jungen bereits „manierlich“ eines neben dem andern auf Zweigen und werden noch weitere 3 Wochen von den Alten gewissenhaft gefüttert, bevor sie sich völlig selbständig machen.

Zugvogel

Eiergröße:
18,3 bis 26,1 × 14,0 bis 19,0 mm

Länge:
18 cm

Geschlechtsdimorphismus

Warnruf:
erregtes „Gäck gäck“

Gesang:
ein leises Zirpen mit Melodien die von anderen Vögeln abgelauscht sind

Rotkopfwürger

Lanius senator

Wegen seines rostroten Oberkopfes und Nackens wird er im Volksmund schlicht „der Rotkopf" genannt. Er bewohnt offene trockene Gegenden mit einzelnen Bäumen und Sträuchern, mit Buschwerk bewachsene Plätze bei Feldwegen, den Rand von kleinen Feldgehölzen und bevorzugt Südhänge mit regelmäßigem, langem Sonnenschein. Er ist sehr wärmeliebend und kommt deshalb erst Anfang Mai in seine Heimat zurück. Er lebt in Süd- und Südwesteuropa, außerdem in den wärmeren Gebieten Mitteleuropas, daneben noch in Nordwestafrika und Vorderasien. Bald nach seiner Heimkehr baut er im Buschwerk oder auf Bäumen, auch auf Obstbäumen, im Süden mit Vorliebe auf Olivenbäumen, aus Wurzeln und trockenen Halmen sein Nest und polstert es mit Haaren, Federn und Roßhaar aus. Die Nestränder „schmückt" er oft mit grünen Blättern.

Das Weibchen legt 5 bis 7 Eier und brütet 14 bis 16 Tage lang allein. Nachgelege sind bis in den Juli hinein möglich. Die Jungen verlassen das Nest im Alter von etwa 20 Tagen. Die Eltern füttern sie jedoch noch weitere drei Wochen und lehren sie Beute, zum Beispiel Insekten und Spinnen, zu fangen. Die Alten stürzen sich oft auch auf Eidechsen oder Wühlmäuse, gelegentlich auch auf die Jungen kleinerer Vögel. Bereits Ende August oder Anfang September zieht der Rotkopfwürger in seine Winterquartiere im tropischen Afrika.

Warnruf:
bellendes „Kreck kreck" individuell, enthält aber auch von anderen Vögeln abgelauschte Töne

Länge:
19 cm
♂ = ♀

Eiergröße:
21,0 bis 27,0 × 15,7 bis 17,8 mm

Zugvogel

♂

Raubwürger

Lanius excubitor

Der Raubwürger ist der größte unter unseren Würgern und zudem der einzige aus seiner Familie, der auch im Winter bei uns zu sehen ist. Er trägt seinen Namen zu Recht; denn er überfällt mutig alles, was ihm zur Beute werden könnte. Manchmal überschätzt er sich dabei und muß dann seine Kühnheit mit dem Leben bezahlen.

Er bewohnt fast ganz Europa mit Ausnahme der Britischen Inseln und Italiens, außerdem lebt er auch in Asien, Nordafrika und Nordamerika. Im Winter hält er sich an buschigen Stellen der Felder und Wiesen auf und ernährt sich vor allem von Wühlmäusen; oft steht er flügelflatternd an einer Stelle in der Luft und späht nach Beute. Bei Nahrungsüberfluß spießt er die nicht verzehrten Reste auf die scharfen Dornen eines Gestrüpps auf. Im Sommer jagt und spießt der Raubwürger auch Eidechsen, verschiedene Insekten und in Ausnahmefällen auch Vogeljunge auf. Im April oder Mai baut er auf Bäumen, meistens 2 bis 5 m über dem Boden, aus trockenen Zweigen und Wurzeln sein mit Federn und Haaren ausgepolstertes Nest.

Das Weibchen legt 3 bis 6 Eier, die es vorwiegend allein in 15 bis 16 Tagen bebrütet, wobei es nur hin und wieder vom Männchen abgelöst wird. Die Jungen bleiben 19 bis 20 Tage im Nest und werden dann noch weitere 3 Wochen von den Eltern betreut.

Gefahr durch größere Greifvögel signalisieren sie durch einen schrillen Ruf. Aus diesem Grunde haben sie früher die Falkner als Warner benutzt; daher der Zuname „excubitor" – der Wächter.

Groß wie eine Amsel

Standvogel

Eiergröße:
23,0 bis 30,5 × 18,0 bis 20,7 mm

Länge:
25 cm
♂ = ♀

Ruf:
quakende Töne

Gesang:
Quak- und Pfeiftöne und Laute, die anderen Vögeln abgelauscht sind

Seidenschwanz

Bombycilla garrulus

Da er bei uns nur sporadisch auftaucht, hat man ihn einst abergläubisch für einen Vorboten von Krieg, Elend und Pestilenz gehalten. Seine Heimat ist der arktische Norden von Schweden, Finnland und Rußland. Als Wintergast kommt er zu uns, in strengen Wintern mitunter in großen Scharen. Für den Seidenschwanz sind schon unsere Breiten der „warme Süden", in dem sichs überwintern läßt.

Im hohen Norden – auch Asiens und Amerikas – lebt er in Nadel- oder Mischwäldern, wo er auf Bäumen, meistens erst im arktischen Sommer, d. h. im Juni oder Juli, aus Zweigen und Moos sein Nest baut, das mit Rentierhaar ausgepolstert wird. Das Weibchen legt 4 bis 6 Eier, die es alleine 14 Tage lang bebrütet, wobei es vom Männchen gefüttert wird. Die geschlüpften Jungen werden von beiden Eltern vorwiegend mit Insekten und deren Larven gefüttert. Nach 16 bis 18 Tagen verlassen die Jungen das Nest und die Seidenschwänze schließen sich dann oft zu sehr großen, nicht selten tausendköpfigen Schwärmen zusammen, die im Oktober nach Mitteleuropa ziehen, wo sie bis März bleiben. In dieser Zeit halten sie sich meist in Alleen, aber auch in Gärten und Parkanlagen auf, wo sie auf Ebereschen oder Sträuchern, zum Beispiel Schneeballsträuchern, Beeren suchen, von denen sie sich ernähren. Einem Schwarm von Seidenschwänzen kann man sich bis auf wenige Meter nähern, die furchtlosen Vögel fliegen nicht auf und sehen die Menschen neugierig an. Der Seidenschwanz ist ein sehr gefräßiger Vogel, er verdaut sehr rasch und ist deshalb fast den ganzen Tag auf Nahrungssuche.

Ruf:
klingt wie „srieh"

Länge:
18 cm

Meistens gesellig lebend.
Das Männchen ausdrucksvoller gefärbt als das Weibchen
Ein wichtiges Erkennungszeichen ist der lange Schopf

Eiergröße:
20,7 bis 28,3 × 15,6 bis 18,8 mm

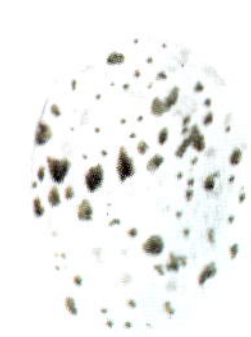

Zugvogel

Wasseramsel

Wasserschmätzer, Wasserstar, Bachamsel
Cinclus cinclus

Mit dem oft aufgestelzten Schwänzchen und in ihren Bewegungen wirkt sie wie ein großer Zaunkönig, doch wiegt sie achtmal soviel. Ihr weißer Latz ist sehr auffallend. Die Wasseramsel ist ein standorttreuer Vogel, der sich eng an seinen Biotop hält: an schnelle Bäche und Wasserläufe, die möglichst auch im Winter nicht zufrieren.

Die Heimat der Wasseramsel ist ganz Europa mit Ausnahme der östlichen Gebiete. Obwohl sie in ganz Skandinavien stark verbreitet ist, nistet sie in den nördlichen Gebieten Mitteleuropas nicht. In den meisten Fällen ist sie ein Standvogel.

Im April bis Mai baut die Wasseramsel in Mauern in Bachnähe, in Ritzen unter einem Steg oder zwischen Steinen ihr Nest. Den Hohlraum füllt sie mit Moos und Wasserpflanzenteilen aus. Es ist interessant, daß sie die Wasserpflanzen zum Nestbau unter der Wasseroberfläche sammelt. Am Nestbau beteiligen sich beide Partner.

Das Weibchen legt 4 bis 6 Eier. Um die geschlüpfte Brut kümmern sich beide Altvögel.

Die Nahrung beschafft sich die Wasseramsel auf eine für sie typische Art: sie läuft in seichtes Wasser und sucht am Grund von Bächen und kleinen Flüssen Insektenlarven, kleine Krustentiere, manchmal fängt sie auch kleine Fische. Mit den Flügeln hält sie das Gleichgewicht, und wenn die Strömung stärker ist, hält sie sich mit den Krallen an größeren Steinen fest. Sie läuft auf diese Weise zuweilen auch unter Wasser und taucht dann an einer anderen Stelle wieder auf. Oft dreht sie kleine Steine um, unter denen sich zahlreiche Krustentiere aufhalten. Das Gefieder der Wasseramsel ist stark gefettet; das Wasser kann ihr deshalb nichts anhaben.

Eiergröße:
23,8 bis 27,7 × 17,4 bis 20,1 mm

Länge:
18 cm

Männchen und Weibchen sind gleich gefärbt

Ruf:
kurzes „Zrrbzrrb"
Der aus Pfeif- und Zirptönen bestehende Gesang ähnelt dem des Zaunkönigs
Der Vogel singt auch im Winter

Standvogel

Zaunkönig

Troglodytes troglodytes

Wenn der kleine Kerl mit dem keck aufgestelzten Schwänzchen nicht zu sehen ist – zu hören ist er häufig. Wenn wir glauben, irgendwo zöge jemand im Gebüsch einen Wecker auf, so ist dies der Zaunkönig mit seinem Warnruf. Und wenn er singt, weiß er sein Lied in einer Lautstärke vorzutragen, die in keinem Verhältnis zu seiner Winzigkeit steht.

Er kommt überall in unseren europäischen Wäldern vor, jedoch auch in Vorder-, Mittel-, und Ostasien, und auch in Nordwestafrika und Nordamerika ist er zu Hause. Er hält sich das ganze Jahr lang in seinem Brutrevier auf, nur Exemplare aus dem Norden ziehen im Winter nach Süden. Sein beliebter Aufenthaltsort sind Wälder mit dichtem Unterholz, aber auch das Strauchwerk bei Teichen und Wassergräben sagt ihm zu.

Im Frühjahr entscheidet sich das Männchen für ein Brutrevier, das es mutig verteidigt, und Ende April beginnt es mit dem Bau mehrerer Nester, von denen es einige nicht fertigbaut. Das Weibchen prüft die Nester und polstert das geeignete mit Haaren und Federn aus.

Das Weibchen legt 5 bis 7 Eier, die es selbst 14 bis 16 Tage bebrütet. Nach dem Schlüpfen wiegen die Jungen zunächst ein Gramm, nehmen jedoch pro Tag ein weiteres Gramm zu, so daß sie nach acht Tagen das Gewicht der Alten – 8 Gramm – erreicht haben. Die Nahrung des Zaunkönigs besteht aus Insekten, ihren Larven und kleinen Spinnen.

Ruf:
ein lautes „Tit-tit-tit" ein schnarrendes „Zerr" (als zöge man ein Uhrwerk auf)

Gesang:
ertönt laut oft auch im Winter

Länge:
9,5 cm

Männchen und Weibchen sind gleich gefärbt

Eiergröße:
14,7 bis 18,9 × 11,5 bis 13,5 mm

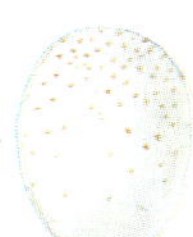

Standvogel

Heckenbraunelle

Prunella modularis

Oberflächliche Beobachter könnten diesen Vogel mit einem Spatzen verwechseln. In England nennt man ihn deshalb auch „Hedge-sparrow" – Heckensperling. Doch sein schmaler Kopf und Schnabel und die schlankere Gestalt wie die bleigraue Kehle und Brust helfen, ihn vom Spatzen zu unterscheiden.

In Gärten, Parkanlagen, auf Friedhöfen und in Laub- und Nadelwäldern kann man durch Zufall im dichten Gezweig, zum Beispiel in den Zweigen der Fichten, sein großes, vorwiegend aus Moos gebautes Nest finden. Das wichtigste Baumaterial als Grundlage besteht im Fichtenwald aus trockenen Fichtenzweigen, im Garten aus langen Bohnenstengeln. Das eigentliche Nest besteht dagegen fast ausschließlich aus grünem Moos. Auch innen ist das Nest mit feineren Moosteilchen ausgepolstert, dadurch sind die 4 bis 5 blaugrünen Eier der Heckenbraunelle ausgezeichnet getarnt.

Auf den Eiern sitzt vor allem das Weibchen, es wird jedoch vom Männchen regelmäßig abgelöst. Das Brüten dauert 12 bis 14 Tage, und nach der gleichen Zeit schlüpfen die Jungen, verlassen das Nest und machen sich nach einigen Tagen selbständig. Die Heckenbraunelle hält sich meist im Dickicht verborgen und entgeht daher, obwohl sie häufig vorkommt, unserer Aufmerksamkeit. Sie ernährt sich von Insekten, Larven, Spinnen, im Herbst auch von Beeren und Samen. Im September oder Oktober ziehen diese Vögel aus den nördlichen Gebieten nach Süd- und Westeuropa, in vereinzelten Fällen überwintern sie auch in Mitteleuropa. In ihre Heimat, die sich über fast ganz Europa erstreckt, kehren sie im März oder April zurück.

Eiergröße:
17,5 bis 21,2 × 13,0 bis 15,5 mm

Länge:
14,5 cm
♂ = ♀

Lockruf:
ein leises „Zi zi tsi tsi"

Gesang:
scharf zwitschernd, ziemlich laut

Groß wie ein Sperling

Zugvogel

Rohrschwirl

Locustella luscinioides

Er ist im Gelände von dem Schlagschwirl äußerlich kaum zu unterscheiden. Dem Vogelstimmenkenner verrät er sich durch sein anderslautendes Schwirren, das mehr auf „Ö“ klingt und von einigen tickenden Lauten eingeleitet wird.

Der Rohrschwirl bewohnt West- und Südwesteuropa, ganz Mitteleuropa und Osteuropa. Er ist ein Zugvogel, der im Herbst, meistens im September, seine Heimat verläßt und nach Afrika zieht, wo er im Stromgebiet des Nils überwintert.

In der zweiten Aprilhälfte kehrt der Rohrschwirl zu seinen Niststätten zurück. Dort lebt er in dichten und ausgedehnten Schilfbeständen von Seen und größeren Teichen. Das Männchen kann man vor allem abends hören. Es hält sich aber immer im Röhricht versteckt, so daß man es nur selten zu Gesicht bekommt.

Im Mai oder Juni baut das Männchen allein in dichtem Röhricht oder im Riedgras etwa 30 cm über dem Wasser das Nest aus Schilf- und Riedgrashalmen, das jedoch nicht mit den Pflanzenstengeln des Röhrichts verflochten ist. Am oberen Rand ist das Nest etwa 15 cm breit, nach unten zu verengt es sich.

Das Weibchen legt 3 bis 6 Eier, die es allein 12 bis 14 Tage bebrütet. Beide Altvögel füttern die Jungen 12 bis 14 Tage im Nest und weitere 10 Tage nach Verlassen des Nestes. Während das Weibchen noch mit dem Füttern der heranwachsenden Jungen beschäftigt ist, beginnt das Männchen wieder mit dem Bau eines weiteren Nestes für das zweite Gelege. Die Nahrung des Rohrschwirls besteht aus verschiedenen, im Schilf, Röhricht und Riedgras lebenden Wirbellosen.

Ruf:
„gäck“ Gesang zirpendes „Örrrrr...“

Länge:
14 cm

Männchen und Weibchen sind gleich gefärbt

Eiergröße:
17,5 bis 21,5 × 13,6 bis 15,4 mm

Zugvogel

Schlagschwirl

Flußrohrsänger · *Locustella fluviatilis*

„Dem Auge entzieht sich dieser unscheinbare Schlüpfer wie wenige andere Vögel", sagt Alwin Voigt. Man muß deshalb auf seine Lautäußerungen achten: auf sein Schwirren, das dem Goldammerschlag (224) ähnelt, freilich ohne dessen Schlußtöne.

Der Schlagschwirl bewohnt Osteuropa und den östlichen Teil Mitteleuropas. Im Osten reicht sein Verbreitungsgebiet bis zum Ural. Er ist ein Zugvogel, der seine Heimat im August oder September verläßt und ins tropische Ostafrika oder nach Südafrika zieht. In den Winterquartieren hält sich dieser Vogel an den Ufern von Seen und Teichen mit starkem Pflanzenwuchs auf.

Der Schlagschwirl kehrt Mitte Mai in seine Niststätten an Flußufern und Sumpfwäldern mit möglichst dichtem Unterwuchs zurück. Sein Nest aus trockenen Halmen und Blättern baut er in der Regel dicht über dem Boden und polstert es mit weichen Pflanzenteilen, Moos und Tierhaaren aus.

Das Weibchen legt im Mai oder Juni 4 bis 5 Eier, die es vorwiegend allein 13 Tage bebrütet. Beide Eltern füttern ihre Jungen mit Insekten und deren Larven und anderen Wirbellosen etwa zwei Wochen im Nest und weitere zwei Wochen nach Verlassen des Nestes. Auch die erwachsenen Vögel ernähren sich ausschließlich von Insekten und Wirbellosen.

Beim Gesang sitzt das Männchen auf den höchsten Zweigen eines Gestrüpps, in dem sich diese Vögel rasch und geschickt bewegen. Unter günstigen Bedingungen nistet der Schlagschwirl oft auch an Flußufern in Städten.

Eiergröße:
18,0 bis 22,3 × 14,0 bis 16,8 mm

Länge:
12,5 cm

Männchen und Weibchen sind gleich gefärbt

Ruf:
Gesang wie „dzedzedze" oder auch „sesesese"

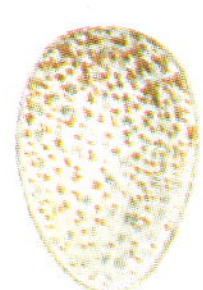

Zugvogel

Feldschwirl

Heuschreckensänger · *Locustella naevia*

Er fällt da, wo er häufig auftritt, durch sein heuschreckenartiges, anhaltendes Schwirren auf. Er macht daher der Bezeichnung *Locustella* = die Heuschrecke, am meisten Ehre. Beim Schwirren, das mitunter mehrere Minuten anhält, sperrt er den Schnabel weit auf, und sein ganzes Körperchen zittert, als verursache sein Lied ihm große Anstrengung.

Der Feldschwirl bewohnt den größten Teil Europas von Nordspanien bis Südschweden und Finnland. Er lebt auch auf den Britischen Inseln. Seine beliebten Niststätten sind dichtes und hohes Gestrüpp oder Weiden- und Erlenbestände, möglichst in Wassernähe, er kommt aber gelegentlich auch in Getreidefeldern vor. Der Vogel führt ein sehr verborgenes Leben. Am häufigsten kann man die zirpende Stimme des Männchens vernehmen, das beim Gesang an einer erhöhten Stelle sitzt. Der Feldschwirl ist ein Zugvogel, der im August bis September in seine Winterquartiere in Nordafrika oder Südwestasien zieht.

Ende April oder Anfang Mai kehrt er zu seinen Niststätten zurück. Das Nest aus Gras- und Schilfhalmen bauen beide Partner gemeinsam im Mai oder Juni.

Das Weibchen legt in der Regel 4 bis 5 Eier, die es vorwiegend allein – das Männchen löst es nur manchmal ab – bebrütet. Beide Eltern betreuen die Brut, die nach 12 bis 14 Tagen schlüpft. Die Altvögel bringen den Jungen die gleiche Nahrung, von der sie sich auch selbst ernähren, nämlich Insekten, deren Larven und Spinnen. Die Jungen verlassen das Nest nach 9 bis 11 Tagen. Sie werden aber noch etwa zwei weitere Wochen von den Altvögeln gefüttert.

Ruf:
Lockruf „tze tze" Gesang „sirrrrrr..."

Länge:
12,5 cm

Männchen und Weibchen sind gleich gefärbt

Eiergröße:
16,0 bis 20,3 × 12,5 bis 14,8 mm

Zugvogel

Schilfrohrsänger

Bruchweißkehlchen · *Acrocephalus schoenobaenus*

Er kommt – trotz seines Namens – nicht nur im eigentlichen Schilf vor, sondern ebenso in Weidenbeständen, an Flußufern, Marschgräben und Torfstichen. Er brütet in ganz Europa mit Ausnahme der Iberischen Halbinsel und Islands. Er ist ein Zugvogel, der seine Heimat im September bis Oktober verläßt und in seine Winterquartiere im tropischen Afrika, in manchen Fällen auch weiter südlich bis nach Transvaal zieht.

Der Schilfrohrsänger kehrt in der zweiten Aprilhälfte in seine Heimat zurück. Während die Verwandten des Schilfrohrsängers beim Gesang an erhöhten Stellen sitzen, fliegt dieser Vogel beim Gesang hoch auf und läßt sich mit ausgebreiteten Flügeln und Steuerfedern schräg zu Boden gleiten.

Im Mai oder Juni baut das Paar in dichtem Pflanzenwuchs in Wassernähe sein Nest aus Halmen, kleinen Wurzeln und Moos und polstert es mit Pflanzenwolle und Tierhaaren aus. Beide Partner sind am Bau beteiligt, die Hauptarbeit leistet jedoch das Weibchen. Es legt 4 bis 5, seltener auch 7 Eier, die es allein 12 bis 13 Tage bebrütet. Die Jungen werden von beiden Eltern betreut, die sie mit Insekten und deren Larven, Spinnen und kleinen Weichtieren füttern. Nach 10 bis 13 Tagen verlassen die Jungen das Nest und halten sich in der Umgebung verborgen, wohin ihnen die Altvögel noch weitere 10 bis 14 Tage Futter bringen. Sobald die Jungen selbständig geworden sind, beginnt das Paar oft mit dem Bau eines weiteren Nestes für ein zweites Gelege.

Eiergröße:
15,7 bis 20,5 × 11,9 bis 15,0 mm

Länge:
12,5 cm

Männchen und Weibchen sind gleich gefärbt

Ruf:
Der Gesang ähnelt dem des Teichrohrsängers Die einzelnen Strophen werden öfter wiederholt und klingen wie „woid woid woid"

Zugvogel

Sumpfrohrsänger

Sumpfspötter · *Acrocephalus palustris*

Er bewohnt vor allem Gebüsche und vegetationsreiche Gebiete in der Nähe von Gewässern. Aber er ist durchaus nicht nur an feuchtes Gelände gebunden, sondern kommt auch in buschreichen Gärten und selbst in Getreidefeldern vor.

Das Verbreitungsgebiet des Sumpfrohrsängers erstreckt sich etwa von den Pyrenäen im Westen über Mittel- und Osteuropa bis nach Westsibirien. England und Schweden berührt er dabei nur an ihren südlichen Zipfeln. Aus seinen Winterquartieren in Ostafrika, wohin er Ende August oder Anfang September zieht, kehrt er Mitte Mai in seine Heimat zurück. Bald nach seiner Rückkehr baut er im hohen Gras, Getreide, auch im Kleefeld, meistens sehr niedrig über dem Boden, sein Nest. Er fertigt es aus Gras- und anderen Halmen an, die er geschickt zwischen einige nah beieinanderstehende, stärkere Pflanzenstengel zusammenflicht. Oft findet man sein Nest auch im niedrigen Buschwerk oder in einem hohen Brennesselbestand, aber immer über trockenem Boden.

Das Weibchen legt im Mai oder Juni 4 bis 7 Eier, abwechselnd mit dem Männchen brütet es 12 bis 13 Tage. Die Eltern füttern ihre Jungen, die nach 11 bis 13 Tagen flügge sind, mit kleinen Insekten und deren Larven, derselben Nahrung, die auch die Altvögel fressen. Der Sumpfrohrsänger singt auch bei völliger Dunkelheit.

Gesang:
ähnelt dem des Gelbspötters, es fehlen jedoch zwitschernde Töne; enthält Elemente des Gesanges verschiedener anderer Vögel

Länge:
12,5 cm
♂ = ♀

Eiergröße:
16,7 bis 21,5 × 10,0 bis 14,9 mm

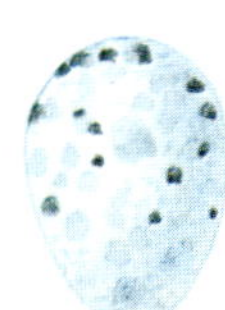

Zugvogel

Teichrohrsänger

Acrocephalus scirpaceus

Er wird auch „kleiner Rohrspatz" genannt, bewohnt die gleichen Lebensbereiche wie der Drosselrohrsänger (183) und ist auch sonst weitgehend dessen verkleinertes Abbild.

Der Teichrohrsänger ist unter den Rohrsängern am stärksten vertreten. Er ist ein in fast ganz Europa verbreiteter Zugvogel, der seine Heimat Ende September oder Anfang Oktober verläßt und im tropischen Afrika überwintert.

In der zweiten Aprilhälfte oder Anfang Mai kehrt er zu seinen Niststätten im Röhricht der Teiche und Seen oder an sumpfigen Stellen mit starkem Schilfbestand zurück. Sein Nest, das aus feinerem Material als das des Drosselrohrsängers geflochten ist, hängt zwischen einigen, meistens drei bis vier festen Schilfstengeln, manchmal auch zwischen dünnen Zweigen im Gestrüpp. Der Bau hat die Form eines tiefen Korbes, so daß auch bei starkem Wind die Eier und die Jungen geschützt sind.

Im Mai bis Juni legt das Weibchen in der Regel 4 bis 5 Eier, die es abwechselnd mit seinem Partner 11 bis 12 Tage bebrütet. Die Jungen werden von beiden Altvögeln 11 bis 14 Tage im Nest und nach Verlassen des Nestes noch weitere zwei Wochen gefüttert. Bei ungünstiger Witterung schützen die Eltern die Jungen unter ihren Körpern.

Die Nahrung der Teichrohrsänger besteht aus Insekten und deren Larven, Spinnen und kleinen Weichtieren. Der Teichrohrsänger ist nicht scheu.

Sein Nest wird gern vom Kuckucksweibchen zur Eiablage benutzt. Dann wird es später durch den größerwerdenden Zwangsmieter zuweilen recht eng.

Eiergröße:
16,3 bis 21,4 × 12,4 bis 14,7 mm

Länge:
12,5 cm

Männchen und Weibchen sind gleich gefärbt

Ruf:
Lockruf „tschätsch"

Gesang:
weniger lautes „Tiri tiri tiri tier tier tier zerr zerr zäck zäck tiri tiri schwerk..."

Zugvogel

Drosselrohrsänger

Großer Rohrsänger, Rohrspatz
Acrocephalus arundinaceus

Sein lautes, weithin vernehmbares „Karre-karre-kiet-kiet-kiet" fällt auch dem auf, der sonst nicht gewohnt ist, auf Vogelstimmen zu achten. Wegen dieses auffallenden Gesanges wird er auch „Karre-kiet" genannt.

Der Drosselrohrsänger mit etwa Starengröße der größte der europäischen Rohrsänger hat ein großes Verbreitungsgebiet. Er lebt in ganz Europa mit Ausnahme der Britischen Inseln und Skandinaviens. Seine Heimat verläßt er im August und September und überwintert in Äquatorial- und Südafrika. Anfang Mai kehrt er wieder zu seinen Niststätten zurück. Er ist überall zahlenmäßig stark vertreten, und seine Anwesenheit verrät schon von weitem der charakteristische Gesang des Männchens.

Im Mai bis Juli baut das Weibchen ein Nest aus Schilfhalmen, die es aus dem Wasser herausfischt oder vorher in das Wasser eintaucht, um das Baumaterial biegsam zu machen. In die Wände des Nestes sind zwei bis sechs stehende Schilfstengel eingeflochten, die sozusagen die „Tragpfeiler" des Nestes bilden, das in der Regel direkt über dem Wasser liegt. Das Weibchen legt meistens 4 bis 5 Eier, die beide Partner abwechselnd 14 bis 15 Tage bebrüten. Um die Brut kümmern sich beide Altvögel gemeinsam, sie füttern die Jungen etwa 12 bis 14 Tage im Nest und dann noch weitere zwei Wochen.

Der Drosselrohrsänger ernährt sich ausschließlich von kleinen Wirbellosen, vor allem von Insekten und deren Larven, Spinnen und kleinen Weichtieren, die er an Wasser- und Sumpfpflanzen findet.

Er wird gebietsweise auch als Rohrspatz bezeichnet. Die Redewendung: „Schimpfen wie ein Rohrspatz" hat ihren Ursprung in seinem lauten und anhaltenden Rufen.

Ruf:
Warnruf „karr karr"

Gesang:
laut wie „karre karre kiet kiet kiet karre kiet"

Länge:
19 cm

Männchen und Weibchen sind gleich gefärbt

Eiergröße:
19,5 bis 26,3 × 15,1 bis 17,6 mm

Zugvogel

Gelbspötter

Hippolais icterina

Im Volksmund nennt man ihn auch Bastardnachtigall, Sprachmeister oder Spottvogel, weil er häufig die Stimmen anderer Vögel nachahmt oder in seinen eigenen Gesang einflicht. Das Männchen wechselt oft seinen Standort, es singt einmal im Gestrüpp und gleich darauf wieder auf dem Zweig eines hohen Baumes. Auf den Erdboden kommt es so gut wie nie. Der Gelbspötter bewohnt Mittel-, Nord- und Westeuropa mit Ausnahme Englands. Im Osten dehnt sich sein Verbreitungsgebiet bis nach Westsibirien aus. Die Winterquartiere verläßt er Mitte Mai und läßt sich mit Vorliebe an feuchten Plätzen in der Nähe von Bächen oder Teichen nieder. Hier baut das Paar aus Halmen sein sorgfältig zurechtgemachtes, mit Bast und Spinnweben verstärktes, tiefes, halbkugelförmiges Nest. Die Außenseite ist oft mit kleinen Rindenstückchen, meistens von der Birke, getarnt. Das Nest liegt etwa 2 bis 4 m über dem Boden, im Gebüsch auch niedriger.

Auf den 3 bis 6 rosafarbenen, schwarzpunktierten Eiern brüten beide Eltern, das Männchen jedoch meist nur in den Mittagsstunden. Nach 12 bis 13 Tagen schlüpfen die Jungen und nach derselben Zeit sind sie flügge. Der Gelbspötter ernährt sich von Blattläusen, Fliegen und anderen Insekten. Schon Ende August tritt er seine Reise ins tropische Afrika an.

Eiergröße:
17,0 bis 21,5 × 12,4 bis 14,7 mm

Länge:
13 cm
♂ = ♀

Lockruf:
„dideroid"

Gesang:
besteht aus Strophen, in denen man die Stimmen verschiedener Vögel zu erkennen glaubt

Zugvogel

Gartengrasmücke

Sylvia borin

Der Name der folgenden Gruppe hat weder mit „Gras" noch mit „Mücke" zu tun. Sondern er kommt von „gra" – grau und „smiegen" (mittelhochd.) – schlüpfen, bedeutet also Grauschlüpfer. Und graubraun schlüpft die Gartengrasmücke durch das Buschwerk von Wäldern und Parkanlagen, an Bach- und Teichufern. Sie lebt fast in ganz Europa, und ihr Verbreitungsgebiet reicht im Osten bis nach Westsibirien. Aus dem tropischen Afrika, wo sie überwintert, kehrt sie Ende April bis Mitte Mai in ihre Heimat zurück. Sie hält sich mit Vorliebe im Dickicht auf und baut in niedrigem Gebüsch, oft auch in Himbeer- oder Brombeersträuchern, ihr verhältnismäßig großes Nest aus langen, trockenen Halmen. Am Nestbau beteiligen sich beide Partner. Auch Spinnweben und Raupengespinst werden in das Nest mit eingeflochten. Beide Eltern wechseln sich beim Brüten ab, das nach etwa 12 bis 14 Tagen abgeschlossen ist. Sie kümmern sich auch gemeinsam um die geschlüpften Jungen, die sie mit Insekten, deren Larven und Spinnen füttern. Ebenso sorgsam ziehen sie aber auch ein Kuckucksjunges auf, denn gerade der Gartengrasmücke unterschiebt der Kuckuck oft sein Ei. Manchmal bereits nach 9, öfter nach 11 bis 14 Tagen, sind die Jungen schon flügge, obwohl sie zu dieser Zeit noch nicht flugfähig sind. Außer von Insekten ernährt sich die Gartengrasmücke im Herbst auch von Beeren. Ende August oder Anfang September zieht sie in ihre Winterquartiere.

Lockruf:
„täck täck"

Bei Angst:
„wäd wäd"

Gesang:
langdauernd und lautstark
Angenehm klingende
Flötentöne

Länge:
14 cm
♂ = ♀

Eiergröße:
17,0 bis 23,2 × 13,0 bis
16,5 mm

Zugvogel

Mönchsgrasmücke

Schwarzplättchen, Schwarzkopf · *Sylvia atricapilla*

Ihre beim Männchen schwarze, bei Weibchen und Jungvögeln braune „Kappe“ hat ihr zu den Namen „Mönchsgrasmücke“ oder „Plattmönch“ verholfen.

Die Mönchsgrasmücke kommt in ganz Europa, in Asien bis nach Westsibirien, in Vorderasien und an der Küste Nordwestafrikas in großer Zahl vor. Europäische Exemplare überwintern in Südeuropa, viele auch in Afrika bis zum Äquator. Von dort kehren sie im April in unsere Laub- und Nadelwälder, Feldremisen, aber auch in Parkanlagen und stark bewachsene Gärten, sowohl im Tiefland als auch im Gebirge, zurück. Niedrig über dem Boden, meist in einer Höhe von 0,5 bis 2 m, baut die Mönchsgrasmücke ihr nachlässig aus Halmen geflochtenes Nest, das in einer Astgabel im Gebüsch liegt und polstert es nur schütter mit Roßhaar oder Fellhaaren aus. Das Männchen baut außerdem für sich noch ein sogenanntes „Singnest“, wo es mit Vorliebe sitzt und seinen Gesang ertönen läßt.

Beide Partner brüten 13 bis 14 Tage lang abwechselnd auf ihren 4 bis 6 Eiern, gemeinsam füttern sie auch 11 bis 14 Tage lang ihre Jungen im Nest und dann noch einige Tage, nachdem die Jungen flügge sind, mit nackten Raupen. Im Juli nisten sie dann oft noch ein zweites Mal. Erwachsene Exemplare dieser Vögel ernähren sich vor allem von Insekten, deren Larven und von Spinnen wie von Beeren aller Art. Bereits im August oder Anfang September beginnt ihr Zug in die Winterquartiere. Die Gesangsleistungen sind individuell unterschiedlich. Einem Könner zu lauschen ist ein Genuß.

Eiergröße:
17,0 bis 22,2 × 13,0 bis 15,8 mm

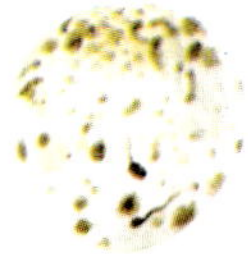

Länge:
14 cm

Das Weibchen hat eine braune, das Männchen eine dunkelgefärbte „Haube“

Lockruf:
ein hart angesetztes „Tze tze“

Gesang:
Flötentöne; jede Strophe schließt mit einem lauten Pfeifen

Zugvogel

Dorngrasmücke

Sylvia communis

Sie bevorzugt Gelände mit Dornhecken. Ihr Lied ist nicht so klangvoll wie das der Mönchsgrasmücke. Da sie deutlich braune Flügel hat, wird sie auch die „braune Grasmücke" genannt.
Die Dorngrasmücke sucht vor allem dicht mit Buschwerk und Dorngestrüpp bewachsene Gegenden auf. Sie ist in ganz Europa, im Osten bis zum Baikalsee, und auch in Nordwestafrika verbreitet. Sie kommt Ende April oder Anfang Mai aus ihrem Winterquartier zurück. Das Männchen ist daran zu erkennen, daß es beim Gesang oft schräg hochfliegt und sich dann jäh ins Dickicht niederfallen läßt, wo es sein Lied fortsetzt. Im Gebüsch an Feldrainen, an Feld- oder Waldrändern und auf steinigen Hängen baut die Dorngrasmücke ihr niedrig über dem Boden gelegenes Nest, oft auch im Brombeergestrüpp, in Schlehdornbüschen oder in Brennesselbeständen, nur sehr selten direkt am Boden. Sie baut einen schütteren, aus Wurzeln und Halmen bestehenden Bau. Die Dorngrasmücken nisten einmal im Mai und dann noch ein zweites Mal im Juni.

Das Weibchen legt 4 bis 5 Eier, das etwa 13 Tage dauernde Brutgeschäft besorgen beide Partner abwechselnd. Die Jungen werden mit Insekten, deren Larven und kleinen Spinnen gefüttert, die auch den Altvögeln als Nahrung dienen. Die Jungen sind nach ungefähr 11 bis 13 Tagen flügge. Im September ziehen die Dorngrasmücken in ihre afrikanischen Winterquartiere.

Lockruf:
„tze tze"

Warnruf:
„Wäd wäd"

Gesang:
ein kurzes, sich wiederholendes Liedchen aus Pfeif- und Flötentönen

Länge:
14 cm

Das Weibchen hat bräunliche, das Männchen zartrosa Weichen

Eiergröße:
16,0 bis 20,9 × 12,0 bis 15,2 mm

Zugvogel

Klappergrasmücke

Zaungrasmücke · *Sylvia curruca*

Sie ist die kleinste aus der Familie der Grasmücken. Ihre Flügel sind nicht so auffallend braun wie bei der Dorngrasmücke (187). Ihr Gesang hat etwas „Klapperndes" an sich, weshalb sie auch „Müllerchen" genannt wird. In Gärten und dicht an Wegen findet man in Stachelbeersträuchern das Nest der Klappergrasmücke. Sie lebt außerdem auch in Parkanlagen, auf Friedhöfen, an dicht bewachsenen Waldrändern und in Feldremisen. Ihr Nest baut sie aus dünnen, aber langen Wurzeln, die sie schütter zusammenflicht.

Das Bebrüten der 4 bis 6 Eier, an dem sich das Männchen und das Weibchen gemeinsam beteiligen, dauert 10 bis 12 Tage. Zum ersten Mal nistet das Paar im Mai bis Juni und dann noch einmal im Juli oder August. Nach 10 bis 15 Tagen sind die Jungen flügge und werden auch dann noch einige Zeit von den Alten mit kleinen Insekten, Raupen und Spinnen gefüttert. Im Herbst frißt die Klappergrasmücke auch Beeren. Im September ziehen diese Vögel in die Tropenregionen Afrikas, von wo sie Mitte April zurückkehren. Die Weibchen kommen etwa eine Woche später als die Männchen zurück, die inzwischen bereits ihre Brutreviere bezogen haben. Ihre Heimat ist ganz Europa mit Ausnahme von Spanien und Irland. Im Osten reicht ihr Verbreitungsgebiet bis nach Nordchina.

Zugvogel

Eiergröße:
14,0 bis 18,9 × 11,5 bis 14,5 mm

Länge:
13,5 cm

Das Männchen hat eine etwas sattere Färbung als das Weibchen

Ruf:
ein grelles kurzes „Tze"

Gesang:
schwaches, helles Zwitschern, das mit „zizizi" beginnt und mit einem lauteren „Lililili" fortgesetzt wird

Sperbergrasmücke

Sylvia nisoria

Sie ist die größte der Grasmücken. Wir erkennen sie an ihrer „gesperberten" Unterseite. Auffallend ist ferner das hellgelbe Auge. Die Sperbergrasmücke ist bei uns ein Sommervogel, der erst Anfang Mai erscheint und sich bereits Ende August wieder verabschiedet. Hauptsächlich bewohnt sie Mittel- und Osteuropa. Westeuropa berührt sie nur auf dem Durchzug. Ihre Winterquartiere liegen in Afrika und Arabien.

Sie bewohnt offene Landschaften mit Gehölz, Waldränder und Feldraine. Mit Vorliebe siedelt sie sich in der unmittelbaren Nähe eines Rotrückenwürgers an, den sie jedoch energisch von ihrem Nest verjagt. Ihr Nest liegt im dichten Buschwerk, meistens niedrig über dem Boden. Es ist aus trockenen Grashalmen geflochten und mit Haaren und Pflanzenwolle ausgepolstert.

Das Weibchen legt etwa 5 Eier, die es gemeinsam mit dem Männchen in 14 Tagen bebrütet. Die Jungen werden mit Insekten gefüttert und sind etwa nach 14 bis 16 Tagen flügge, dann halten sie sich noch einige Zeit mit den Eltern in der Umgebung auf. Zur Nistzeit singt das Männchen auf einem hochliegenden Zweig der Büsche. Man kann es dabei plötzlich schräg hochfliegen und dann wieder auf seinen Standplatz zurückkehren sehen. Es wechselt bei seinem lebhaften Naturell auch bei Erregung häufig seinen Platz.

Ruf:
ein gleichsam knurrendes „Errr"

Warnruf:
„tzä tzä"

Gesang:
ist melodisch und enthält oft die „Errr" -Laute

Länge:
15 cm

Das Weibchen hat eine weniger prägnante Wellenzeichnung an der Bauchseite, bei den Jungen fehlt sie völlig

Eiergröße:
18,0 bis 23,1 × 14,0 bis 16,4 mm

Zugvogel

Zilpzalp

Weidenlaubsänger · *Phylloscopus collybita*

Zilpzalp heißt er im Volksmund. Und mit einem deutlichen und oft wiederholten „Zilpzalp" stellt er sich unverwechselbar vor. Sein Ruf ertönt nach milden Wintern schon Mitte März aus den Baumkronen von Parkanlagen, Gärten und Friedhöfen. Er bevorzugt Weiden kaum, so daß seine Bezeichnung „Weidenlaubsänger" keinen rechten Sinn hat. Dem Zilpzalp kann man in ganz Europa begegnen, aber er lebt auch in Nordwestafrika und in Asien, wo sein Verbreitungsgebiet bis nach Nordsibirien reicht. Obwohl er vorwiegend ein Baumvogel ist, baut er sein Nest im Gras am Boden, an mäßig geneigten Hängen, in Straßengräben, am Rand von Waldwegen und auf Lichtungen. Das Nest ist ein kugeliger, völlig geschlossener Bau aus trockenem Laub und Grashalmen. Es ist so gut getarnt, daß es sich gar nicht von seiner Umgebung abhebt und daher sehr schwer zu finden ist. Der Eingang in das Nest, das nur von dem Weibchen gebaut wurde, liegt an der Seite.

Auch das 13 bis 14 Tage dauernde Brutgeschäft besorgt das Weibchen allein, und es kümmert sich allein um die 6 bis 7 Jungen, wenn auch das Männchen hier ein wenig mithilft. Nach 13 bis 15 Tagen sind die Jungen flügge und werden noch kurze Zeit von den Eltern mit Insekten, deren Larven und Spinnen gefüttert. Ende September, in Einzelfällen auch erst im November, zieht der Zilpzalp nach Süden.

Eiergröße:
13,0 bis 17,7 × 10,5 bis 13,7 mm

Länge:
11 cm

Gewicht:
8 bis 9 Gramm
♂ = ♀

Lockruf:
„hüid"

Gesang:
ein eintöniges, ständig wiederholtes „Zilpzalp, zilpzalp"

Zugvogel

Fitislaubsänger

Fitis · *Phylloscopus trochilus*

Sein Lied darf man nicht mit dem Schlag des Buchfinken verwechseln. Es ist auch nicht so metallisch und schmetternd. Insbesondere zum Schluß hin klingt es weich aus.

In dichten Laub- oder Mischwäldern und Parkanlagen, seltener auch in Nadelwäldern mit dichten Buschbeständen ertönt bereits im April der Gesang des Fitislaubsängers. Im April kehrt er aus Südafrika zurück, wo sein Winterquartier liegt. Diesem kleinen Vogel kann man in ganz Europa mit Ausnahme seiner südlichen Gebiete und des Balkans begegnen; im Osten reicht sein Verbreitungsgebiet bis in die nordöstlichen Teile Sibiriens.

Er fängt kleine Insekten, ihre Larven und stellt auch kleinen Spinnen nach. An warmen Mai- oder Junitagen baut das Weibchen am Boden im Schutz eines größeren Grasbüschels oder dicht über dem Boden in Heidelbeersträuchern, im Heidekraut oder in dichtem Gestrüpp ein kugeliges Nest in der Form einer kleinen Hütte. Das Nest hat den Eingang seitlich, und zwar so, daß man durch das Eingangsloch die Eier im Nest nicht sehen kann. Als Baumaterial verwendet der Vogel Grashalme, trockenes Laub, Moos und Flechten. Das Weibchen legt in das weich gepolsterte Nest 6 bis 7 Eier, die es allein meistens 13 Tage bebrütet. Bei der Brutpflege ist ihm das Männchen behilflich. Nach 12 bis 16 Tagen verlassen die jungen Fitislaubsänger ihre Nestkammer, werden jedoch von den Eltern noch etwa vierzehn Tage mit Insekten und ihren Larven gefüttert.

Im September oder Oktober verlassen die Fitislaubsänger ihre Nistplätze wieder.

Lockruf:
ein lebhaftes „Füid"

Gesang:
ähnelt dem des Buchfinks ist jedoch weicher und glockenheller und klingt wie „dididididüe dea dea dei da da"

Länge:
11 cm

Männchen und Weibchen sind gleich gefärbt

Eiergröße:
13,2 bis 18,8 × 10,9 bis 13,8 mm

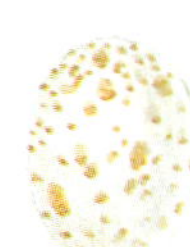

Zugvogel

Waldlaubsänger

Phylloscopus sibilatrix

Er ist etwas größer als der Fitis (191), aber seltener zu sehen, da er sich viel in den Baumkronen aufhält.

Die Heimat des Waldlaubsängers ist Europa mit Ausnahme Spaniens, Portugals, Irlands und Nordskandinaviens. Bereits Ende April oder Anfang Mai kehrt er aus seinen Winterquartieren im tropischen Afrika zurück und siedelt sich in schütteren Laub- oder Mischwäldern der Ebenen oder des Hügellandes an. Man findet ihn auch in Nadelwäldern, aber nur dort, wo wenigstens vereinzelt Laubbäume stehen und wo es dichtes Unterholz gibt.

Das Weibchen baut am Boden ein im Gras verstecktes Nest in der Form einer kleinen Hütte mit einem ziemlich breiten Eingang an der Seite. Das Nest des Waldlaubsängers ist im Hinblick auf seine Körpergröße ein verhältnismäßig großer Bau, und auch der seitlich gelegene Eingang ist viel größer als der Eingang bei Nestern anderer Laubsängerarten.

Ende Mai oder Anfang Juni findet man im Nest bereits ein Gelege von 6 bis 7 Eiern, die das Weibchen allein bebrütet. Nach 12 Tagen schlüpfen die Jungen, die von beiden Eltern vor allem mit Insekten und ihren Larven gefüttert werden. Die Nahrung finden die Vögel vorwiegend auf Laubbäumen oder im Unterholz. Bereits nach 12 Tagen verläßt die Brut das Nest.

Den Waldlaubsänger unterscheidet man leicht von anderen Laubsängerarten durch seinen typischen, zirpenden Gesang. Weitere Unterscheidungsmerkmale sind seine schwefelgelbe Kehle und Brust und der breite Überaugenstreif; in der Natur sind diese Merkmale jedoch nur selten aus nächster Nähe zu beobachten.

Eiergröße:
14,0 bis 18,3 × 11,4 bis 13,5 mm

Länge:
13 cm

Männchen und Weibchen sind gleich gefärbt

Ruf:
ein glockenhelles „Düh" oder „Djü djü djü"

Gesang:
beginnt mit „djü", dann folgt ein langdauerndes „Sib sib sib..." und endet mit „sirrrrrrr"

Zugvogel

Wintergoldhähnchen

Gelbköpfiges Goldhähnchen · *Regulus regulus*

Unser Wintergoldhähnchen ist der kleinste europäische Vogel. Bei einem Gewicht von nur etwa 5 Gramm ist er nur etwas schwerer als ein gewöhnlicher Brief. Im Gegensatz zum Sommergoldhähnchen (feuerköpfiges Goldhähnchen, *Regulus ignicapillus*), das uns in der kalten Jahreszeit verläßt, um in Südfrankreich, Spanien und Nordafrika zu überwintern, hält sich das Wintergoldhähnchen das ganze Jahr hindurch bei uns auf.

Beide Arten lassen sich äußerlich am ehesten an dem Scheitelstreif unterscheiden: er ist beim Wintergoldhähnchen goldgelb, beim Sommergoldhähnchen mehr safrangelb.

Das Wintergoldhähnchen lebt in fast ganz Europa und hält sich vorwiegend in den Wipfelregionen von Tannen- und Fichtenwäldern auf.

Schon Ende April und oft ein zweites Mal auch im Juni baut das Wintergoldhähnchenpaar aus kleinen Zweigen, Halmen, Moos, Flechten, Spinnweben und Haaren ein kugelförmiges, nach oben zu verengtes, verhältnismäßig großes Nest. Es liegt sorgfältig getarnt im dichten Gezweig der Nadelbäume und ist, von oben gesehen, gleichsam geschlossen mit einer nur kleinen Öffnung.

Das Weibchen bebrütet seine 8 bis 11 Eier allein 14 bis 16 Tage. Beide Eltern füttern die Brut mit Blattläusen, kleinen Raupen und Spinnen. Die Jungen verlassen das Nest meistens nach 14 Tagen und übernachten dann gemeinsam mit den Altvögeln im dichten Gezweig. Im Winter sammeln die Goldhähnchen die an den Zweigen versteckten Insekteneier oder -puppen. Sie sind ein sehr lebhaftes Vogelvolk und ständig auf Nahrungssuche.

Ruf:
ein feines „Sisisi" oder stärkere Laute wie „whit" „si" oder „sri" die manchmal zusammengezogen wie „zihzihzihsrisrisri" klingen

Gesang:
besteht aus ähnlichen Lauten

Länge:
9 cm

Das Weibchen hat einen gelben Streifen am Kopf

Eiergröße:
12,1 bis 14,6 × 9,2 bis 11,0 mm

Standvogel

Grauer Fliegenschnäpper

Grauschnäpper · *Muscicapa striata*

„Wer einmal versucht hat, ein fliegendes Kerbtier mit der Hand zu haschen, weiß, daß man meistens danebengreift. Der Fliegenschnäpper aber stößt fast nie fehl", sagt der Vogelkenner Richard Gerlach. Die Fliegenschnäpper tragen also ihre Namen zu Recht.

Der Graue Fliegenschnäpper ist eigentlich ein Waldvogel. Aber er hat offenbar entdeckt, daß es mehr Fliegen in der Nähe des Menschen und seiner Tiere gibt und daß es sich dort leichter und besser leben läßt.

Diesem munteren Vogel begegnet man in ganz Europa in lichten Wäldern, aber auch in Parkanlagen und Gärten, doch läßt er sich zunehmend gern in der Nähe menschlicher Behausungen nieder. Aus seinen Winterquartieren in Südafrika kehrt er Ende April oder Anfang Mai zurück. Sein Nest baut er aus Wurzeln, Halmen und Moos in einer Halbhöhle oder in einem aufgehängten Halbnistkasten und polstert es mit Pflanzenwolle, Haaren und Federn aus. Fehlen natürliche Nistplätze, baut er sein Nest auch auf den Dachbalken eines Schuppens oder auf einem stärkeren Ast. Sein Nest wurde auch schon auf einem Lampenschirm direkt über dem Eingang eines bewohnten Dorfhauses gefunden.

Das Weibchen bebrütet 4 bis 6 Eier meistens allein 12 bis 14 Tage. Die Eltern bringen den Jungen die Insekten, mit denen sie die Jungvögel füttern, immer nur einzeln, obwohl eine Familie an einem einzigen Tag über 500 Insekten braucht. Schon Ende August ziehen die Grauen Fliegenschnäpper nach Süden.

Groß wie ein Sperling

Zugvogel

Eiergröße:
16,4 bis 21,4 × 12,5 bis 15,6 mm

Länge:
14 cm
♂ = ♀

Ruf:
oft ein scharfes „Pst" oder ein kurzes „Tyt"

Bei Gefahr:
„teckteckteck"

Gesang:
besteht aus leisen Pfeiflauten die nur selten zu hören sind

Trauerfliegenschnäpper

Trauerschnäpper · *Ficedula hypoleuca*

Außer seiner dunklen Oberseite hat der Trauerfliegenschnäpper durchaus nichts Trauriges an sich. Er ist im Gegenteil ein munterer, sich ständig bewegender Vogel, der bei aller Schwerelosigkeit jedoch auch viel Durchstehvermögen zeigt: findet er im Frühjahr eine begehrte Bruthöhle schon von dem größer und robuster wirkenden Kleiber besetzt, läßt er nicht nach, bis er diesen durch ständiges Anfliegen und störendes Schnalzen vertrieben hat.

Oft sieht man schon Anfang April das Männchen in lichten Wäldern und Parks eine verlassene Spechthöhle oder einen aufgehängten Starenkasten als Niststelle suchen. Das in seiner Färbung unauffällige Weibchen übernimmt die Aufgabe, die vom Männchen bestimmte Nisthöhle entsprechend herzurichten. Es schafft in seinem dünnen Schnabel feines Moos heran und formt daraus in der Höhlung einen kleinen Nistkessel.

Das Weibchen legt in der Zeit von Mitte Mai bis Ende Juni 6 bis 7 Eier, die es allein etwa 14 Tage bebrütet. Nach dem Schlüpfen hilft das Männchen beim Füttern der Jungen mit kleinen Insekten, aber auch mit kleineren Raupen und Spinnen. Nach 14 bis 16 Tagen fliegen die Jungen aus, werden aber auch dann noch etwa 14 Tage lang von den Eltern gefüttert.

Ende August oder Anfang September treten die Trauerfliegenschnäpper ihren Flug nach Afrika an.

Sie bewohnen fast ganz Europa mit Ausnahme Italiens und Irlands, sie fehlen auch in Nordwest- und Südwestdeutschland und im Westen Frankreichs.

In der Antike nahm man an, daß der Trauerfliegenschnäpper ein Feigenfresser sei. Jedoch hat er es weniger auf die Früchte selbst abgesehen, als auf die darin befindlichen Insekten.

Lockruf:
ein kurzes „Bit"

Gesang:
klingt wie „wuti wuti wuti"

Länge:
13 cm

Außerhalb der Nistzeit ähnelt das Männchen dem Weibchen, hat jedoch eine weiße Stirn

Eiergröße:
15,5 bis 19,5 × 12,0 bis 14,4 mm

Zugvogel

Halsbandfliegen-schnäpper

Halsbandschnäpper · *Ficedula albicollis*

Anfang Mai, bei warmem Wetter auch schon Ende April, erscheint in größeren Parkanlagen, Gärten, Obstgärten und vor allem in lichten Laubwäldern der schmucke, durch sein schwarzweißes Federkleid auffallende Halsbandfliegenschnäpper. Bald nach ihrer Heimkehr sehen sich die Halsbandfliegenschnäpper nach einer geeigneten Höhle in einem Baumstamm oder Nistkasten um. Fehlen solche Höhlen, müssen sie auch mit einem Loch in einem Baumstumpf am Boden vorliebnehmen. Den Bauplatz für das aus Moos gebaute und mit Haaren und Federn ausgepolsterte Nest wählt das Männchen, während das Weibchen dann seine 5 bis 8 Eier allein bebrütet. Nach 13 Tagen schlüpfen die Jungen. Die Eltern füttern sie mit Insekten, die sie geschickt in der Luft fangen, aber auch mit Raupen und kleinen Spinnen. Die gleiche Nahrung dient auch den Altvögeln. Die Jungen verlassen nach 14 bis 16 Tagen die Nisthöhle, werden aber auch dann noch einige Tage lang von den Eltern gefüttert. Ihre Heimat im Osten Mitteleuropas und in Südeuropa verlassen die Halsbandfliegenschnäpper bereits Ende August oder Anfang September und ziehen in ihre Winterquartiere.

Der Ornithologe Alwin Voigt hat ihn als einen der „vornehmsten einheimischen Singvögel" bezeichnet. Er rühmt bei den Fliegenschnäppern insbesondere „die fast koketten Flügelbewegungen im Niederlassen auf einen Zweig."

Eiergröße:
14,3 bis 19,7 × 11,5 bis 14,7 mm

Länge:
13 cm

Geschlechtsdimorphismus
Das Weibchen überwiegend braun gefärbt

Lockruf:
ein helles „Sibs sibs" oder auch „Bit bit"

Gesang:
ein kurzes „Zit zit zit sju si"

Zugvogel

Nachtigall

Luscinia megarhynchos

Die Liebeslyrik scheint ohne die Nachtigall nicht auszukommen. Sie gehört zu den Dämmerungssängern, und während der Sangeszeit schweigt sie oft die ganze Nacht hindurch nicht. Doch auch am Tage ist sie zu vernehmen. Die Stimme der vielbedichteten Nachtigall umfaßt zwar nur eine Oktave – doch ist sie sehr modulationsfähig, und ihr inniger Klang fesselt immer wieder. Sie lebt in Parkanlagen und Auwäldern mit viel Unterholz, auch im Buschwerk bei Gewässern. Aus ihren Winterquartieren kehrt sie Mitte April zurück, wobei sie nur nachts zieht. Ihr Verbreitungsgebiet ist ganz Europa mit Ausnahme Skandinaviens und Irlands. Zuerst treffen die Männchen ein und verkünden ihre Anwesenheit durch ihren Gesang. Die Weibchen kehren erst einige Tage nach ihnen zurück. Das aus Gras, Wurzeln und trokkenen Blättern gebaute Nest liegt niedrig über dem Boden oder direkt auf einem Laubhaufen im Dornengebüsch verborgen.

Das Weibchen legt 3 bis 6 Eier, die es allein in 14 Tagen bebrütet. Beim Aufziehen der Jungen, die bereits im Alter von 11 Tagen noch flugunfähig aus dem Nest springen, hilft auch das Männchen, und beide Eltern füttern sie mit Insekten, die sie vor allem unter vorjährigem Fallaub sammeln, deren Larven und mit Spinnen. Ende August oder Anfang September ziehen die Nachtigallen nach dem tropischen Afrika.

Lockruf:
„huit"

Gesang:
sehr schöne Melodien

Schlag:
oft ertönen von anderen Vögeln abgelauschte Melodien

Länge:
16,5 cm
♂ = ♀

Eiergröße:
18,2 bis 24,7 × 13,9 bis 17,0 mm

Zugvogel

Blaukehlchen

Luscinia svecica

Mit seiner leuchtend blauen Kehle über dem rotbraunen Brustband ist es vor allem in Ost- und Nordeuropa verbreitet. Wir unterscheiden bei diesem Vogel zwei Unterarten: bei uns trägt es im blauen Feld einen weißen Fleck und heißt deshalb das „Weißsternige Blaukehlchen". In Skandinavien, Finnland und dem nördlichen Rußland hingegen ist dieser Fleck rot, hier lebt das sogenannte „Rotsternige Blaukehlchen".

Die Winterquartiere beider Unterarten liegen in Südspanien und Nordafrika. Der Zug findet Ende August und im September statt, dann ist das Rotsternige Blaukehlchen gelegentlich auch bei uns zu sehen.

Mitte März bis Mitte April kehren die Blaukehlchen zu ihren Niststätten, die in Sumpfgebieten, Schilfgürteln und Erlenbrüchen liegen, zurück. Im Mai oder Juni, seltener im April oder erst im Juli, bauen sie entweder direkt auf dem Boden oder in niedriger Höhe ihr gut verstecktes Nest aus Halmen und Wurzeln.

Das Weibchen legt 5 bis 6 Eier, die es vorwiegend allein 12 bis 14 Tage bebrütet. Beide Eltern füttern ihre Jungen mit Insekten und deren Larven, Würmern, Spinnen und anderen Wirbellosen, die auch den erwachsenen Vögeln als Nahrung dienen. Bei der Nahrungssuche am Boden ist das Blaukehlchen infolge seiner erdfarbenen Oberseite leicht zu übersehen.

Eiergröße:
16,4 bis 20,7 × 12,5 bis 15,1 mm

Länge:
14 cm

Der Kehlfleck des Weibchens ist schwächer ausgeprägt

Ruf:
Lockruf „teck"
Gesang „dip dip dip"

Zugvogel

Rotkehlchen

Erithacus rubecula

In Beethovens Pastorale gibt es ein klagendes Motiv, vier sich schnell folgende Töne und zwei absinkende. Richard Gerlach hat darauf hingewiesen: „Ein Stück aus dem Rotkehlchenlied – so hat es Beethoven gehört, wenn er in der Abenddämmerung von Heiligenstadt nach Nußdorf ging".

Das Rotkehlchen ist eine unserer liebenswürdigsten und bekanntesten Vogelgestalten. Es bewohnt Laub-, Misch- und Nadelwälder mit dichtem Unterholz von den Ebenen bis in die Berge und kommt auch in Parkanlagen und Gärten vor. Seine Heimat ist fast ganz Europa mit Ausnahme Islands und Nordskandinaviens.

Die Populationen aus dem Norden und Osten treten im September und Oktober ihren Zug an und überwintern in West-, teilweise in Südeuropa oder auch in Nordafrika. Während der letzten Jahre hat man in Mitteleuropa überwinternde ältere Männchen feststellen können, die sich hier im Winter vor allem von verschiedenen Beeren ernähren.

Bereits im März kehren die Rotkehlchenpaare zu ihren Nistplätzen zurück, und im April beginnen die Weibchen mit dem Nestbau. Das gut zwischen Steinen, unter Baumwurzeln, in Reisighaufen, seltener auch in Baumstumpfhöhlungen verborgene Nest aus Wurzeln und Halmen ist mit feinen Pflanzenteilen oder Tierhaaren ausgepolstert. Seine 5 Eier bebrütet das Weibchen 13 bis 14 Tage; beim Füttern der Jungen mit Insekten, ihren Larven und mit Spinnen hilft auch das Männchen. Nach 12 Tagen verlassen die Jungen das Nest, sind aber zu dieser Zeit noch flugunfähig und halten sich am Boden verborgen. Dorthin bringen ihnen die Altvögel noch einige Zeit die Nahrung.

Lockruf:
ein glockenhelles „Zick" oder „Tsi"

Gesang:
ziemlich laut
Das Männchen singt auf Bäumen

Länge:
14 cm

Das Weibchen ist gleich gefärbt wie das Männchen, seine Farben sind jedoch matter

Eiergröße:
16,9 bis 22,2 × 13,8 bis 16,3 mm

Groß wie ein Sperling

Zugvogel
Standvogel

Gartenrotschwanz

Phoenicurus phoenicurus

Ziegelrot ist nicht nur sein Schwanz, sondern auch seine Brust. Auch an seiner kreideweißen Stirn über dem schwarzen Köpfchen ist er leicht zu erkennen, zumal im zeitigen Frühjahr, wenn Baum und Busch noch unbelaubt sind. Denn bereits in der ersten Aprilhälfte kehrt der Gartenrotschwanz in seine über ganz Europa ausgedehnte Heimat zurück, die er im September oder Anfang Oktober verlassen hat, um im tropischen Afrika zu überwintern. Er ist ein Bewohner lichter Wälder, man begegnet ihm aber auch in Parkanlagen und Gärten in der Nähe menschlicher Siedlungen. Er fällt vor allem dadurch auf, daß er sehr lebhaft ist, nie ruhig bleibt und dabei fast ständig mit seinem Schwanz wippt. Das Männchen sitzt gern auf Hausdächern und läßt dabei seinen knarrenden Gesang hören. Sein mit Haaren und Federn ausgepolstertes Nest aus Wurzeln, Halmen, Moos und Laub baut der Gartenrotschwanz in Mauerlöchern, im Dachgebälk eines Schuppens, in einem Holzstoß oder auch gern in einem aufgehängten Halbnistkasten. Das Weibchen brütet sein aus 5 bis 8 Eiern bestehendes Gelege allein in 13 bis 15 Tagen aus. Wenn die Jungen ausgeschlüpft sind, bringen die beiden Altvögel ihren ewig hungrigen Jungen Raupen, Schmetterlinge, Baumwanzen, Käfer und andere Insekten, die sie sehr geschickt auch im Flug fangen. Nach 12 bis 16 Tagen verlassen die Jungen das Nest, und bald nachdem sie sich selbständig gemacht haben, beginnen die Alten mit dem Bau eines neuen Nestes für ihr zweites Gelege.

Groß wie ein Sperling

Zugvogel

Eiergröße:
16,1 bis 21,0 × 12,3 bis 15,1 mm

Länge:
14 cm

Geschlechtsdimorphismus

Lockruf:
ein scharfes „Fuid", dem ein „Tek-tek-tek" folgt

Gesang:
einem langgezogenen hohen Ton folgen zwei tiefere kurze Laute, im übrigen sehr individuell

Hausrotschwanz

Phoenicurus ochruros

Sein Name ist ein treffender Steckbrief: er hat einen ziegelroten Schwanz und hält sich gern bei menschlichen Behausungen auf. Dies hat nichts mit besonderer „Menschenfreundlichkeit" zu tun. Sondern der Hausrotschwanz ist von Natur aus ein Felsenbewohner. Haus- und Stallwände sind für ihn Felsen, die seinem natürlichen Lebensraum entsprechen. Er kehrt zuweilen schon Ende März zurück und baut dann sein Nest aus Zweigen, Wurzeln, Halmen usw., dessen Boden er meist mit Laub und Lehm verstärkt und mit Haaren auspolstert, in Mauerlöchern, hinter einer Dachrinne und oft auch am Fenstersims. Er verschmäht auch einen Halbnistkasten nicht, seltener nistet er in einer Baumhöhlung. Er bleibt seinem Nistrevier treu und kehrt immer wieder dorthin zurück, und jedes Jahr baut er sein Nest fast genau an derselben Stelle. Das Weibchen legt etwa 5 Eier, die es allein 13 bis 14 Tage bebrütet.

Die Umgebung von Häusern und Ställen sind seine bevorzugten Jagdgründe, denn hier gibt es genügend Insekten, die der Hausrotschwanz im Flug fängt und mit denen er auch seine Jungen füttert. Er läßt sich auch durch die Nähe des Menschen nicht stören, weshalb er sich gut beobachten läßt. Die Jungen verlassen das Nest oft bereits nach 12 Tagen – allerdings noch flugunfähig – und halten sich dann am Boden verborgen. Im Oktober ziehen die Hausrotschwänze in ihre Winterquartiere im Mittelmeergebiet. Nur einzelne Exemplare aus West- und Südeuropa sind Standvögel.

Lockruf:
„hui tze, huid tze tze tze"
„fuid, teck teck"

Gesang:
knarrend und zirpend, manchmal mit flötenartigen Tönen

Länge:
14 cm

Geschlechtsdimorphismus

Eiergröße:
17,0 bis 21,5 × 13,2 bis 16,2 mm
Die Eier sind in der Regel weiß, manchmal mit leicht ausgeprägten rostbraunen Flecken

Groß wie ein Sperling

Standvogel
Zugvogel

Schwarzkehlchen

Saxicola torquata

„Das Männchen möchte man lieber Schwarzköpfchen nennen oder Mohrenköpfchen", sagt Alwin Voigt. Es liebt offenes, steiniges Gelände und belebt deshalb auch unsere Mittelgebirgslandschaften. Es ist in West-, Mittel-, und Südeuropa und in vielen Gegenden Asiens und Afrikas verbreitet. Die mitteleuropäischen Exemplare ziehen zum Winter ins Mittelmeergebiet, die im Süden und Westen lebenden Schwarzkehlchen bleiben das ganze Jahr lang in ihrer Heimat. Zu ihren Nistplätzen kehren sie schon Ende März zurück. Das Männchen sitzt mit Vorliebe auf einem waagerechten Zweig im Buschwerk oder auf einem Stein und singt. Auf dem Boden bewegt es sich in lebhaften Sprüngen, zwischendurch macht es dabei knicksende Verbeugungen. Im April oder Mai bauen die Vögel aus Wurzeln, Halmen usw. in Grasbüscheln ihr ausgezeichnet getarntes und verborgenes Nest, das sie mit Tierhaaren und anderen weichen Materialien auspolstern. Oberhalb des Nestes bauen sie oft aus Halmen eine Art Dach.

Seine 3 bis 7 Eier brütet das Weibchen allein in 14 bis 15 Tagen aus. Im Alter von 12 bis 13 Tagen verlassen die Jungen noch flugunfähig das Nest und halten sich in seiner Umgebung im Gras oder zwischen Steinen verborgen. Im Juni oder Juli nisten viele Paare ein zweites Mal. Die Schwarzkehlchen ernähren sich von kleinen Insekten, ihren Larven, kleinen Spinnen, auch von Würmern und kleinen Weichtieren.

Eiergröße:
15,6 bis 20,0 × 13,2 bis 15,5 mm

Länge:
12,5 cm

Das Weibchen ist nicht so ausdrucksvoll gefärbt wie das Männchen und hat keinen schwarzen Kopf

Lockruf:
„fit kr kr"

Gesang:
kurzes, wiederholtes, knarrendes „Wid wid.."

Standvogel
Zugvogel

Braunkehlchen

Saxicola rubetra

Die offene, feuchte Landschaft ist sein Revier: weite Wiesen, feuchte Moore und Viehkoppeln. Aus der Ebene dringt es gelegentlich bis in 1000 m Höhe vor. Auch im Bergland sind Waldlichtungen und Moorgebiete sein Aufenthalt. Ab Anfang Mai kann man das Braunkehlchen auf den oberen Zweigen eines Strauches, auf Telegrafendrähten oder anderen erhöhten Stellen sitzen sehen. Wenn in der Nähe ein Schmetterling, eine Fliege oder ein anderes Insekt vorbeifliegt, fliegt es blitzschnell auf und fängt geschickt die erspähte Beute. Sein Nest baut es in einer flachen Bodenmulde, die gut in einem Grasbüschel oder unter niedrigem Buschwerk versteckt ist.

Das Weibchen legt 4 bis 7 Eier, die es allein in 12 bis 14 Tagen erbrütet. Die Jungen springen im Alter von etwa 12 Tagen aus dem Nest, sind zu dieser Zeit jedoch noch nicht flugfähig und halten sich in der nahen Umgebung verborgen, wo die Eltern sie füttern. Aber auch dann, wenn die Jungen bereits flügge sind, bringen ihnen die Alten die Nahrung und lehren sie, lebende Insekten im Flug zu fangen. Ende August oder Anfang September verlassen uns die Braunkehlchen und ziehen wieder in ihre afrikanischen Winterquartiere.

Lockruf:
„dü teck teck"

Gesang:
pfeifende und knarrende Töne, die ein wenig an den Gesang des Hausrotschwanzes erinnern

Länge:
12,5 cm

Das Weibchen ist etwas heller gefärbt als das Männchen und hat keine schwarzen Flecken am Auge

Eiergröße:
15,2 bis 21,5 × 12,9 bis 15,4 mm

Zugvogel

Steinschmätzer

Oenanthe oenanthe

Er liebt karges, offenes Gelände mit Felsen und Steinen. Steinbrüche, steinige Flußufer, Weinberghänge und Äcker mit Feldsteinen bilden sein Reich, ebenso Felshalden im Gebirge.

Der Steinschmätzer lebt an öden, felsigen Stellen, in Steppen, auf sandigen Feldern, in verlassenen Sandgruben und Steinbrüchen und auch auf Eisenbahndämmen. Man begegnet ihm auch an steinigen Stellen der Gebirge. Seine Heimat ist ganz Europa und Asien, Nordamerika, ja sogar Grönland. Die europäischen Exemplare ziehen Ende August oder Anfang September in ihre Winterquartiere in Nordafrika, von wo sie Ende März oder Anfang April zurückkehren. Der Steinschmätzer hält sich vorwiegend am Boden auf. Im Mai oder Juni baut er in Steinhaufen, in Felsspalten, in Erdlöchern oder sogar zwischen Eisenbahnschwellen sein Nest aus Wurzeln, Halmen und kleinen Zweigen und polstert es mit Tierhaaren und Federchen aus. Gelegentlich dienen ihm auch Kaninchenlöcher als Niststätte.

13 bis 14 Tage lang bebrütet das Weibchen seine 5 bis 7 Eier; um die Jungen kümmern sich jedoch beide Eltern und bringen ihnen Käfer, Schmetterlinge, Raupen usw., von denen sich auch die erwachsenen Vögel ernähren. Die Jungen springen im Alter von etwa zwei Wochen aus dem Nest, sie sind jedoch erst nach einigen weiteren Tagen flugfähig.

Eiergröße:
18,4 bis 23,2 × 14,0 bis 16,5 mm

Länge:
14 cm

Das Weibchen ist nicht so intensiv gefärbt wie das Männchen

Warnruf:
„töck töck"

Gesang:
quietschende, gleichsam unterdrückte Töne, die jedoch nur selten zu hören sind

Groß wie ein Sperling

Zugvogel

Steinrötel

Monticola saxatilis

Auf diesen starengroßen Vogel müssen wir achten, wenn wir in den Süden fahren – etwa nach Spanien, Italien oder ehemaligen Jugoslawien. Hier brütet er in felsigen Landschaften, in Ruinenfeldern und auf Weinbergen.

Als wärmeliebender Vogel zieht der Steinrötel im September ins tropische Afrika und nach Südwestarabien. Von dort kommt er Ende April wieder in seine Brutgebiete zurück. Er ist grundsätzlich scheu und vorsichtig, so daß man ihn nur selten zu Gesicht bekommt. Sobald er einen Menschen wahrnimmt, „verschwindet" er, und auch beim Überfliegen offener Stellen sucht er in Büschen Deckung oder hält sich am Waldrand. Seinen Lockruf oder Gesang kann man aber häufig hören.

In Felsspalten oder -rissen baut er aus kleinen Wurzeln und Halmen sein Nest, das er mit Moos und Haaren auspolstert. Das Weibchen bebrütet seine 4 bis 5 Eier 14 bis 15, seltener nur 13, aber auch 16 Tage. Die Brut verläßt das Nest nach zwei Wochen. Der Steinrötel ernährt sich vorwiegend von Insekten und ihren Larven, fängt im Flug Schmetterlinge und Fliegen, frißt auch gelegentlich Würmer, Tausendfüßler, Spinnen und kleine Weichtiere. Im Gelände ist er auch daran zu erkennen, daß er häufig mit dem Schwänzchen zittert, wie es auch für unsere Rotschwänzchen charakteristisch ist.

Lockruf:
„teck teck"

Gesang:
Flötentöne und verschieden kombinierte abgelauschte Melodien

Länge:
19 cm

Das Weibchen und die Jungen sind braun gefleckt

Eiergröße:
23,2 bis 30,0 × 16,9 bis 21,0 mm

Groß wie ein Star

Zugvogel

Misteldrossel

Turdus viscivorus

Sie ist unsere größte einheimische Drossel. Wie die Amsel (210) erweist auch sie sich als Kulturfolger und dringt mehr und mehr in die Parkanlagen und Gärten der Vorstädte ein – zunächst in Holland und Ostfriesland und jetzt auch in Westfalen und Oldenburg.

Im Frühjahr, oft sogar schon Ende Februar, kehrt die Misteldrossel in ihre Heimat zurück. Sie bewohnt ganz Europa mit Ausnahme Islands. Ihr Verbreitungsgebiet reicht auch nach Nordwestafrika, Vorderasien und die westlichen Gebiete Asiens. Die in West- und Südeuropa lebenden Exemplare bleiben das ganze Jahr über dort. In den Monaten Oktober und November ziehen auch die Populationen aus den übrigen Teilen Europas dorthin, um zu überwintern. Die Misteldrosseln leben in Nadel- und Mischwäldern, in der Ebene und in Gebirgsgegenden.

Ende März, und ein zweites Mal dann wieder im Juni, baut die Misteldrossel, meistens hoch in den Kronen der Bäume, aus Holzstückchen, kleinen Zweigen, Stengeln, Moos und Haaren ihr Nest, dessen Wand sie mit einer Lehmschicht verstärkt und polstert den Nistkessel mit zartem Gras aus. Das Nest baut nur das Weibchen, das Männchen hilft ihm aber, das Baumaterial heranzuschaffen.

Das Weibchen bebrütet seine 4 bis 5 Eier in der Regel allein etwa 14 Tage lang. Nach weiteren 14 bis 16 Tagen verlassen die Jungen noch flugunfähig das Nest. Auf Nahrungssuche geht die Misteldrossel an Waldrändern oder auf Lichtungen und Waldwiesen.

Sie ernähren sich von Insekten, Würmern, kleinen Weichtieren, im Herbst auch von Beeren.

Strichvogel
Zugvogel

Eiergröße:
25,8 bis 35,8 × 19,6 bis 24,4 mm

Länge:
26,5 cm

Männchen und Weibchen sind gleich gefärbt

Gesang:
ähnelt dem der Amsel zwischen den einzelnen Strophen sind jedoch längere Pausen und die Stimme klingt stärker

Lock- und Warnruf:
bestehen aus zwitschernden Tönen

Wacholderdrossel

Turdus pilaris

Mit ihrem bläulich-grauen Kopf und Nacken, der rostgelben Brust und dem bräunlichen Rücken ist sie eine unserer „buntesten" Drosseln.

Die Wacholderdrossel lebt sehr zahlreich im Norden Europas. Sie nistet auch in vielen Gebieten Mitteleuropas, wohin sie bereits seit Ende des vorigen Jahrhunderts ständig aus dem Norden vordringt. Die Wacholderdrosseln kehren in kleinen Schwärmen Ende März zu ihren Brutplätzen zurück. Sie bleiben zusammen und bilden kleine Kolonien in Feldwäldchen, Parkanlagen, im Gebüsch entlang der Bachufer, bei Teichen und auch in lichten Birken- oder Kieferhainen. Hier bauen die einzelnen Paare dicht gedrängt im Gebüsch oder auf Bäumen ihre Nester aus trockenen Zweigen, kleinen Wurzeln und Halmen. Meistens liegt das Nest in einer Höhe von etwa drei Metern, in der Tundra jedoch nur etwa einen halben Meter über dem Boden. Die Nestbasis wird durch etwas Lehm verstärkt und der Nestkessel mit zarten Halmen ausgepolstert. Das Nest liegt in der Regel in einer Astgabel.

Das Weibchen legt 4 bis 7 Eier, die es vorwiegend allein 13 bis 14 Tage bebrütet. Nach weiteren 14 Tagen verlassen die Jungen das Nest. Unmittelbar in der Nähe ihres Nestes verhalten sich die Wacholderdrosseln sehr tapfer. Ihre Nahrung besteht aus Insekten, Würmern und kleinen Weichtieren. Im Herbst und im Winter fressen sie vor allem Beeren, besonders Vogelbeeren. Im Oktober ziehen die Wacholderdrosseln in großen Schwärmen aus dem Norden nach Süden und überwintern in Mittel-, West- und Südeuropa.

Ruf:
ein lautes „Schrack"
auch „Terrr terrr"

Gesang:
angenehm halblaut

Länge:
25,5 cm

Männchen und Weibchen sind gleich gefärbt
Beim Flug ist die weiße Unterseite der Flügel auffallend

Eiergröße:
25,0 bis 33,5 × 19,0 bis 23,4 mm

Groß wie eine Amsel

Zugvogel

Rotdrossel

Weindrossel · *Turdus iliacus*

Der flüchtige Beobachter kann sie leicht mit unserer häufigeren Singdrossel verwechseln, doch ist sie am ehesten an ihrer bräunlichen Flanke und dem hellen Streifen über dem Auge zu unterscheiden. Die Rotdrossel ist ein typischer Vertreter des hohen Nordens in Europa und Asien. In Ausnahmefällen läßt sie sich auch in den kalten Gebirgsgegenden Mitteleuropas nieder und nistet dort in der Nähe kühler Gebirgsbäche. Im Winter kommt sie bei ihrem Zug in die Winterquartiere in West- und Südeuropa und in Nordwestafrika, auch nach Mitteleuropa. Wenn der Schwarm auffliegt, kann man ständig ein zartes Zwitschern vernehmen.

Mitte März oder Anfang April kehrt die Rotdrossel zu den Niststätten zurück und läßt sich dort in schütteren Birkenwäldern, manchmal auch in Nadelwäldern mit dichtem Unterholz nieder.

Ihr Nest baut sie auf Laub- oder Nadelbäumen etwa drei Meter, in Tundren jedoch nur etwa einen halben Meter über dem Boden. Der Nistkessel wird dann nicht mehr ausgepolstert. Das Weibchen legt in der Zeit von Mai bis Juli 5 bis 6 Eier, die es abwechselnd mit dem Männchen 14 bis 15 Tage, in Ausnahmefällen auch um einen Tag kürzer, bebrütet. Die Eltern füttern die Brut mit Insekten 11 bis 14 Tage im Nest und weitere drei Wochen nach dem Ausfliegen. Nach dem Nisten schließen sich die Rotdrosseln zu Schwärmen zusammen, und Ende Oktober beginnt der Zug nach dem Süden.

In manchen Gegenden fürchten sie die Weinbauern, wenn sie bei ihnen in großen Scharen einfallen und die Reben plündern. Daher ihr Name Weindrossel.

Groß wie ein Star

Zugvogel

Eiergröße:
22,0 bis 29,1 × 17,2 bis 20,7 mm

Länge:
21 cm

Männchen und Weibchen sind gleich gefärbt

Ruf:
„dack dack" bei Angst auch „terr terr" in der Nacht und im Flug ein helles „Ziiih"

Gesang:
vier zwitschernde Flötentöne unterlegt von zwitschernden und knarrenden Lauten

Ringdrossel

Alpenamsel · *Turdus torquatus*

Bei Gebirgswanderungen sollten wir auf Drosseln achten. Tragen sie ein halbmondförmiges, weißes Kropfband, so haben wir eine alpine Art vor uns: die Ringdrossel. Sie kommt freilich nicht nur in den Alpen vor, sondern auch in unseren Mittelgebirgen. Sie liebt Nadelwälder und steigt bis in die Regionen des Knieholzes hinauf. In den südlich gelegenen Teilen Europas ist die Ringdrossel ein Standvogel, aus dem Norden zieht sie in der Zeit von September bis November ins Mittelmeergebiet, und von dort kehrt sie Mitte März bis April zurück.Während des Zuges können wir sie auch in anderen Biotopen antreffen.

Beide Partner bauen auf Bäumen niedrig über dem Boden, oft im Knieholz, aber auch auf dem bloßen Boden zwischen Steinen, manchmal direkt am Ufer eines Gebirgsbaches, ihr Nest aus Zweigen und Halmen. Das Nest tarnen sie vor den Blicken ihrer Feinde mit Flechten aus der unmittelbaren Umgebung.

Das Weibchen legt 4 bis 5 Eier, die es vorwiegend allein in 14 Tagen ausbrütet. Das Männchen löst es nur hin und wieder für kurze Zeit ab. Beide Eltern füttern die Brut 15 bis 16 Tage im Nest, und wenn die Jungen das Nest verlassen haben und sich in seiner nächsten Umgebung, meistens zwischen Steinen versteckt, aufhalten, noch weitere 14 Tage.

Die Ringdrossel ernährt sich vor allem von Insekten, kleinen Weichtieren und Würmern, im Herbst auch von Beeren und weichen Früchten.

Lockruf:
„tack tack"

Gesang:
ähnelt dem der Singdrossel, ist jedoch einfacher und abgerissen Während des Zugs „dscharr" oder „scherr"

Länge:
24 cm

Geschlechtsdimorphismus

Eiergröße:
28,9 bis 34,0 × 20,3 bis 24,0 mm

Groß wie eine Amsel

Standvogel
Zugvogel

Schwarzdrossel

Amsel · *Turdus merula*

Die Schwarzdrossel gehört nicht zu den scheuen Vögeln. Sie scheint die Nähe des Menschen geradezu zu suchen. Auch bleibt sie bei ihrem Gesang meist ruhig sitzen und läßt sich beobachten. Deshalb dürfte sie mit ihrem vollen, runden Lied zu den bekanntesten Erscheinungen aus der Vogelwelt gehören. Sie ist in ganz Europa beheimatet mit Ausnahme der nördlichsten Gebiete. In Mittel- und Westeuropa gehört sie zu den Standvögeln, die weiter nördlich lebenden Amseln überwintern im Mittelmeergebiet. Im Frühling kann man bereits am dunklen Morgen den melodischen Gesang der Schwarzdrossel hören. Sobald im Gebüsch die ersten Blätter sprießen, beginnen die Schwarzdrosseln mit dem Nestbau. Als Baumaterial benutzen sie Wurzeln, Grashalme, Papierstückchen, kleine Fetzchen, und oft auch Lehm. Das Nest liegt im Gebüsch, auf Bäumen, an einem Fenstersims, auf einer Mauer, einem Holzstoß usw. Oft legt das Weibchen bereits Anfang April 4 bis 6 Eier, die es allein bebrütet. Nach 13 bis 15 Tagen schlüpfen die Jungen, die ihr Nest nach weiteren 2 Wochen noch flugunfähig verlassen und sich am Boden versteckt halten. Die Alten füttern sie unermüdlich mit Regenwürmern, die sie sehr geschickt aus dem Boden herausziehen. Die Schwarzdrosseln ernähren sich außerdem von Raupen, Weichtieren, im Herbst und Winter auch von Beeren, und sie verschmähen auch Reste von menschlichen Speisen nicht. Im Winter suchen sie gern unsere Futterstellen auf.

Eiergröße:
24,0 bis 35,5 × 18,0 bis 23,6 mm

Länge:
25,5 cm

Geschlechtsdimorphismus

Lockruf:
„dag-dag"

Gesang:
laut, flötenartig, sehr melodisch. Das Männchen singt an erhöhten Stellen

Standvogel
Zugvogel

Singdrossel

Turdus philomelos

Philomelos, die „Gesangliebende", bedeutet ihr wissenschaftlicher Name. Kenner des Vogelliedes meinen, sie wetteifere mit der Amsel um den Sängerpreis. Gute Sänger fallen durch reges Erfinden von verschiedenartigen Motiven auf. Das macht es immer wieder so reizvoll, der Singdrossel zuzuhören.

Wenn die Männchen aus ihren Winterquartieren in Nordafrika und Südeuropa zurückgekehrt sind, melden sie durch ihr Lied, daß sie ihre Brutreviere bezogen haben. Die Weibchen treffen einige Tage später ein und wählen einen Partner mit eigenem Revier. Der Singdrossel begegnen wir in Gärten, Parkanlagen und außerdem im Wald. Schon Mitte April kann man ihr Nest, das aus trockenen Pflanzenstengeln gebaut ist, auf Bäumen, im Gebüsch oder auf den Dachbalken eines Schuppens finden. Man erkennt es leicht, denn es ist innen mit einem Gemisch aus Lehm, Moder und Speichel glatt wie eine angeworfene Mauer verputzt. Die Mischung trocknet rasch, wird hart, und der Vogel polstert das Nest dann nicht weiter aus. Das Weibchen bebrütet seine 3 bis 6 Eier 12 bis 14 Tage allein und beide Altvögel füttern die geschlüpften Jungen etwa 2 Wochen lang, dann werden die jungen Drosseln flügge und halten sich am Boden auf, wo sie weiter von den Eltern gefüttert werden. Die Nahrung der Singdrossel besteht aus Würmern, Nacktschnecken, Raupen usw., aber auch aus Beeren. Sie bewohnt fast ganz Europa und zieht Ende September oder Anfang Oktober nach Süden.

Lockruf:
„gip"

Ausdruck der Angst:
„gik-gik-gik" manchmal
„dag-dag"

Gesang:
flötenartige, wiederholte
Pfeifenlaute, die wie
„Judith, Judith" klingen

Länge:
23 cm
♂ = ♀

Eiergröße:
23,0 bis 31,8 × 18,6 bis
23,0 mm

Groß wie eine Amsel

Zugvogel

Bartmeise

Panurus biarmicus

Das Männchen hat eine Kopfzeichnung, die tatsächlich wie ein martialisch herabhängender Schnurrbart wirken kann. Auch sie ist ein seltener Anblick; denn sie kommt in größerer Zahl nur in Südeuropa vor und vereinzelt in Holland, Belgien und Südostengland.

Sie ist größtenteils ein Standvogel, der sich im Röhricht von Seen und großen Teichen und in Sumpfgebieten aufhält. Die Bartmeise bewegt sich rasch und sehr geschickt sowohl im Röhricht wie auch auf dem Boden.

Im April oder Mai, ein zweites Mal im Juni bis Juli, baut sie ihr verhältnismäßig großes Nest im dichten Röhricht, in einem Riedgrasbüschel, oft direkt über dem Wasser. Beide Partner tragen Schilfhalme zusammen, die sie zu einem festen Bau verflechten. Den Nistkessel polstern sie mit Federn aus.

Das Weibchen legt in der Regel 5 bis 7 Eier, die beide Partner abwechselnd bebrüten. Die Jungen schlüpfen nach 12 bis 13, manchmal auch schon nach 10 Tagen. Die Eltern füttern sie mit Insekten 10 bis 13 Tage im Nest und weitere 14 Tage nach dem Flüggewerden. Die Familie bleibt etwa 3 Wochen zusammen, dann machen sich die Jungen selbständig, und das Altvogelpaar beginnt mit dem Bau eines neuen Nestes.

Die Bartmeise ernährt sich von kleinen Raupen, Blattläusen, Mücken, Fliegen, auch von kleinen Käfern und Spinnen. Im Herbst und im Winter frißt sie vor allem die Samen von Wasser- und Sumpfpflanzen.

Eiergröße:
14,5 bis 19,2 × 13,0 bis 15,0 mm

Länge:
16,5 cm

Das Weibchen hat einen graubraunen Kopf ohne schwarze Backenflecken

Ruf:
Lockruf „zit zit"

Warnruf:
„tink tink"

Gesang:
ein zartes Zirpen

Standvogel

Schwanzmeise

Aegithalos caudatus

Mit einem Gewicht zwischen 8 bis 9 Gramm – die Hälfte eines gewöhnlichen Briefes – zählt sie zu den kleinsten europäischen Vögeln. Durch ihren langen Schwanz und ihre lockere Befiederung erscheint sie größer. Im Gegensatz zu den anderen Meisen brütet sie nicht in Höhlen, sondern baut ein kunstvolles Nest. Es ist etwa 20 cm hoch, oval, völlig geschlossen, nur mit einem kleinen Schlupfloch im oberen Teil. Es ist aus Moos, Flechten und Spinnweben angefertigt und an der Außenseite mit Rindenstükken getarnt. Das Innere polstern die Vögel mit vielen feinen Federchen aus. Den Nestbau besorgen beide Partner gemeinsam. Das Männchen schafft das Baumaterial herbei, während sich das Weibchen den eigentlichen Bau erstellt, der nach 15 bis 20 Tagen beendet ist.

Dann legt das Weibchen 6 bis 12 kleine Eier, die es allein in 12 bis 13 Tagen bebrütet. Die Jungen werden von den Eltern mit kleinen Insekten 15 bis 20 Tage lang im Nest und dann noch einige Zeit nach dem Flüggewerden gefüttert. Dann nistet das Paar meistens ein zweites Mal, die Jungen halten sich jedoch auch dann noch bei ihren Eltern auf. Es wurde sogar beobachtet, daß sie beim Füttern ihrer jüngeren Geschwister mithalfen. Ihre Nahrung besteht vor allem aus kleineren Insekten. Zum Zerkleinern von Sämereien sind ihre Schnäbel zu schwach. Nach dem Ende der Nistzeit schließen sich die Schwanzmeisen zu kleinen Schwärmen zusammen. Ihre Heimat verlassen sie auch im Winter nicht.

Ruf:
ein wiederholtes „Tserrrp"

Lockruf:
ein leises „Si si si", läßt sich auch im Flug hören

Länge:
14 cm
♂ = ♀

Der Vogel hat einen kleinen kugeligen Körper mit einem auffallend langen Schwanz

Eiergröße:
12,8 bis 16,0 × 10,0 bis 12,0 mm

Standvogel

Beutelmeise

Remiz pendulinus

Sie ist ein Unikum im Nestbau. Sie verschmäht Höhlen und die üblichen Nester und fertigt ein kunstvolles Filzsäckchen an, in dem Eier und Brut solide geschützt sind. Allerdings werden wir bei uns im Norden und Westen meist vergeblich danach suchen, da die Beutelmeise vor allem in Ost- und Südosteuropa und im östlichen Teil Mitteleuropas verbreitet ist, sie lebt aber auch in Italien, Südfrankreich und Südspanien. Die Beutelmeise ist vorwiegend ein Standvogel, die Populationen aus den nördlicheren Gebieten ziehen jedoch im Herbst in den Süden. Die Beutelmeise bewohnt Uferstreifen stehender und fließender Gewässer, die von Gestrüpp und Bäumen gesäumt sind.

Die Beutelmeise gehört zu den vollkommensten Baumeistern der Vogelwelt. Mit dem Bau ihres Hängenestes – pendulinus heißt „herabhängend" – beginnt sie im April oder Mai.

Das Weibchen legt 5 bis 8 Eier, die es allein 12 bis 15 Tage bebrütet. Während das Weibchen auf den Eiern sitzt, beginnt das Männchen mit dem Bau eines weiteren Nestes und versucht, ein anderes Weibchen zum Nisten anzulocken. Die Brutpflege übernimmt ausschließlich das Weibchen.

Die Nahrung der Beutelmeise besteht aus Raupen, Spinnen, Mücken und kleinen Käfern.

Ihre birnenförmigen Nester sind übrigens so fest und stabil, daß sie zum Beispiel in Südrußland den Kindern als Pantoffeln dienten.

Eiergröße:
14,0 bis 18,0 × 9,7 bis 11,3 mm
Die Eier sind reinweiß

Länge:
11 cm

Männchen und Weibchen sind gleich gefärbt

Ruf:
ein langes „Zieh"
Der Gesang langgezogen und zirpend

Standvogel
Strichvogel

Haubenmeise

Parus cristatus

Ihr Artname cristatus bedeutet: „Mit einem Federbusch auf dem Kopf versehen". Und an dem beweglichen Häubchen sind sie leicht von den anderen Meisen zu unterscheiden.

Die Haubenmeise ist in Europa stark verbreitet, sie kommt jedoch in England, Irland, Italien und den nördlichsten Gebieten nicht vor. Sie bewohnt ältere Nadelbaumbestände von der Ebene bis hoch ins Gebirge, in Westeuropa bevölkert sie in steigendem Maße auch Laubwälder, die ihr genügend geeignete Höhlungen zum Nisten bieten. Viel Aufmerksamkeit verwendet das Männchen auf die Wahl des Nistplatzes, oft muß es sich mit einem verlassenen Eichhörnchennest oder mit Fugen zwischen den Zweigen eines Raubvogelnestes begnügen. Es bezieht auch das Nest eines Zaunkönigs (175), einen alten, hohlen Baumstumpf und nimmt natürlich gern mit einem Nistkasten vorlieb. In seltenen Fällen pickt es eine Höhlung in morsches Holz.

Im April legt das Weibchen in die mit Tierhaaren ausgepolsterte Nisthöhle 7 bis 10 Eier, die es allein 15 bis 18 Tage bebrütet. Beide Altvögel füttern die Brut, die ihr Nest nach 20 bis 22 Tagen verläßt. Wenn die Jungen selbständig geworden sind, nistet das Paar meistens im Juni ein zweites Mal und benutzt dabei oft dasselbe Nest. Im Herbst schließen sich die Haubenmeisen Schwärmen anderer Meisenarten an und sind oft deren Anführer.

Die Haubenmeise ernährt sich von Insekten, vor allem von Borken- und Rüsselkäfern, im Winter auch von verschiedenen Samen.

Ruf:
ein charakteristisches „Zi zi gürrr" oft auch nur „Gürrr"

Länge:
11,5 cm

Männchen und Weibchen sind gleich gefärbt

Eiergröße:
14,3 bis 17,8 × 11,8 bis 13,3 mm

Standvogel

Tannenmeise

Holzmeise · *Parus ater*

Ihr Ruf ähnelt dem „Sitz-i-da" der Kohlmeise, doch ist er zarter und nicht so scharf abgesetzt, so daß er den Wanderer eher durch ein „Stiefle-stiefle" anzuspornen scheint.

Die Heimat der Tannenmeise sind hohe, aber nicht zu ausgedehnte Nadelwälder der Ebenen und Berge in ganz Europa, mit Ausnahme des hohen Nordens. Die in Mittel-, West- und Südeuropa beheimateten Tannenmeisen sind meistens Standvögel, die Populationen Ost- und Nordeuropas ziehen für die Winterzeit scharenweise nach Mitteleuropa. Diese Züge sind jedoch nicht die Regel.

Ende April bauen die Tannenmeisen in Baumhöhlungen und, wenn geeignete Nisthöhlen fehlen, auch in Löchern von Baumstümpfen, manchmal sogar in Erdlöchern oder Felsspalten, ihr Nest aus Moos und polstern den Nistkessel mit Haaren aus. Auch aufgehängte Nistkästen sind eine willkommene Niststätte.

Das Weibchen legt 7 bis 11 Eier, die es allein 14 bis 15 Tage – in Ausnahmefällen ist die Brutzeit um einen Tag länger oder kürzer – bebrütet. Beide Eltern füttern die Brut mit Insekten, ihren Larven und mit Spinnen. Nach 16 bis 17 Tagen sind die Jungen flügge, werden aber von den Eltern noch etwa weitere zwei Wochen gefüttert. Das Tannenmeisenpaar nistet meistens im Juni noch ein zweites Mal. Nach dem Nisten schließen sich die Vögel zu kleinen Schwärmen zusammen.

Eiergröße:
13,3 bis 16,8 × 10,5 bis 12,1 mm

Länge:
11 cm

Männchen und Weibchen sind gleich gefärbt

Ruf:
im Frühjahr ein charakteristisches „Wietze wietze wietze"

Lockruf:
ein zartes „Si si"

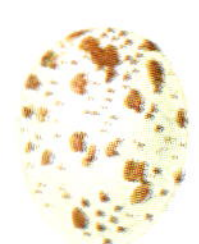

Standvogel
Zugvogel

Weidenmeise

Mattköpfige Sumpfmeise · *Parus montanus*

Die Weidenmeise ist ein Bewohner feuchter Nadelwälder, seltener auch von Mischwäldern, vom Flachland bis ins Gebirge. Sie ist in ganz Europa mit Ausnahme Spaniens, Irlands und Italiens verbreitet. Im Winter hält sie sich in der Regel in ihrer Heimat auf, lediglich Exemplare aus dem Norden machen sich manchmal, jedoch unregelmäßig, in großen Schwärmen auf den Weg nach Mittel- und Südeuropa. Die Weidenmeisenpaare leben in dauernder Gemeinschaft, auch nach Beendigung der Nistzeit.

Im Frühjahr höhlt das Weibchen mühsam mit seinem Schnabel eine Nisthöhle in einem morschen Baumstumpf aus. An dieser Arbeit beteiligt sich das Männchen überhaupt nicht. Manchmal muß das Weibchen bis zu drei Wochen – in weicherem Material etwa zwei Wochen – angestrengt arbeiten, bevor die Nisthöhle fertiggestellt ist. Oft findet das Weibchen jedoch eine fertige Höhle.

Im Mai legt das Weibchen 6 bis 9 Eier, die es allein 14 Tage bebrütet. Die Jungen werden dann von beiden Eltern 17 bis 18 Tage im Nest und weitere zwei Wochen nach dem Verlassen des Nestes gefüttert. Bis zu zwanzigmal in der Stunde fliegen die Alten mit Futter im Schnabel das Nest an und bringen den Jungen Raupen, Blattläuse, Fliegen, kleine Käfer und Spinnen.

In Gegenden, in denen der Turmfalk (76) selten vorkommt, warnen die Weidenmeisen vor dem für sie harmlosen Greifvogel, weil sie ihn mit dem für sie gefährlichen Sperber (61) verwechseln. In Gebieten in denen der Turmfalk häufig ist, hat man das Warnen eingestellt. Die kleine Meise ist also in der Lage, aus Erfahrung zu lernen – ein Zeichen für ihre Intelligenz.

Lock- und Warnruf:
ein wiederholtes „Däh däh" dazwischen ein kurzes „Zizi"
Das Männchen gibt auch helle Pfeiftöne von sich

Länge:
11,5 cm

Männchen und Weibchen sind gleich gefärbt

Eiergröße:
14,4 bis 16,3 × 11,8 bis 12,4 mm

Zugvogel
Standvogel

Kohlmeise

Parus major

Sie ist mit ihrer schwarz-gelben Unterseite eine der auffallendsten Erscheinungen schon an der winterlichen Futterstelle. Mit ihrem lauten, metallischen „Pink-pink“ macht sich die Kohlmeise auch akustisch in Garten, Park und Wald bemerkbar. Sie ist unsere häufigste Meise und über ganz Europa, einen Großteil Asiens und Nordafrika verbreitet. Sie verläßt ihre Heimat auch im Winter nicht, nur aus den nördlichsten Gebieten ziehen im Spätherbst kleine Schwärme dieser Vögel nach Südwesten. Im April und ein zweites Mal im Juni oder Juli baut die Kohlmeise in Baum- und Mauerlöchern oder auch in Nistkästen ihr weich ausgepolstertes Nest. Sie trägt Moos und Flechten zusammen und polstert die tiefe Nistmulde mit feinen Haaren und Federn aus. Das Weibchen legt jeden Tag ein Ei, und wenn 8 bis 10 beisammen sind, beginnt es zu brüten. Das Männchen hilft dabei nicht, aber es füttert das brütende Weibchen. Nach 13 bis 14 Tagen schlüpfen die nackten Jungen, dann beginnt für die Eltern die anstrengende und ermüdende Arbeit der Futterbeschaffung. Sie bringen den Jungen vor allem Raupen. In den ersten Lebenstagen der Jungen kommen die Altvögel bis zu 500mal täglich mit ihrer Beute an das Nest und kurz vor dem Flüggewerden der Jungen sogar bis 800mal. Nach 16 bis 21 Tagen sind die Jungen flügge, sie sitzen jedoch noch einige Tage auf nahen Zweigen und werden von den Alten noch weiter gefüttert. Im Winter ist die Kohlmeise einer der häufigsten Besucher an unseren Futterstellen.

Eiergröße:
14,4 bis 20,1 × 11,3 bis 14,8 mm

Länge:
14 cm
♂ = ♀

Lockruf:
ein klares „Pink pink“
Im Frühjahr ertönt ein „Zizi däh zizi däh“ oder auch ein pfeifendes „Si tuit“
Der aufgeschreckte Vogel läßt ein „Dzädzädzädzä“ hören

Groß wie ein Sperling

Standvogel

Blaumeise

Parus caeruleus

Auch sie fällt, wie die Kohlmeise (218), zunächst durch ihre vorwiegend gelbe Unterseite auf. Doch – abgesehen davon, daß sie von Gestalt und Stimme her zarter ist – verrät das Blau an Kopfplatte, Flügel und Schwanz, wie sie zu ihrem Namen kam. Die Heimat der zierlichen Blaumeise ist ganz Europa mit Ausnahme von Nordskandinavien. Auch im Winter hält sie sich in der Umgebung ihrer Niststätten auf und kommt oft zu den Futterhäuschen. Sie krallt sich an aufgehängten Futteringen fest. Schon Anfang April fliegen die Pärchen ungeduldig umher, durchstöbern jeden Winkel von Gärten, Parks oder lichten Wäldern, um dort einen geeigneten, versteckten Platz für den Nestbau zu suchen. Wenn kein Nistkasten oder eine Baumhöhlung in der Nähe ist, begnügen sie sich mit einer Spalte zwischen den Brettern eines Schuppens, mit einem hohlen Baumstumpf, ja sogar mit einem Briefkasten. Sie tragen Moos zusammen und bilden darin eine mit Federn und Haaren weich ausgepolsterte Nistmulde.

Das Gelege der Blaumeise zählt 10 bis 16 Eier. Das Brutgeschäft besorgt das Weibchen allein 12 bis 14 Tage lang. Die Ernährung und das Aufziehen einer so zahlreichen Nachkommenschaft ist eine bewundernswerte Leistung beider Eltern, zumal dann, wenn manche Paare im Juli noch ein zweites Mal brüten. Nach 17 bis 20 Tagen sind die Jungen flügge, sie werden jedoch von den Altvögeln noch eine Zeitlang gefüttert.

♂

Ruf:
am häufigsten „tetetetet"
Im Frühjahr ein hellklingender, absinkender Triller „zi zi zirrr"

Erschrecken:
„zerretett"

Länge:
11,5 cm
♂ = ♀

Eiergröße:
14,0 bis 17,8 × 10,1 bis 13,2 mm

Standvogel

Sumpfmeise

Nonnenmeise · *Parus palustris*

♂

Sie lebt – trotz ihres Namens – nicht im Sumpf, sondern bevorzugt Gärten und Parkanlagen, Laub- und Mischwälder. Sie ist seltener als die gelbbäuchigen Arten (Kohl- und Blaumeise), denn sie brütet nur einmal im Jahr. Man sieht sie im Sommer selten in Gesellschaft. Ihr Brutrevier verteidigt sie leidenschaftlich. Sie ist vorwiegend ein Jahresvogel, verläßt uns also auch im Winter kaum.

Die Sumpfmeise kommt überall in Europa vor, mit Ausnahme des hohen Nordens.

Bereits im April schreitet sie zur Paarung. Ende April, Anfang Mai legt das Weibchen 6 bis 12 Eier. Das Nest ist aus Moos gebaut, wird dicht mit Haaren ausgepolstert und liegt meistens in einer Höhlung. Bei der Wahl der Nisthöhlung ist die Sumpfmeise gar nicht wählerisch und begnügt sich mit einem Loch in einem Baumstumpf oder vermoderten Ast, aber sie nistet auch gern in Nistkästen. 14 Tage lang brütet das Weibchen allein. Nach 18 bis 19 Tagen sind die Jungen flügge und werden von ihren Eltern noch eine Zeitlang mit Insekten und deren Larven gefüttert. Auch die Altvögel ernähren sich von wirbellosen Lebewesen, im Herbst und Winter auch von kleinen Samenkörnern. Im Winter schließen sie sich gelegentlich auch anderen Meisentrupps an. Gern suchen sie die Futterstellen in Parkanlagen oder Gärten auf. Scheu fliegen sie aber mit dem ergatterten Futter fort, um es abseits in Ruhe zu verzehren.

Eiergröße:
14,6 bis 17,1 × 11,5 bis 13,1 mm

Länge:
11,5 cm
♂ = ♀

Ruf:
ein lautstarkes helles „Zjä", „Psi" oder auch „Zi dä"

Lockruf:
„zjädädädä" dieser Ruf ist selten zu hören

Gesang:
melodisch eine Art Schlag

Standvogel

Kleiber

Blauspecht, Spechtmeise · *Sitta europaea*

Wenn wir einen Vogel kopfunter den Baumstamm hinablaufen sehen, ist es immer der Kleiber. Er ist der einzige Vogel, der dieses Kunststück fertigbringt. Kleiber bedeutet eigentlich „Kleber". Denn wenn er die Nisthöhle eines größeren Vorgängers übernimmt, deren Öffnung für ihn zu weit und daher gefährlich ist, so verkleinert er sie mit einer Mischung aus Lehm und Speichel, die später verhärtet, auf das ihm passende Maß.

Man kann ihm in schütteren, lichten Laub-, Misch- und Nadelwäldern, aber oft auch in Parkanlagen und großen Gärten begegnen. Er bewohnt ganz Europa mit Ausnahme Irlands und der nördlichsten Gebiete Skandinaviens. Er bleibt auch im Winter in seiner Heimat und kommt dann besonders oft in die Nähe menschlicher Siedlungen. Der Kleiber faßt ein Samenkorn mit dem Schnabel, fliegt damit auf einen nahen Zweig, keilt es dort ein, zerschlägt die Schale und verzehrt den Kern. Im Frühjahr, Ende April oder Anfang Mai, legt das Weibchen in eine Baumhöhle oder einen Nistkasten, die es mit Kieferrindenschuppen oder trockenem Laub ausgepolstert hat, 6 bis 8 Eier.

Das Gelege bebrütet das Weibchen 13 bis 14 Tage allein, die Brut füttern jedoch beide Eltern. Nach 22 bis 24 Tagen verlassen die Jungen das Nest und lernen bald geschickt an Baumstämmen hinauf und herunter zu klettern. In den Rindenspalten der Baumstämme suchen sie die dort versteckten Insekten und Spinnen. Im Winter fressen sie auch Samen.

Da der Kleiber in Größe und Verhalten zwischen den Meisen und Spechten steht, wird er auch Spechtmeise genannt.

Ruf:
im Frühjahr ein glockenhelles Pfeifen wie „tüh tüh tüh"

Lockruf:
„sit sit" oder „twit twit"

Länge:
14 cm

Männchen und Weibchen sind gleich gefärbt
Die Farbe der Jungen spielt mehr ins Grau

Eiergröße:
17,2 bis 22,5 × 13,5 bis 15,4 mm

Standvogel

Waldbaumläufer

Certhia familiaris

Wie eine Maus klettert der unauffällig gefärbte Waldbaumläufer in Spiralen an Baumstämmen hoch – „Mausspecht" nennt man ihn deshalb auch – stochert mit seinem pfriemenförmigen, ein wenig gekrümmten Schnabel in den kleinsten Rindenspalten und holt von dort kleine Insekten, ihre Larven, Puppen und Eier hervor. Er bewohnt vor allem Nadelwälder vom Flachland bis ins Gebirge, ist aber auch in Mischwäldern, manchmal auch in Laubwäldern anzutreffen. Der Waldbaumläufer ist in ganz Europa mit Ausnahme seines südwestlichen Teils und Nordskandinaviens, im Osten dann bis nach Japan verbreitet und lebt auch in Nord- und Mittelamerika. Seine Heimat verläßt er selbst im strengsten Winter nicht und lebt in den Wäldern der Umgebung.

Mitte April baut er hinter abstehender Baumrinde, in Holzstößen oder in Halbhöhlen sein Nest, dessen Basis aus kleinen trockenen Zweigen besteht, auf denen das eigentliche Nest aus Bast, Flechten und Moos liegt, das sehr dicht mit Federn und Haaren ausgepolstert ist. Das Weibchen bebrütet seine 5 bis 7 Eier 13 bis 15 Tage. Es konnte bisher noch nicht eindeutig festgestellt werden, ob dem Weibchen beim Brüten auch das Männchen hilft. Beide Eltern füttern die geschlüpften Jungen mit kleinen Insekten, ihren Larven und Spinnen noch eine Zeitlang, nachdem sie nach 15 bis 16 Tagen das Nest verlassen haben. Nach dem Flüggewerden der Jungen nisten viele Paare noch ein zweites Mal. Die Jungen halten sich in der Umgebung auf, wo sie dann im nächsten Jahr ihre eigene Familie gründen.

Eiergröße:
14,0 bis 16,7 × 11,0 bis 13,0 mm

Länge:
12,5 cm

Männchen und Weibchen sind gleich gefärbt

Ruf:
Laute wie „srihih" ist aber nur selten

Gesang:
ähnelt dem Triller der Blaumeise und ein wenig auch dem Gesang des Zaunkönigs

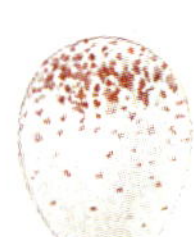

Standvogel

Gartenbaumläufer

Mausspecht · *Certhia brachydactyla*

Wie eine Maus läuft der Gartenbaumläufer spiralförmig am Baumstamm hoch. Er wird deshalb auch „Mausspecht" genannt. Wenn er die Krone erreicht hat, fliegt er steil zum Fuß eines anderen Baumes nieder und setzt dort seine Tätigkeit fort. Abwärts zu klettern vermag er nicht. Er hält sich beim Klettern mit seinen scharfen Krallen fest und stützt sich außerdem auf seine harten Schwanzfedern. Er sucht so die in Rindenritzen und -spalten verborgenen Insekten, deren Larven, Puppen und Eier. Mit seinem langen und dünnen, am Ende gekrümmten Schnabel, kann er in die kleinsten Rindenrisse eindringen. Im Sommer frißt er auch Blattläuse, Blattwanzen, kleine Käfer und Raupen, deshalb gehört er zu den nützlichsten Vögeln unserer Gärten und Parkanlagen. Er bewohnt auch lichte Laub- und Kiefernwälder.

Im April baut das Weibchen hinter einem Stück abstehender Baumrinde, in einem geborstenen Baumstamm, einem Holzstoß, einem Mauerloch oder in einem Nistkasten sein Nest. Auf einer Grundlage von hoch angehäuften, trockenen Holzstückchen liegt das eigentliche, aus Gras, Moos und Flechten gebaute Nest. Seine Nistmulde ist weich, vor allem mit Haaren ausgepolstert. Das Weibchen bebrütet seine 6 bis 7 Eier meistens allein. Nach 13 bis 15 Tagen schlüpfen die Jungen und werden von beiden Eltern mit Insekten und ihren Larven gefüttert.

Ruf:
ein zartes „Sit" oder ein lautes „Ti ti ti"

Gesang:
klingt wie "ti ti titiriti tit"

Länge:
12,5 cm
♂ = ♀

Klettert mit kleinen Sprüngen an Baumstämmen empor

Eiergröße:
15,4 bis 17,4 × 11,0 bis 12,6 mm

Standvogel

Goldammer

Emberiza citrinella

Ihr Frühlingslied „Wie, wie hab' ich dich doch so lieb" ist geradezu volkstümlich. Auch wer kein Ohr für Vogelstimmen hat, kann es leicht im Gedächtnis behalten. Das „Gold" an Kopf und Kehle führte zu ihrem Namen.

Die Goldammer ist über ganz Europa verbreitet. Je nach Gegend und Witterung ist sie Stand- oder Zugvogel. Sie wohnt zwar in der Nähe des Menschen, bevorzugt aber mehr das Land als die Stadt. Bei uns brüten die Goldammern in der Regel zweimal zwischen April und Juli. Dazu bauen sie ihr Nest aus Stengeln, Halmen und Wurzeln direkt am Boden, gut im Gras versteckt, manchmal auch niedrig über dem Boden, zum Beispiel in den Zweigen einer Fichte. Fast immer ist das Nest mit Roßhaar ausgepolstert. Das Weibchen legt 3 bis 5 Eier, die es vorwiegend allein in 12 bis 14 Tagen erbrütet, es wird dabei nur manchmal vom Männchen abgelöst. Im Alter von 12 bis 14 Tagen verlassen die Jungen das Nest, werden jedoch noch etwa 10 Tage von den Eltern gefüttert. Die Nahrung der Goldammer besteht zu 30 % aus Insekten, Würmern und Spinnen, der Rest besteht aus Pflanzen und vor allem aus Samenkörnern. Nach Ablauf der Nistzeit schließen sich die Goldammern zu kleineren Schwärmen zusammen und halten sich auf Feldern und Wiesen auf. Im Winter ziehen sie in die Nähe der Städte.

„Der" oder „die" Ammer – das ist eine Frage. Zuweilen lesen wir „der", weil ihr Name im Althochdeutschen „amero" lautet. Aber die Wörterbücher von Grimm und Duden haben sich für „die Ammer" entschieden, und ihnen sind wir gefolgt.

Eiergröße:
18,0 bis 25,9 × 14,3 bis 17,8 mm

Länge:
16,5 cm

Das Weibchen hat nicht so lebhafte Farben wie das Männchen

Lockruf:
„zick"

Gesang:
helles eintöniges „Didididi dieh"
Das Männchen sitzt dabei auf einer erhöhten Stelle

Standvogel
Strichvogel
Zugvogel

Gartenammer

Ortolan · *Emberiza hortulana*

Sie ahnelt der Goldammer (224), ist aber etwas kleiner und hat das auffallende „Gold" nur im Kehlgefieder. Auch sie hat sich verhältnismäßig spät unserer Vogelwelt zugesellt. Sie kam im 17. Jahrhundert aus den Steppen des Ostens und bevorzugt heute noch bei uns Sandböden, also offenes, trockenes Gelände mit Baum- und Buschgruppen sowie Getreidefelder. Sie bewohnt ganz Europa mit Ausnahme von England, ist aber ein reiner Sommervogel, der den Winter in Afrika südlich der Sahara und in Arabien verbringt.

Bei uns baut sie Ende April oder Anfang Mai in einer kleinen Bodenmulde am Feldrain, in einem Graben oder auf Brachland gut versteckt ihr Nest. Es ist interessant, daß die Männchen ihr Brutrevier kaum verteidigen, oft singen zwei bis drei Männchen ohne die geringsten Anzeichen von Feindseligkeit auf einem einzigen Baum.

Auf den 4 bis 6 Eiern besorgt vor allem das Weibchen das Brutgeschäft. Nach 12 bis 13 Tagen schlüpfen die Jungen, die von den Altvögeln mit kleinen Heuschrecken und anderen Insekten gefüttert werden. Die erwachsenen Exemplare ernähren sich außerdem vor allem von Pflanzensamen. Nach Ablauf der Nistzeit schließen sich die Familien zu kleinen Schwärmen zusammen und ziehen gemeinsam im August oder September in ihre Winterquartiere.

Die Gartenammer hält sich gern am Boden auf. Zum Singen hingegen setzt sie sich auf einen erhöhten Stein, auf die Spitze eines Busches oder in einen Baum.

Lockruf:
„gück"

Gesang:
auffallend und klingt wie „trü trütrü trüee"

Länge:
16 cm

Das Weibchen unterscheidet sich vom Männchen durch blassere Farben und hat dunkle Flecken vom Schnabel bis zum Kropf

Eiergröße:
18,0 bis 22,5 × 14,3 bis 17,0 mm

Zugvogel

Zaunammer

Emberiza cirlus

Bei uns kommt sie nur in einigen westdeutschen Gebieten, so im mittleren Rheinland und in Südbaden, vor. Von hier erstreckt sich ihre Verbreitung über ganz Frankreich und Spanien bis an die nordafrikanische Küste, andererseits bis nach Italien, ehemaligen Jugoslawien und in die Türkei hinunter. Wir sollten also bei Reisen auf sie achten.

Sie ist bei uns überwiegend Jahresvogel und bevorzugt die freie Landschaft mit lockeren Busch- und Baumbeständen, zum Beispiel Obstbaumgelände und Weinberge.

Das Weibchen baut sein Nest aus Halmen an einer versteckten Stelle am Boden, in einem Grasbüschel, im Strauchwerk usw., oder auch niedrig über dem Boden und polstert es mit dünnen Halmen, Roßhaar und kleinen Federn aus. Es legt 3 bis 5 Eier, die es in 11 bis 13 Tagen bebrütet. Die Jungen sind etwa im Alter von 10 bis 15 Tagen flügge. Die Zaunammern nisten zum ersten Mal im April und oft noch einmal im Juni. Die Eltern füttern ihre Jungen vor allem mit Insekten und ihren Larven, die erwachsenen Vögel ernähren sich im Herbst außerdem von kleinen Samen und Beeren. Der Vogel ist stellenweise stark verbreitet. Das Männchen erregt durch seinen Gesang besondere Aufmerksamkeit.

Ihre Bezeichnung „cirlus" ist dem Gesang nachgebildet, der zwischen r und l vibriert und wie „zirrl" klingt.

Eiergröße:
19,2 bis 24,0 × 15,0 bis 18,0 mm

Länge:
16 cm

Der Bürzel ist olivgrau, das Weibchen hat an der Kehle keine schwarzen Flecken

Lockruf:
„zip zip"

Gesang:
zirpende Silben, die wie „zirrrl" klingen

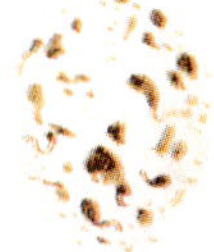

Standvogel

Grauammer

Emberiza calandra

Sie ist äußerlich kein attraktiver Vogel. Auch ihre Stimme ist anspruchslos. Dennoch möchte der Wanderer auf der Landstraße ihr bescheidenes Liedchen nicht missen, das sie von den Chausseebäumen und Telegraphenmasten herab ertönen läßt.

Die Grauammer bewohnt ganz Europa mit Ausnahme der nördlichen und nordöstlichen Gebiete. Auf einem Großteil ihres Verbreitungsgebietes ist die Grauammer ein Stand-, im Winter auch ein Strichvogel.

Das Männchen kehrt zuerst, manchmal schon Ende März, in der Regel im April, aus den Winterquartieren in das Nistrevier zurück. Das Weibchen, das nach wenigen Tagen nachfolgt, beginnt bald nach der Rückkehr mit dem Bau des Nestes, das in einer flachen Bodenmulde in einem Grasbüschel versteckt liegt. Als Baumaterial verwendet der Vogel kleine Wurzeln und trockene Grashalme und zum Auspolstern dünne Halme, Tierhaare und Pflanzenwolle.

Das Weibchen legt im Mai oder Juni in der Regel 4 bis 5 Eier, die es allein 12 bis 14 Tage bebrütet. Die ersten vier Tage füttert die Jungen ausschließlich das Weibchen, später hilft beim Füttern auch das Männchen. Manchmal hat ein Männchen auch mehrere Weibchen. Das Nest verlassen die Jungen im Alter von 9 bis 12 Tagen noch flugunfähig und halten sich in der Umgebung im Gras verborgen, wo sie noch einige Zeit gefüttert werden. Die Grauammern ernähren sich vorwiegend von Insekten und deren Larven und kleinen Weichtieren. Sie fressen aber auch Grassamen, Getreidekörner und verschiedene grüne Pflanzenteile.

Ruf:
Lockruf „ticks", im Flug „tick tick"

Gesang:
ist kurz und klingt wie „zick zick zick zick schnirrrps"

Länge:
18 cm

Männchen und Weibchen sind gleich gefärbt

Eiergröße:
19,0 bis 28,6 × 16,0 bis 19,5 mm

Standvogel
Strichvogel

Rohrammer

Mohrenköpfchen *Emberiza schoeniclus*

Wer sich ihren Trivialnamen „Mohrenköpfchen“ merkt, wird sie draußen schnell erkennen. Das Männchen trägt zum schwarzen Kopf einen deutlich weiß abgesetzten weißen Bartstrich und ein ebenso weißes „Halsband“. Das Weibchen freilich ist schlicht sperlingsartig befiedert.

Das Verbreitungsgebiet der Rohrammer ist ganz Europa mit Ausnahme Islands. In West-, Süd- und Südosteuropa ist sie ein Standvogel. Die Populationen aus Nord- und Osteuropa fliegen im Oktober zum Überwintern meistens in das Mittelmeergebiet. In Mitteleuropa ist die Rohrammer zum Teil ein Stand-, zum Teil ein Zugvogel, der im Winter nach Italien, Frankreich oder Spanien zieht. Der Vogel bewohnt sumpfige und moorige Gegenden, die Ufer von Teichen und Seen, die mit größeren Schilfbeständen und Rasenflächen bewachsen sind.

Die Rohrammer kehrt schon im März in die Nistreviere zurück. Im April oder Mai baut das Weibchen allein an trockenen Stellen das gut in Grasbüscheln oder in trockenem Röhricht versteckte Nest aus trockenen Grashalmen und Schilfblättern und polstert es mit feinen Halmen und Tierhaaren aus.

Das Weibchen legt in der Regel 4 bis 6 Eier, die es vorwiegend allein 12 bis 14 Tage bebrütet.

Im Alter von 11 bis 13 Tagen verlassen die Jungen das Nest, werden jedoch von den Eltern noch etwa weitere zwei Wochen gefüttert. Wenn die Jungen selbständig geworden sind, nistet das Altvogelpaar meistens im Juni bis Juli ein zweites Mal. Außer von kleinen Wirbellosen während der Nistzeit ernähren sich die erwachsenen Rohrammern vorwiegend von verschiedenen Samen und grünen Pflanzentrieben.

Standvogel
Zugvogel

Eiergröße:
17,4 bis 23,3 × 13,4 bis 15,7 mm

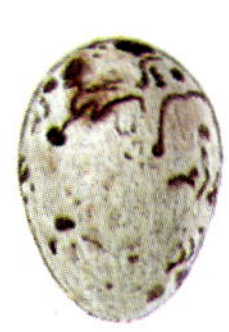

Länge:
15 cm

Das Weibchen hat im Unterschied zu dem Männchen keinen schwarzen Kopf und keine weiße Brust
In seinem Ruhekleid ähnelt das Männchen dem Weibchen

Ruf:
Lockruf „zieh“ Gesang kurzes „Zja tit tai zississ“

Schneeammer

Plectrophenax nivalis

Sie ist eine Bewohnerin des arktischen Nordens, die nur als Wintergast oder Durchzügler bei uns erscheint, um ab September oder Oktober an den Küsten der Nord- und Ostsee, Westeuropas und des Mittelmeeres zu überwintern.

Im April kehren sie wieder zu ihren Niststätten an felsigen Küstenstreifen, in steinigen Flußtälern und in die Berge hoch bis zur Schneegrenze zurück.

Sein Nest baut das Weibchen meistens zwischen Steinen, in Felsspalten oder im Gesträuch auf Felswänden. Es ist aus Moos, Flechten und Gras angefertigt und mit Haaren, Roßhaar, Federn und Pflanzenwolle warm ausgepolstert. Im Verlauf des kurzen arktischen Sommers, im Juni oder Juli, legt das Weibchen 4 bis 6 Eier, die es allein in etwa 15 Tagen erbrütet. Nach weiteren 15 Tagen sind die Jungen flügge. Die Schneeammer ernährt sich von Insekten, ihren Larven, aber auch von kleinen Samenkörnern. Mit Vorliebe fängt sie im Flug in der Nähe von Gewässern Zuckmücken.

Wer nach Norwegen, Island oder Nordschottland reist, kann sie dort in ihrem Brutgebiet beobachten. Auch hier bevorzugt die Schneeammer Hochgebirgslandschaften oberhalb der Baumgrenze. Berghütten ziehen sie an, weil die Touristen dort manches Eßbare für sie hinterlassen.

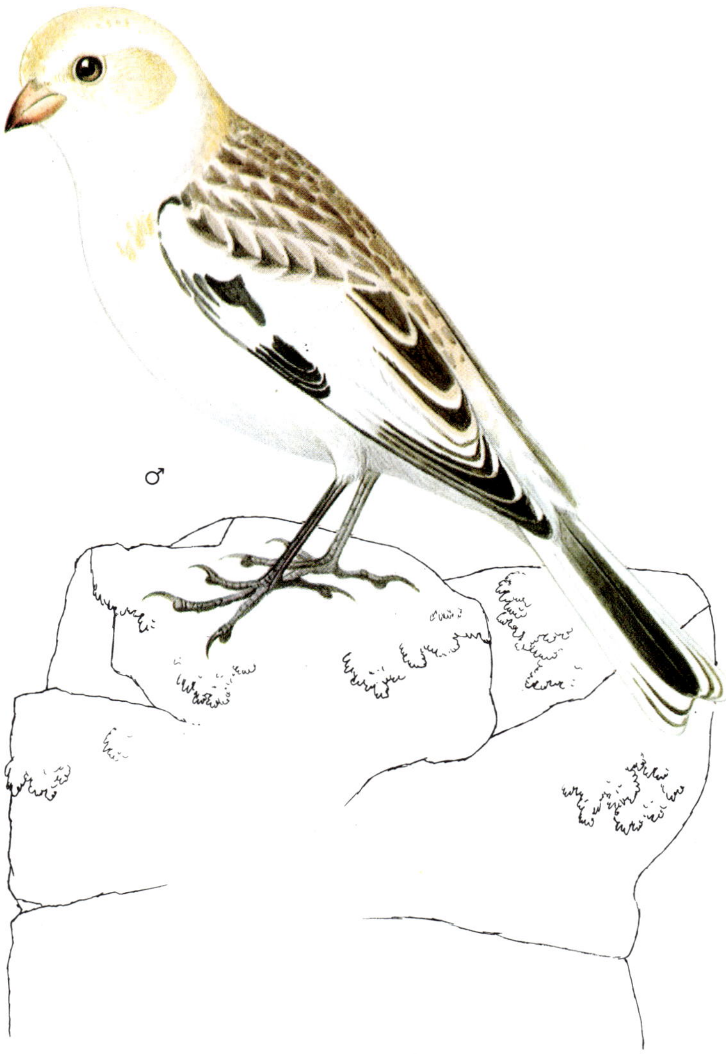

Lockruf:
ein zirpendes „Brrr"

Länge:
16,5 cm

Das Männchen ist während der Nistzeit weiß mit schwarzen Schultern und Flügeln
Das Weibchen ist bräunlich und hat einen weißen Kopf
Das Männchen verliert nach Ablauf der Nistzeit seine leuchtend weiße und schwarze Farbe

Eiergröße:
19,5 bis 25,1 × 14,3 bis 18,0 mm

Zugvogel

Buchfink

Fringilla coelebs

Seinen Artnamen – „coelebs" – der Unbeweibte – muß er im Winter erhalten haben. Denn nur im Winter streifen die Männchen allein umher, während sich die Weibchen ins wärmere Spanien oder Frankreich zurückgezogen haben. Der Buchfink zählt zu unseren häufigsten und daher bekanntesten Vögeln. Er bewohnt außer ganz Europa auch noch Nordwestafrika, Vorderasien, und im Osten reicht sein Verbreitungsgebiet bis nach Westsibirien. Exemplare aus dem Norden ziehen im Herbst ins Mittelmeergebiet. Die Männchen suchen ihre Brutreviere bereits im Februar oder März, die Weibchen dagegen etwas später auf. Das Weibchen wählt den Nistplatz und baut das Nest allein, das Männchen hilft nur in Ausnahmefällen mit. Das Nest liegt häufig in einer Astgabel und ist sehr gründlich aus Moos, Flechten, Spinnweben usw. gebaut, außerdem oft mit Rindenstückchen desselben Baumes getarnt.

Zum ersten Mal nisten die Buchfinken im April bis Mai, ein zweites Mal im Juni oder Juli. Das Weibchen legt etwa 5 Eier, die es allein in 12 bis 14 Tagen erbrütet. Um die Jungen kümmern sich beide Eltern und füttern sie vor allem mit Insekten und Spinnen, zunächst zwei Wochen am Nest und dann noch einige Zeit nach dem Verlassen des Nestes. Die erwachsenen Vögel ernähren sich zum Großteil von Samen. Nach Ablauf der Nistzeit schließen sich die Buchfinken zu kleinen Schwärmen zusammen, die sich gemeinsam mit anderen samenfressenden Vögeln auf Feldern oder in Parkanlagen und Gärten in der Nähe der Futterhäuschen aufhalten.

Groß wie ein Sperling

Standvogel
Zugvogel

Eiergröße:
17,0 bis 22,8 × 13,2 bis 15,8 mm

Länge:
15 cm

Das Männchen ist bunter gefärbt als das Weibchen, dessen Gefieder matter und ins Graue spielend ist

Ruf:
das bekannte „Pink pink"

Gesang:
lautstark und glockenhell

Bergfink

Fringilla montifringilla

Wir können sie bei uns nur im Winter sehen. Wenn sie aus ihrem nördlichen Brutgebiet zu uns kommen, sind wir für sie schon „der Süden". Es ist, als wollten sie dafür sorgen, daß es bei uns nicht zu eintönig wird, wenn soviele unserer Sänger vor dem Eis und Schnee in wärmere Gefilde ausgewichen sind. Ab Ende September fallen die bunten Gesellen zuweilen in ganzen Schwärmen bei uns ein.

Manchmal schließen sie sich hier den überwinternden Buchfinken an und halten sich gemeinsam mit ihnen auf Stoppelfeldern, Wiesen und Ackerfeldern auf, wo sie Samenkörner suchen.

Auch lassen sie sich Vogelbeeren und die Samen von Erlen und Birken schmecken. Bei anhaltendem Schneefall drängen sie in kleinen Gruppen auch in Dörfer und Städte ein und laden sich an Futterstellen zu Gast. Gleich nach Winterende kehren sie an ihre Nistplätze im hohen Norden zurück, wo sie in Nadel- oder Birkenwäldern leben.

In einer Astgabel bauen sie aus Moos und Halmen ein Nest, das sie mit Flechten von demselben Baum tarnen. Das Weibchen legt im Juni 4 bis 7 Eier und brütet 14 Tage. Beide Eltern füttern die Jungen mit Insekten und ihren Larven, mit Vorliebe auch mit Spannerraupen. Nach Ablauf der Nistzeit leben die Bergfinken wieder in Schwärmen.

Lockruf:
langgezogenes „Quäk", beim Flug ertönt ein „Gege gege"

Gesang:
zirpende und glockenhelle Töne

Länge:
15 cm

Geschlechtsdimorphismus
Das Männchen im Winterkleid ähnelt dem Weibchen

Eiergröße:
18,1 bis 22,2 × 13,5 bis 15,6 mm

Groß wie ein Sperling

Zugvogel

Girlitz

Serinus serinus

Dieser Verwandte unseres Kanarienvogels ist ein Immigrant, der von Süden her bei uns einwanderte. Einige Daten und Stationen seiner Verbreitung: bis 1860 erst südlich des Mains, 1880 Berlin, 1928 Flensburg, 1950 Dänemark. Das übrige Skandinavien und England hat er bis heute nicht erreicht.

Ende März kehrt der Girlitz aus Südeuropa in seine Heimat zurück. Er läßt sich in der Nähe menschlicher Siedlungen vor allem in Parkanlagen und Gärten nieder, wo täglich sein zarter, zwitschernder Gesang ertönt. Das Männchen sitzt mit Vorliebe auf dünnen Zweigen oder Telegrafendrähten. Es singt noch, wenn es seinen Platz wechselt. Sobald sich Bäume und Sträucher belauben, beginnt das Weibchen auf einem waagerechten Zweig sein kleines Nest aus dünnen Wurzeln, Halmen, Bast und Blattstückchen zu bauen und polstert es mit Federn und Pflanzenwolle so gründlich aus, daß die 3 bis 5 kleinen Eier darin kaum zu sehen sind. Auch das Brüten besorgt lediglich das Weibchen, dem das Männchen in diesen 11 bis 13 Tagen regelmäßig die Nahrung an das Nest bringt. Die Jungen bleiben 11 bis 14 Tage im Nest.

Nach Beendigung der Nistzeit schließen sich die Girlitze zu kleinen Schwärmen zusammen und sammeln die Samen von Disteln, Erlen, Birken usw., die sie vor dem Verzehren abschälen. Im Oktober treten sie den Zug in ihre Winterquartiere an, sofern sie nicht bereits Standvögel geworden sind. Als den „Zitherspieler unter den gefiederten Musikanten" hat ihn Richard Gerlach bezeichnet; denn häufig „zupft er zwei helle Töne aus der Kehle".

Eiergröße:
14,4 bis 17,6 × 11,0 bis 12,7 mm

Länge:
11,5 cm

Das Weibchen ist nicht so frisch gefärbt wie das Männchen und hat am Kopf dunkle Flecken

Lockruf:
helles „Girlitt"

Gesang:
zirpendes Zwitschern

Zugvogel
Standvogel

Grünling

Grünfink · *Chloris chloris*

Er ist in unseren Städten zuweilen so häufig wie der Spatz, dem er auch an Größe gleicht. Er ist ebenso robust und läßt sich durch die Sperlinge nicht von Nistplatz oder Futterstelle vertreiben. Außerhalb der Stadt bevorzugt er Feldgehölze sowie lichte Laub- und Mischwälder.

Der Grünling hält sich meist auch den Winter über in seiner Heimat auf, nur die im Norden lebenden Exemplare ziehen nach Süden. Ihr aus Wurzeln und kleinen Zweigen gebautes, mit Federn, Haaren und Roßhaar weich ausgepolstertes Nest, kann man in dichtem Holundergebüsch am Straßenrand, auf Fichten, Lebensbäumen, aber auch auf Obstbäumen finden.

Das Weibchen erbrütet seine 5 bis 6 Eier allein in 13 bis 14 Tagen und wird während dieser Zeit vom Männchen am Nest gefüttert. In einem Berliner Gartenlokal brütete ein Grünlingspaar und ließ sich dabei weder von der Bedienung noch von den Gästen stören. Brutpflege betreiben beide Eltern, die den Jungen vor allem zerkleinerte Samen, aber auch hier und da eine Raupe oder Spinne bringen. Die erwachsenen Vögel ernähren sich vor allem von Samen. Nach etwa 14 Tagen sind die Jungen flügge, jedoch noch nicht flugfähig und sitzen dann einige Tage auf nahen Zweigen, wo sie noch von den Altvögeln gefüttert werden. Im Juli oder August nisten die Grünlinge oft noch ein zweites Mal. In den Wintermonaten gehören sie zu den häufigsten Besuchern der Futterhäuschen.

Lockruf:
ein helles „Gick gick gick"

Gesang:
verschiedene helle Laute, die wie „kling kling girrr tjo tjo" klingen

Länge:
14,5 cm

Das Weibchen ist völlig grau

Eiergröße:
17,2 bis 24,1 × 12,2 bis 16,1 mm

Groß wie ein Sperling

Standvogel
Strichvogel

Stieglitz

Distelfink · *Carduelis carduelis*

Einen „Tänzer zwischen den stechenden Disteln, der die Widerhäkchen und Dornen mit flinken Wendungen zu vermeiden weiß", nennt ihn Richard Gerlach. Dem kunterbunten Kerlchen kann man in ganz Europa mit Ausnahme des hohen Nordens begegnen. Zur Nistzeit im Frühjahr ist er nur selten zu sehen. Er ist nämlich außerordentlich vorsichtig, weiß sich und sein Nest meisterhaft zu verstecken, und nur sein Gesang verrät ihn manchmal. Das Weibchen flicht in die Außenwände des Nestes Flechten, Blätter, auf Fichten auch Nadeln ein und paßt es der Umgebung an. In Gärten baut der Stieglitz sein Nest gern auf Pflaumen-, Apfel- oder Kirschbäumen, in Parkanlagen auf Ahorn oder Pappeln.

Während das Weibchen 12 bis 14 Tage auf seinen 5 bis 6 Eiern brütet, bringt ihm das Männchen die Nahrung ans Nest. Beide Altvögel füttern dann die Jungen vorerst mit Blattläusen, später mit vorverdauten Samen. Wenn die Jungen flügge geworden sind, schließen sich die Stieglitze zu Schwärmen zusammen, die auch den ganzen Winter in der Gegend bleiben. Mit Vorliebe und sehr geschickt lösen sie die ölhaltigen Distel- und Klettensamen ab und fressen auch gerne die Samen anderer Pflanzen wie die Köpfe des Löwenzahns.

Eiergröße:
15,6 bis 20,0 × 12,3 bis 14,3 mm

Länge:
12 cm

Die Färbung des Weibchens ist blasser

Lockruf:
zweisilbiges, helles „Didlitt"

Gesang:
ein aus immer den gleichen Tönen zusammengesetztes Lied

Strichvogel

Erlenzeisig

Zeisig · *Carduelis spinus*

Von ähnlichen grüngelben Vögeln seiner Größe unterscheidet er sich durch die deutliche schwarze Scheitelplatte. Durch sein munteres Umhertummeln und Rufen fällt er oft auf. Als einer unserer kleinsten Finkenvögel bewohnt der Erlenzeisig Nadel-, vor allem Fichtenwälder im Flachland und auch in den Bergen. Er ist auch in Parkanlagen mit Fichtenbeständen anzutreffen. Der Erlenzeisig lebt in Mitteleuropa, Skandinavien, Italien, Südfrankreich, Irland und Nordengland. Im Osten reicht sein Verbreitungsgebiet bis nach Westsibirien. Er ernährt sich vor allem von Birken- und Erlensamen, aber auch von denen der Nadelbäume und Disteln. Hier und da zwickt er auch die Knospen der Nadelbäume ab und frißt gelegentlich auch kleine Beeren. Exemplare aus Nordeuropa unternehmen oft Masseninvasionen bis in die Mittelmeerregion. Der Erlenzeisig kehrt Ende März in sein Brutrevier zurück.

Das Weibchen baut auf Nadelbäumen am Ende eines Zweigs aus dünnen Zweigen, Baumrindestükken, Flechten, Moos und auch aus Raupengespinsten sein Nest und polstert es mit Federn und Haaren aus. Das Nest liegt meistens mehr als zwanzig Meter über dem Boden. Deshalb haben nur wenige Menschen hineingeblickt. Wie alles Unerreichbare hat sich das Märchen seiner bemächtigt: danach soll der Zeisig in seinem Nest den Stein der Weisen verbergen. Das Weibchen bebrütet seine 4 bis 5 Eier allein 13 Tage lang. Die Brut füttern beide Eltern gemeinsam, anfangs mit Blattläusen und kleinen Raupen. Nach zwei Wochen sind die Jungen flügge.

Lockruf:
wie „dieh" beim Flug ertönt oft ein „Tetteretett"

Gesang:
zwitschernd wie „dididliliddeihääh"

Länge:
12 cm

Die Farbe des Weibchens spielt ins Graue und es hat auch einen grauen Kopf

Eiergröße:
14,7 bis 18,5 × 11,1 bis 13,6 mm

Strichvogel

Birkenzeisig

Leinfink · *Acanthis flammea*

Während der Zugzeit oder im Winter fallen sie mitunter scharenweise bei uns ein und hängen dann an Birkenzweigen oder schlüpfen durchs Erlengebüsch. Ansonsten ist er ein Vogel der nordischen Tundra, aber auch alpiner Gebiete, wo er die kargen Knieholzregionen bevorzugt. Die Birke scheint ihn überall besonders anzuziehen.

Der Birkenzeisig baut im Mai im Gebüsch, im Knieholz der Berge oder auf niedrigen Bäumen sein Nest aus dünnen Zweigen und Halmen, das er mit Tierhaaren auspolstert. Das Nest liegt etwa eineinhalb bis drei Meter über dem Boden. In den nördlichen Gebieten nistet der Birkenzeisig meistens erst im Juni. Oft siedeln sich viele Paare dicht beieinander an und bilden größere Kolonien.

Das Weibchen legt 5 bis 6 Eier, die es allein 10 bis 12 Tage bebrütet; das Männchen bringt ihm dabei die Nahrung ans Nest. Beide Eltern füttern die Jungen, die nach zehn bis vierzehn Tagen das Nest verlassen, mit Insekten, vor allem Hautflüglern, aber auch mit Fliegen und Insektenlarven. Auch wenn die Jungen bereits das Nest verlassen haben, bringen ihnen die Eltern noch 10 bis 14 Tage lang das Futter. Die Hauptnahrung der erwachsenen Vögel besteht aus Samen, vor allem der Erlen, Birken und Nadelbäume. Der muntere, rotgestirnte Birkenzeisig scheint in manchen Gebieten erfreulicherweise an Zahl zuzunehmen.

Eiergröße:
14,3 bis 17,5 × 10,0 bis 13,2 mm

Länge:
12,5 cm

Das Männchen hat eine stärker rot gefärbte Kehle und einen kräftigen Bürzel

Ruf:
die umherfliegenden Vögel rufen ihr charakteristisches „Tschütt" oft auch „Tschätt-tschätt-tschätt"

Zugvogel

Hänfling

Bluthänfling · *Acanthis cannabina*

Den „besten Sänger unter den einheimischen Finken“ nennt ihn Alwin Voigt. Nur das alte Männchen hat das Rot an Stirn und Kropf, das ihm stellenweise den Namen „Bluthänfling“ eingetragen hat. Er ist in ganz Europa mit Ausnahme von Nordskandinavien verbreitet und liebt offenes Gelände mit niedrigem Buschwerk, Wacholderheiden, Weinberge und Geröllhalden. In Gebieten mit gemäßigtem Klima ist er ein Stand- und Strichvogel, die Bewohner nördlicher Gebiete ziehen vor dem Wintereinbruch in den Süden. Im Winter bilden die Bluthänflinge kleine Schwärme, die sich oft Grünlingen, Goldammern und anderen samenfressenden Vögeln anschließen. Aber auch in dieser Zeit halten die einzelnen Paare fest zusammen. Im April suchen die Vögel ihren Brutplatz auf und beginnen sofort mit dem Bau ihres Nestes aus Halmen und Wurzeln, das innen mit Pflanzenwolle und Roßhaar ausgepolstert ist und im dichten Gezweig von Nadelbäumen oder Sträuchern, meistens 1 bis 2 m über dem Boden, seltener auch im Brombeergestrüpp, liegt.

11 bis 14 Tage lang brüten abwechselnd beide Partner auf ihren 5 bis 6 Eiern. Die Eltern füttern die Jungen mit zerkleinerten und im Kropf vorverdauten Samenkörnern. Auch die erwachsenen Vögel ernähren sich vorwiegend von Pflanzensamen, zum Beispiel von Löwenzahn, Spitzwegerich und Disteln, sie fressen aber auch grüne Triebe, in Ausnahmefällen auch Insekten.

Lockruf:
„gäck gäck gäck“

Gesang:
lautstarke Flötentöne und von anderen Vögeln abgelauschte Laute

Länge:
13 cm

Das Weibchen hat an der Brust und am Scheitel nur wenig oder gar kein Rot

Eiergröße:
14,7 bis 22,2 × 11,2 bis 14,9 mm

Standvogel
Strichvogel
Zugvogel

Fichtenkreuzschnabel

Loxia curvirostra

Haben die Fichtenwälder ein gutes Samenjahr, so fallen die Fichtenkreuzschnäbel invasionsartig dort ein, und man sieht sie dann häufig in Gegenden, in denen sie sonst selten sind. Ansonsten bewohnt der Fichtenkreuzschnabel Nadelwälder bevorzugt im Gebirge, gelegentlich aber auch im Tiefland. Seine Heimat ist Mitteleuropa, Schottland, die Pyrenäen, die Alpen und Skandinavien. Er ist meistens ein Standvogel, die im Norden lebenden Exemplare fliegen manchmal in großer Zahl nach Südeuropa. Aus den Zapfen lösen die Kreuzschnäbel die Samen heraus, die ihre einzige Nahrung bilden und mit denen sie auch ihre Brut füttern. Manchmal fressen sie auch Insekten.

Sie nisten in der Zeit von Januar bis April. Den Nestbau besorgt das Weibchen, das dazu Moos, Flechten, kleine Zweige und Halme benutzt. Das Männchen hilft beim Nestbau nicht mit, es begleitet das Weibchen lediglich. Meistens legt das Weibchen 4 Eier, die es allein 14 bis 16 Tage bebrütet. Dabei wird es vom Männchen aus dem Kropf gefüttert. Die Jungen schlüpfen mit einem geraden Schnabel, erst nach drei Wochen beginnt sich der Schnabel zu krümmen und die Schnabelspitzen zu kreuzen, sowohl links als auch rechts. Das Männchen füttert in der ersten Lebenswoche der Jungen die ganze Familie, da das Weibchen bei den Jungen bleiben muß, um sie warm zu halten. Nach zwei Wochen verlassen sie das Nest. Der Legende nach sollen es Kreuzschnäbel gewesen sein, die mit ihren eigenartigen Schnäbeln – einem „Zwischending von Brecheisen und Büchsenöffner" (Gerlach) – versucht hätten, die Nägel aus dem Kreuz des Heilands zu ziehen.

Eiergröße:
19,4 bis 25,5 × 14,1 bis 17,5 mm

Länge:
16,5 cm

Das Weibchen ist grünlich gefärbt

Lockruf:
wie „gip gip gip"

Gesang:
zwitschernde Flötentöne

Standvogel
Strichvogel

Kernbeißer

Coccothraustes coccothraustes

Sein lateinischer Name kommt vom griech. Kokkos – der Kern und thrauein – zerbrechen. Der robuste Schnabel des starengroßen Vogels hat etwas Nußknackerhaftes an sich. Er zerknackt damit nicht nur Wal- und Haselnüsse, sondern ebenso Kirsch- und Pflaumenkerne, läßt jedoch deren Fruchtfleisch fallen und frißt nur den Kern.

Lichte Laubwälder des Flachlands und der Berge, aber auch Parkanlagen und große Obstgärten sind die Aufenthaltsorte des Kernbeißers. Er lebt in ganz Europa mit Ausnahme Irlands und Islands, in Skandinavien nur im südöstlichen Teil. Sein Verbreitungsgebiet reicht im Osten bis nach Japan, im Süden bis nach Nordwestafrika. Die in Mitteleuropa lebenden Exemplare sind vorwiegend Strichvögel, die sich jedoch im Winter meistens in südwestlicher Richtung bewegen.

Ende April oder Anfang Mai bauen die Kernbeißer am liebsten auf Laub-, oft auch auf Obstbäumen, auf einer stärkeren Schicht aus Zweigen ihr Nest aus kleinen Wurzeln und Halmen und polstern es mit Haaren oder feinen Wurzeln aus. Es liegt meistens zwei bis zehn Meter über dem Boden. Das Weibchen bebrütet 14 Tage die 4 bis 6 Eier und wird während dieser Zeit vom Männchen gefüttert. Zwei Wochen nach dem Schlüpfen verlassen die Jungen das Nest.

Im Frühjahr und im Sommer ernährt sich der Kernbeißer auch von Insekten, insbesonders von großen Käfern. Seine Hauptnahrung besteht aber aus Samen von Eschen, Erlen und Ahorn, wie aus Tollkirschen und Faulbaumbeeren sowie Bucheckern. Die Jungen werden anfangs mit Insekten, später mit weicheren Samen gefüttert.

Ruf:
ein scharfes „Zick" oder ein zweisilbiges „Zieh-üh" oder „Tzit"

Gesang:
leise und unauffällig

Länge:
16,5 cm

Das Männchen hat sattere Farben als das Weibchen

Eiergröße:
19,8 bis 27,6 × 13,1 bis 19,5 mm

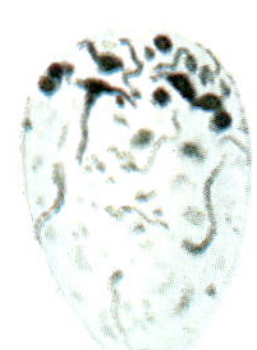

Strichvogel

Gimpel

Dompfaff · *Pyrrhula pyrrhula*

Sein weich-flötendes und dennoch eindringliches „Diü“ verrät ihn, und halten wir nach ihm Ausschau, so fällt vor allem das Männchen durch seine leuchtend rosarote Unterseite auf.

Besonders in schneereichen Jahren tauchen sie in Ebereschenalleen, an Waldrändern, aber auch in Parkanlagen und Gärten auf. Sie ziehen zu dieser Zeit in großen Schwärmen aus ihrer Heimat im hohen Norden nach Mittel- und Südeuropa. An sich bewohnt der Gimpel ganz Europa mit Ausnahme Spaniens. An vielen Stellen ist er ein Standvogel. Er lebt vor allem in Nadelwäldern mit dichtem Unterholz, im Flachland und im Gebirge.

Ende April baut das Weibchen, am liebsten auf Nadelbäumen, verhältnismäßig niedrig über dem Boden aus abgezwickten Zweigen ein Nest und polstert den Nistkessel mit Haaren und Flechten, manchmal auch mit feinen Wurzeln, aus. Das Männchen begleitet das Weibchen beim Nestbau, beide Vögel verhalten sich dabei sehr still, unauffällig und bleiben meisterhaft verborgen. Das Weibchen bebrütet seine 5 Eier allein 12 bis 14 Tage, nur selten wird es vom Männchen abgelöst. Beide Eltern füttern die geschlüpfte Brut 12 bis 16 Tage im Nest und noch einige Zeit nach dem Flüggewerden. Ende Juni oder im Juli nistet das Gimpelpaar meistens ein zweites Mal.

Die Gimpel ernähren sich von verschiedenen Samen und Beeren, im Frühjahr verschmähen sie auch Baumknospen, besonders der Obstbäume, nicht und sind deshalb bei den Obstzüchtern nicht sehr beliebt, „begleichen“ jedoch ihre Zeche durch ihren erfreulichen Anblick. Anfangs füttern sie ihre Jungen auch mit Insekten.

Eiergröße:
17,0 bis 22,2 × 13,0 bis 15,4 mm

Länge:
14,5 bis 17 cm

Die nordeuropäische Unterart ist größer
Das Weibchen hat eine grau-rosa Körperunterseite

Lockruf:
ein schwaches pfeifendes „Diü“

Gesang:
besteht aus Pfeiftönen

Standvogel

Haussperling

Passer domesticus

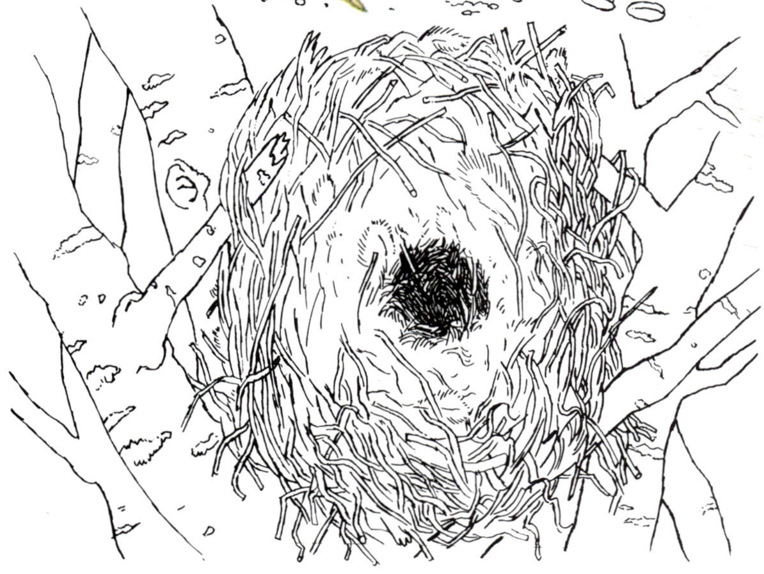

Er ist der „Gassenjunge" unter den Vögeln, der es versteht, sich selbst in den kargen Steinwüsten der Städte durchzubringen. Nahrungsreste aus den menschlichen Haushalten gibt es genug. Der findige Spatz weiß sie immer zu finden. Daher zählt er – auch auf dem Lande – zu den häufigsten Vögeln in Europa und Asien. Schon im März tragen die Haussperlinge Halme, Heu, Papierstückchen und Federn in ihren Schnäbeln als Baumaterial für das Nest zusammen. Sie bauen es entweder frei in der Form einer unregelmäßigen Kugel – mit einem seitlichen Eingang – in den Zweigen der Bäume, in einer Dachrinne, hinter einem Balken, in einer Baumhöhle oder in einem Mauerloch. Sie ziehen auch gern in Nistkästchen ein.

In vielen Fällen leben die Haussperlinge auch in ganzen Kolonien. Das Weibchen legt in das mit Federn dicht ausgepolsterte Nest 3 bis 8 Eier, die beide Eltern abwechselnd in 13 bis 14 Tagen bebrüten. In etwa 17 Tagen wachsen die Jungen soweit heran, daß sie das Nest verlassen können. Kurz danach nisten die Altvögel ein zweites Mal, oft auch bis viermal nacheinander. Die Haussperlinge ernähren sich draußen von verschiedenen Samenkörnern, Knospen und Pflanzentrieben und im Sommer auch von Insekten. Ihre Wohnplätze verlassen sie das ganze Jahr nicht. Im Herbst schließen sie sich zu Schwärmen zusammen und halten sich in der weiteren Umgebung auf.

Der Hausspatz ist ein robuster und zuweilen angriffslustiger Bursche. An der Futterstelle wie am Nistplatz vertreibt er gelegentlich zartere Vogelarten von Tisch und Bett.

Ruf:
ein kurzes „Errr" oder „Tetetetet"

Länge:
14,5 cm

Geschlechtsdimorphismus
Es treten oft semmelfarbene Exemplare auf

Eiergröße:
19,1 bis 25,4 × 13,0 bis 16,9 mm
Die Färbung der Eier ist sehr variabel

Standvogel

Feldsperling

Passer montanus

♂

Von seinem bekannteren Vetter, dem Haussperling, läßt er sich leicht durch den schokoladenbraunen Oberkopf unterscheiden. Er ist auch etwas kleiner. Beide Geschlechter tragen das gleiche Kleid.

Der Feldsperling ist in ganz Europa und in Asien bis nach Japan verbreitet. In der gemäßigten Zone und in den südlichen Gebieten bleiben die Vögel das ganze Jahr über in ihrer Heimat, nur die im Norden und Osten lebenden Feldsperlinge sind Zugvögel. Kleine Schwärme dieser Vögel halten sich in den Wintermonaten oft in der Gesellschaft von Zeisigen auf und suchen Pflanzen-, vor allem Unkrautsamen. In dieser Zeit übernachten sie in Reisighaufen, in dichten Baumkronen und verschiedenen Höhlungen. Auch in Schwärmen halten die einzelnen Paare zusammen, da sie das ganze Leben lang gemeinsam verbringen. Bald im Frühjahr, oft bereits im Februar, sitzt das Weibchen auf einem Baumzweig, macht flatternde Bewegungen und lockt so das Männchen zu sich, dabei stößt es zarte Lockrufe aus.

Im Gegensatz zum Haussperling bevorzugt der Feldsperling zum Nisten Baumhöhlen und Mauerspalten. Zuweilen quartiert er sich als „Untermieter“ in Adlerhorsten und Storchennestern ein.

Am Bau des Nestes aus Strohhalmen, Haaren, Federn usw. beteiligen sich beide Partner. Das Weibchen legt 5 bis 6 Eier, auf denen abwechselnd beide Eltern 13 bis 14 Tage lang brüten. Im Frühling und Sommer ernähren sich die Feldsperlinge von Insekten und ihren Larven, später von Pflanzensamen. Manchmal überwintert er bei uns. Teilweise wurde er zum Teilzieher.

Eiergröße:
12,5 bis 22,3 × 10,4 bis 15,5 mm

Länge:
14 cm

Das Weibchen ist nicht so auffallend gefärbt

Ruf:
„tett tett“
beim Flug „teck teck“

Gesang:
setzt sich aus ähnlichen Lauten zusammen

Groß wie ein Sperling

Standvogel
Zugvogel

Star

Sturnus vulgaris

Auch dem, der es nicht gewohnt ist, auf unser Vogelleben zu achten, fallen allherbstlich die oft nach Tausenden zählenden Starenschwärme auf. Es ist immer wieder erstaunlich, wie exakt diese Heerscharen ihre geschlossenen Flugmanöver absolvieren und alle Schwenkungen vollführen, ohne einander anzustoßen. Im zeitigen Frühjahr kann man aus Baumkronen in der Nähe aufgehängter Nistkästen ein eigentümliches Gekreisch hören, das manchmal an das Gackern eines Huhns erinnert, oder es ertönen angenehm pfeifende Flötentöne. Diese Laute stammen von einem Star, einem geschickten Stimmenimitator. Seine ursprüngliche Heimat, die Laubwälder, hat der Star schon in den meisten Fällen verlassen und sich in der Nähe des Menschen angesiedelt. Hier baut das Weibchen von April bis Juni, meistens in Nistkästen, sein Nest aus Wurzeln und trockenem Gras. Das Männchen bringt zwar nur manchmal etwas Baumaterial herbei, es löst jedoch das etwa 2 Wochen auf ihren 4 bis 6 Eiern brütende Weibchen regelmäßig ab. Beide Eltern betreuen auch ihre ständig hungrigen Jungen. Die älteren Jungen drängen sich dabei mit weit geöffnetem Schnabel aus dem Schlupfloch. Im Alter von drei Wochen wagen es die Jungen, zum ersten Mal ihre Nisthöhle zu verlassen. Ihre Winterquartiere beziehen die Stare in Südeuropa und Nordafrika. Doch nicht alle Stare ziehen im Herbst fort. Namentlich die Stadtbewohner unter ihnen bleiben zuweilen hier und singen noch bei 20 Grad Kälte munter ihr Lied.

Ruf:
„spett spett"

Gesang:
setzt sich aus Pfeif- und Knarrtönen zusammen, oft ahmt der Star den Gesang anderer Vögel nach

Länge:
21,5 cm
♂ = ♀

Das Gefieder des Weibchens ist nicht so glänzend wie beim Männchen

Eiergröße:
26,2 bis 34,1 × 19,7 bis 23,2 mm

Standvogel
Zugvogel

Pirol

Oriolus oriolus

Er wird bei uns auch „Pfingstvogel" genannt, da er erst spät aus seinem Winterquartier zurückkehrt, wenn die Bäume meist schon belaubt sind. Da er möglichst versteckt lebt, sehen wir ihn trotz des auffälligen Gelbs im Gefieder des Männchens, nur selten. Sowohl in seinem deutschen wie in seinem lateinischen Namen ist sein flötenartiger Ruf nachgeahmt. Nach diesem leicht nachpfeifbaren Klangbild nennt man ihn auch „Vogel Bülow".

Der Pirol bewohnt fast ganz Europa mit Ausnahme Skandinaviens, Großbritanniens und Islands. Er hält sich vor allem in Eichen-, aber auch in anderen Laubwäldern auf.

Ende Mai oder Anfang Juni flechten die Pirole aus langen dünnen Halmen und aus dem Bast der Bäume ihr Nest. Es hängt in der Form einer tiefen Wiege in einer Zweiggabel am Ende eines Astes mindestens vier Meter über dem Boden. Der obere Rand des Nestes ist fest mit den umliegenden Zweigen verflochten. Das Weibchen bebrütet seine 3 bis 5 Eier allein und wird während der 14 bis 15 Tage dauernden Brutzeit immer nur für kurze Zeit vom Männchen abgelöst. Die Brut verläßt ihre Hängewiege nach 14 bis 15 Tagen. Der Pirol ernährt sich vor allem von Insekten und ihren Larven, er fängt im Flug auch Wespen und andere Hautflügler und verschmäht auch Spinnen und kleine Weichtiere nicht. Im Spätsommer frißt er auch Beeren und andere weiche Früchte. Bereits im August treten die Pirole wieder ihren langen Zug nach Ost- oder Westafrika an.

Eiergröße:
27,8 bis 36,0 × 19,9 bis 23,5 mm

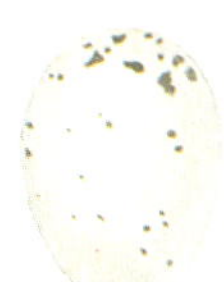

Länge:
24 cm

Das Weibchen ist gelbgrün gefärbt

Gesang:
ein wie „düdühlüoh" klingendes flötenartiges Pfeifen. Männchen und Weibchen lassen manchmal ein krächzendes „Krä-äk" hören

Groß wie eine Amsel

Zugvogel

Eichelhäher

Garrulus glandarius

Er ist ein auffälliger Vogel. Dies weniger durch sein graurötliches Kleid mit dem markanten schwarz-weiß-blauen Spiegel, als durch seine lebhaften Bewegungen und durch sein häufiges Rufen, mit dem er übrigens öfters den Bussard kopiert. Er ist nicht so leicht zu übersehen.

Die Heimat des Eichelhähers ist ganz Europa mit Ausnahme Islands und Nordskandinaviens. Er lebt in allen Wäldern mit Unterholz, vom Flachland bis hinauf ins Gebirge. Am zahlreichsten kommt er jedoch in Wäldern mit vorherrschenden Eichenbeständen vor. Er ist in der Regel ein Standvogel. Exemplare aus dem Norden Europas fliegen jedoch im Winter oft in ganzen Schwärmen nach Mitteleuropa.

Im Frühjahr, in der Zeit von April bis Juni, baut er aus trockenen Zweigen und einer Schicht von Halmen und kleinen Wurzeln sein Nest, meistens im dichten Fichtengezweig am Waldrand. Manchmal baut er jedoch sein Nest vorwiegend aus Moos und polstert es mit Baumbast aus.

Das Weibchen legt 5 bis 7 Eier, die es abwechselnd mit dem Männchen 16 bis 17 Tage bebrütet. Die Jungen verlassen das Nest nach 20 bis 21 Tagen und leben dann mit den Altvögeln zusammen. Später vereinigen sich mehrere Familien zu kleinen Schwärmen.

Die Eichelhäher ernähren sich von pflanzlicher und auch von tierischer Nahrung und machen sich auch an Vogeleier heran. Im Herbst suchen sie Eichenwälder auf.

Bei den Jägern ist der Eichelhäher nicht sonderlich beliebt. Als ständig wachsamer „Markwart" rätscht er auch, sobald ein Mensch im Revier auftaucht. Dann ist alles Wild gewarnt und verbirgt sich.

Stimme:
ein durchdringendes manchmal miauendes Geschrei

Länge:
34 cm

Männchen und Weibchen sind gleich gefärbt

Flügelspannweite:
54 cm

Eiergröße:
28,2 bis 36,0 × 21,0 bis 25,6 mm

Standvogel
Strichvogel

Elster

Pica pica

Sie ist besser als ihr Ruf. Zwar zieht alles Glitzernde und Glänzende die „diebische Elster“ an, und sie nimmt es gelegentlich auch mit. Aber diese Eigenschaft teilt sie mit den meisten anderen Rabenvögeln.

Da sie weniger im Wald als in der freien Umgebung von Ortschaften lebt, fällt sie durch Ruf und Flug auf. Ihr „schack schack schackerack“ kennt jeder. Es wird schneller ausgestoßen, als man es nachsprechen kann. Wenn sie in ihrem schwarz-weißen Kleid mit dem langen Schwanz daherkommt, erkennen wir, daß sie eine schlechte Fliegerin ist.

Sie ist ein Allerweltsvogel, der in ganz Europa, in Asien, Nordwestafrika und Nordamerika allgemein verbreitet ist und ihrem Revier meist das ganze Jahr hindurch treu bleibt.

Anfang April baut das Elsternpaar gemeinsam auf einem Baum oder in hohem Gebüsch aus trockenen, vor allem dornigen Zweigen sein Nest, das es dann mit Grasbüscheln und Lehmstückchen auslegt und mit Haaren und zarten Halmen auspolstert. Oberhalb des Nestes bauen die Vögel dann noch aus dornigen Zweigen eine Art Dach. Das Weibchen legt 3 bis 10 Eier, die es meistens allein in 17 bis 18 Tagen erbrütet. Die Jungen werden von den Eltern etwa 24 Tage lang im Nest und noch einige Tage nach dem Flüggewerden gefüttert. Die Nahrung besteht aus Feld- und Wühlmäusen, Eidechsen, Insekten und anderen Wirbellosen, aber auch aus Körnern, Beeren und Früchten.

Standvogel
Strichvogel

Eiergröße:
27,3 bis 41,9 × 21,2 bis 26,4 mm

Länge:
46 cm
♂ = ♀

Flügelspannweite:
55 bis 60 cm

Auffallend ist
der lange Schwanz
Die Jungen sind schwarz
ohne Glanz

Ruf:
bellende Laute, die wie „schack“ klingen

Tannenhäher

Nucifraga caryocatactes

„Das Herz des Vogelfreundes muß höher schlagen, wenn er einige der stattlichen, weißgescheckten Braunröcke in unseren deutschen Gebirgswäldern rastend oder gar als Nistvögel entdeckt", sagt Alwin Voigt. Grundsätzlich sind jedoch die Nadelwälder der Gebirgsgegenden Südskandinaviens, Mittel- und Südosteuropas die Heimat des Tannenhähers, dessen ursprüngliches Biotop die nördliche Taiga ist. Er ist ein Stand- oder Strichvogel, manche Populationen unternehmen dennoch manchmal in den Wintermonaten Masseninvasionen aus den Weiten Sibiriens nach Europa. Der Tannenhäher setzt sich am liebsten in einer Höhe von über 300 m ü. d. M. fest, in den Alpen lebt er in Höhenlagen von achthundert bis zweitausend Metern, in Nordeuropa in den Ebenen.

Schon Ende Februar oder Anfang März baut das Tannenhäherpaar in dichten Fichtenzweigen ein ziemlich tiefes Nest. Auf eine Unterlage aus abgebrochenen Zweigen tragen die Tannenhäher Moos, Flechten, auch moderndes Holz von Baumstümpfen zusammen und polstern dann den Nistkessel mit trockenem Gras, Laub und Federn weich aus. Das Nest liegt meistens in einer Höhe von vier bis fünfzehn Metern über dem Boden.

Das Weibchen bebrütet seine 3 bis 4 Eier allein 17 bis 19 Tage, wobei es vom Männchen gefüttert wird. Die Jungen verlassen das Nest nach 23 Tagen und leben dann mit den Eltern in Wäldern, wo sie Samen, Nüsse und Bucheckern suchen. Hier und da ernähren sie sich auch von Insekten. Seine wissenschaftliche Bezeichnung bedeutet Nußknacker. Und Nußknacker wird er häufig auch bei uns genannt.

Ruf:
sein Geschrei ähnelt dem des Eichelhähers im Frühjahr wie „garrr"

Länge:
32 cm

Männchen und Weibchen sind gleich gefärbt

Flügelspannweite:
59 cm

Eiergröße:
30,3 bis 37,5 × 21,5 bis 26,0 mm

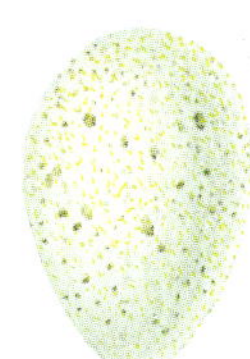

Standvogel
Strichvogel

Alpenkrähe

Pyrrhocorax pyrrhocorax

Alpendohle · *Pyrrhocorax graculus*

In Hochgebirgsregionen fallen uns zwei schwarze Krähenvögel auf: die Alpenkrähe mit rotem, längeren und abwärtsgebogenen Schnabel und die kleinere Alpendohle mit kürzerem gelben Schnabel.

Während die Alpendohle in unseren Alpen und in den Pyrenäen, in Italien und ehemaligen Jugoslawien vorkommt, gibt es Alpenkrähen in ganz Spanien und auch in Westengland und Irland.

Die Alpenkrähe lebt in Schwärmen, und auch beim Nisten bilden vierzig bis sechzig Paare eine Kolonie. Sie baut Ende April oder im Mai aus Wurzeln, trockenem Gras und Wolle ihr Nest. Es liegt in Felslöchern oder -spalten, oft findet man es auch in Kirchtürmen, alten Burgruinen, manchmal auch auf Dächern höherer Gebäude.

Das Weibchen legt 3 bis 5, selten bis zu 9 farblich sehr variable Eier, die es allein in 17 bis 18, seltener bis 21 Tagen ausbrütet. Die Eltern füttern ihre Jungen mit Insekten und deren Larven. Die Nahrung bringen sie den Jungen etwa siebenmal am Tag, in der Zeit zwischen 8.00 bis 15.00 Uhr, ans Nest. Erwachsene Alpenkrähen fangen auch kleine Wirbeltiere und fressen im Winter auch Samen. Die Jungen verlassen ihr Nest nach 32 bis 38 Tagen und leben dann mit den Altvögeln zusammen.

Eiergröße:
34,3 bis 42,0 × 21,5 bis 29,5 mm

Länge:
38 cm

Männchen und Weibchen sind gleich gefärbt

Ruf:
ähnelt dem der Dohle klingt wie „kiah" auch „kaah" und „tschaf" auch Schreie wie „kria" oder „skirrik"

Standvogel

Dohle

Corvus monedula

Die Dohle ist die kleinste Art aus der Rabenfamilie. An dem grauen Hinterkopf und Nacken können wir sie draußen auch dann erkennen, wenn die Entfernung den Größenunterschied zweifelhaft macht.

In Burgruinen, größeren Parkanlagen, in Alleen, in verlassenen Steinbrüchen oder auf steilen Felsen, auf Kirchtürmen in Städten – überall kann man die Dohle finden. Sie ist ein geselliger Vogel und lebt in sehr großen Kolonien. Dort herrscht eine strenge Rangordnung. Die starken Männchen sind gegenüber schwachen Artgenossen duldsam. Sie werden jedoch angriffslustig, wenn einer ihnen den Rang streitig machen will. Die Einstufung der Weibchen richtet sich nach dem Rang ihrer Gatten. Die einzelnen Paare bauen im April oder Mai in Höhlungen ihre Nester aus Zweigen, die sie von den Bäumen abbrechen. Die Mulde polstern sie mit Strohhalmen, Haaren und Federn aus. Das Weibchen legt gewöhnlich 5 bis 6 Eier, die beide Altvögel abwechselnd in 17 bis 19 Tagen erbrüten, wobei das Männchen jedoch immer nur kurz auf den Eiern sitzt.

Die Eltern füttern ihre Jungen mit Insekten, Käfern, Würmern, Weichtieren, aber auch mit Fröschen und anderen kleinen Wirbeltieren. Die älteren Vögel ernähren sich auch von Getreidekörnern und suchen oft Obstbäume und Gartenbeete auf. Im Herbst scharen sich die Dohlen zu größeren Schwärmen zusammen oder schließen sich manchmal auch Krähenschwärmen an. Dohlen aus den nördlichen Gebieten überwintern in Mittel- und Westeuropa.

Ruf:
ein klares, oft wiederholtes „Kjack"
Lernt auch andere Stimmen und menschliche Worte nachzuahmen

Länge:
33 cm
♂ = ♀

Flügelspannweite:
65 bis 68 cm

Die jungen Vögel haben keine graue Flecken an beiden Seiten des Halses

Eiergröße:
30,0 bis 40,9 × 21,6 bis 29,7 mm

Groß wie eine Turteltaube

Strichvogel

Saatkrähe

Corvus frugilegus

Von der ebenfalls schwarzen Rabenkrähe unterscheidet sich unsere Saatkrähe am deutlichsten durch den weißen und grindigen Schnabelgrund, der bei der Rabenkrähe stets schwarz befiedert ist.

Vor dem Wintereinbruch erscheinen große Schwärme von Saatkrähen, die aus Nord- und Osteuropa südlich ziehen. Die Saatkrähen aus Mittel- und Westeuropa sind Strichvögel. Im Frühjahr lösen sich diese großen Gemeinschaften auf, und einzelne kleinere Schwärme suchen ihre gewohnten Nistplätze auf, wo die Saatkrähen in Kolonien leben. In den Kronen hoher Bäume bauen die Paare ihre großen Nester aus Zweigen, welche die Vögel mit ihrem starken Schnabel direkt von dem Baum abbrechen, oder sie richten ihre halbzerfallenen Nester vom Vorjahr neu her.

Das Weibchen legt oft bereits Ende März 4 bis 5 Eier, die es allein 18 Tage lang erbrütet. Das Männchen bring ihm dabei die Nahrung zum Nest. Wenn die Jungen schlüpfen, füttert das Männchen einige Tage lang die ganze Familie und etwa nach 6 Tagen übernimmt diese Pflichten auch das Weibchen. Die Saatkrähe bringt den Jungen die Nahrung in einem besonderen Kehlsack. Die Nahrung der Saatkrähe besteht fast zu 90 % aus schädlichen Insekten, vor allem Maikäfern. Ansonsten ernähren sich diese Vögel auch von Samenkörnern.

Groß wie eine Krähe

Strichvogel

Eiergröße:
32,2 bis 47,4 × 25,2 bis 30,4 mm

Länge:
46 cm
♂ = ♀

Ältere Vögel haben um den Schnabel eine weißliche, sich ablösende Haut

Ruf:
ein tiefes „Gag" oder „Kro", im Winter auch „Kjä"

Nebelkrähe

Corvus corone cornix (2)

Rabenkrähe

Corvus corone corone (1)

Die Elbe ist ein Grenzfluß für Krähen: östlich von ihr wird die Landschaft von der grauen Nebelkrähe bevölkert; westlich tritt die schwarze Rabenkrähe an ihre Stelle. Im Grenzgebiet, etwa innerhalb von 65 km beiderseits des Flusses, vermischen sich beide Unterarten.

Diese Krähe in den zwei unterschiedlichen Federkleidern ist in ganz Europa häufig. Sie ist ein Stand- oder Strichvogel; aus dem Osten und Norden fliegt sie im Winter in Schwärmen nach Mittel- und Westeuropa. Zur Nistzeit hält sie sich in kleinen Wäldern, Feldremisen, in den Städten auch in dicht bewachsenen Parkanlagen auf.

Sie baut ihr Nest bereits im März in der Regel auf Bäumen – meistens mindestens fünf Meter über dem Boden – aus trockenen Zweigen, Lehm und Grasbüscheln und polstert es mit Moos, Gras, Haaren und kleinen Stoffresten aus. Der Bau eines neuen Nestes dauert acht bis zehn Tage. Diese Krähen benutzen auch oft ihre alten Nester, die sie nur ausbessern und ausbauen. Das Weibchen brütet allein auf seinen 4 bis 6 Eiern 18 bis 21 Tage. Das Männchen bringt dabei dem Weibchen und in den ersten 5 bis 7 Tagen nach dem Schlüpfen auch den Jungen das Futter ans Nest. Danach füttern beide Eltern. Nach 28 bis 35 Tagen verlassen die Jungen das Nest und leben mit den Altvögeln zusammen. Raben- und Nebelkrähe sind Allesfresser. Sie nehmen auch Aas an und dienen auf diese Weise als „Gesundheitspolizei" in der Landschaft.

Ruf:
ein tiefes „Krack" oder krächzendes „Arrrk"

Gesang:
im Frühjahr ähnliche Laute

Länge:
47 cm

Flügelspannweite:
95 bis 100 cm

Männchen und Weibchen sind gleich gefärbt

Eiergröße:
35,5 bis 52,7 × 26,0 bis 29,7 mm

Standvogel
Strichvogel

Kolkrabe

Corvus corax

Wenn – nicht nur im Alltagsgespräch, sondern auch in der Literatur – von „Raben" die Rede ist, sind gewöhnlich Krähen gemeint. Denn diese bestimmen unser Landschaftsbild. Der Rabe hingegen ist bei uns selten geworden. In größerer Anzahl kommen Kolkraben bei uns vor allem noch in einigen Alpengebieten und in Schleswig-Holstein vor.

Ihr Ruf ist zwiespältig: als „Rabengelichter" umflatterten sie einst die mittelalterlichen Richtstätten. Doch als Begleitvögel des nordischen Wodan genossen sie als „Göttervögel" Achtung und Verehrung. Bei vielen Völkern gelten sie als Vögel der Weisheit. Und die moderne Verhaltensforschung hat ihren Scharfsinn bestätigt.

Der Rabe liebt die Einsamkeit sowohl ausgedehnter Wälder in Gebirge und Ebene wie der offenen nordischen Tundra.

Bereits im Februar beginnt das Weibchen mit dem Nestbau, wobei ihm das Männchen Zweige, Moos und Haare herbeischafft. Die in ständiger Gemeinschaft lebenden Paare benutzen in der Regel dasselbe Nest mehrere Jahre lang. Das Weibchen bebrütet die 4 bis 6 Eier vorwiegend allein, es wird dabei aber hin und wieder vom Männchen abgelöst. Die Brut schlüpft nach 20 bis 23 Tagen und bleibt 40 bis 42 Tage im Nest. Beide Eltern bringen in ihrem besonderen Kehlsack den Jungen die Nahrung. Der Kolkrabe ist ein Allesfresser, er gibt jedoch Fleischnahrung den Vorzug; seine Hauptnahrungsquelle sind die Kadaver verendeter Tiere, aber auch kleine Lebewesen, die er mit seinem starken Schnabel tötet.

Im Gelände erkennen wir ihn an seiner sonoren Stimme wie an seinem Schwanz, der keilförmig ist und nicht gerade abgestutzt wie bei den Krähen.

Groß wie ein Fasan

Standvogel
Strichvogel

Eiergröße:
42,5 bis 63,0 × 29,0 bis 42,5 mm

Länge:
63,5 cm

Flügelspannweite:
120 cm

Männchen und Weibchen sind gleich gefärbt

Stimme:
im Flug ein lautes wiederholtes „Korrk"

Lockruf:
etwa wie „rrab" oder „klong" Ahmt verschiedene Laute nach

1) Fischadler
2) Seeadler
3) Rotmilan
4) Schwarzmilan
5) Sperber
6) Habicht
7) Mäusebussard
8) Rauhfußbussard
9) Wespenbussard
10) Steinadler

11) Mönchsgeier
12) Gänsegeier
13) Rohrweihe
14) Kornweihe
15) Wiesenweihe
16) Gerfalke
17) Wanderfalke
18) Baumfalke
19) Merlin
20) Rotfußfalke
21) Turmfalke

Register der deutschen Namen

Register der wissenschaftlichen Namen

Literatur

Alexander, W. B. M. A.: Die Vögel der Meere. Hamburg und Berlin, 1959

Austin, O. L.: Die Vögel der Welt. München und Zürich, 1963

Bauer, K. M. und Glutz von Blotzheim, U. N.: Handbuch der Vögel Mitteleuropas, Frankfurt am Main, 1966

Berndt, R. - Meise, W.: Naturgeschichte der Vögel; 3 Bände. Stuttgart, 1959–1966

Berrill, N. J. und M.: The Life on Sea Islands. New York-Toronto-London, 1969

Brunn, B. - Singer, A., König, C.: Der Kosmos-Vogelführer, Stuttgart, 1972

Creutz, C.:Geheimnisse des Vogelzuges. Leipzig, 1952

Gilliard, E. T. - Steinbacher; G.: Knaurs Tierreich in Farben. Vögel. München und Zürich 1959

Heinroth, O. - M.: Die Vögel Mitteleuropas; 4 Bände. 2. Aufl. Edition Leipzig und Harri Deutsch. Frankfurt a. M. 1966–1968

Kartaschew, N. N.: Die Alkenvögel des Nordatlantiks. Wittenberg Lutherstadt, 1960

Makatsch, W.: Wir bestimmen die Vögel Europas. Radebeul, 1969

Mauersberger, G.: Urania Tiereich. Vögel. Leipzig-Jena-Berlin, 1969

Niethammer, G.: Handbuch der Vögel Mitteleuropas. Bearbeitet von K. Bauer und U. Glutz von Blotzheim. Frankfurt a. M. 1966

Peterson, R. T. - Mountfort, C. - Hollom, P. A. D.: Die Vögel Europas. Hamburg und Berlin, 1954

Saunders, D.: Seabird. London, 1973

Schütz, E.: Grundriß der Vogelzugskunde. Berlin und Hamburg, 1971

Scott, P.: Das Wassergeflügel der Welt. Hamburg und Berlin, 1961

Vauk, G.: Die Vögel Helgolands. Hamburg und Berlin, 1972

Voous, K. H.: Die Vogelwelt Europas und ihre Verbreitung. Hamburg und Berlin, 1962